雷达中的微多普勒效应
（第2版）

The Micro – Doppler Effect in Radar
Second Edition

［美］Victor C. Chen（维克多·C. 陈） 著

李 品 杨予昊 邓大松 译

国防工业出版社

·北京·

内 容 简 介

微多普勒效应是目标本体及其结构组件的微动在目标中心频率周围产生额外的频率调制，包含有目标微动分量几何特征和微动细节等独有特征，有利于提升雷达的目标检测成像识别性能。

本书作为世界首部系统阐述雷达多普勒效应专著的第2版，除更正了第1版存在的错误外，在原有内容基础上，翔实介绍了多种微多普勒雷达系统架构，增加了雷达多普勒效应在生命特征探测、手势识别、再入飞行器/无人机识别等领域的最新应用成果。

本书既可以作为雷达、导航等专业领域的科技管理人员、研发人员的参考书，也可作为高等院校电子信息类学科专业研究生的学习教材。

著作权合同登记　图字：01-2024-4842 号

The Micro-Doppler Effect in Radar, Second Edition, by Victor C. Chen
ISBN：9781630815462
© Artech House 2019

All rights reserved. This translation published under Artech House license. No part of this book may be reproduced in any form without the written permission of the original copyrights holder.
本书简体中文版由 Artech House 授权国防工业出版社独家出版。
版权所有，侵权必究。

图书在版编目（CIP）数据

雷达中的微多普勒效应：第 2 版 /（美）维克多·C. 陈（Victor C. Chen）著；李品，杨予昊，邓大松译. --北京：国防工业出版社，2025.4. -- ISBN 978-7-118-13610-4

Ⅰ．TN95

中国国家版本馆 CIP 数据核字第 2025JC1286 号

※

国防工业出版社 出版发行
（北京市海淀区紫竹院南路 23 号　邮政编码 100048）
三河市天利华印刷装订有限公司印刷
新华书店经售

开本 710×1000　1/16　印张 17¼　字数 294 千字
2025 年 4 月第 1 版第 1 次印刷　印数 1—1500 册　定价 99.00 元

（本书如有印装错误，我社负责调换）

国防书店：(010) 88540777　　书店传真：(010) 88540776
发行业务：(010) 88540717　　发行传真：(010) 88540762

前　言

　　我早期对雷达微多普勒效应的研究是在 William J. Miceli 管理的海军研究办公室（ONR）项目下进行的。在 1995 年 11 月 9 日海军研究实验室（NRL）举办的技术交流会议期间，雷达微多普勒特征研究是交流课题之一。我有幸获邀参加了技术会议并被指派对含有微多普勒特征的雷达数据进行考察，研究了产生这些特征的机制，并探索了融合微多普勒特征识别的方法。

　　两年后，当我研究应用时-频联合分析雷达信号和成像时，我收到了 Norden 系统（Westinghouse）使用雷达样机收集到的一组雷达数据。目标是一个正在朝着雷达前进的人。在行人的一系列距离多普勒图像中，我可以清晰地看见人体的热点以及热点周围四肢关节微运动造成的模糊的多普勒线条。为了探究模糊的摆动四肢的细节，我对模糊部分周围的雷达距离像采用了时-频联合分析。直接的结果是，联合时-频清晰地展现出了人体平移时在其多普勒位移周围四肢所产生的随时间变化的多普勒振荡。这是我在联合时-频域内分析和表示的行走的人的第一个微多普勒特征。这个特征清楚地展示了人体部分（例如，足部、手部、胳膊以及腿部）微动所产生的时变多普勒分布。

　　对雷达中的微多普勒特征进行了 10 年研究后，2010 年我决定写一本书介绍自己关于雷达中的微多普勒效应的理论和分析经验。这本书的主要目的是介绍雷达中的微多普勒效应的原理并提供一种简便的工具来模拟微运动对象反射的雷达信号的微多普勒特征。本书的第 1 版于 2011 年出版，感兴趣的读者可以使用随书附赠的 DVD 中的 MATLAB© 源代码模拟微多普勒特征。基于书中提供的基本原理和模拟示例，读者可以进行修改并拓展用于其他的可能应用。

　　雷达微多普勒效应近年来的发展催生出了更多的新兴应用，新成果既可行亦可用。在本书的第 2 版中，我纠正了第 1 版中的排印错误和偏误，更新了雷达微多普勒特征的近期研究（例如，四旋翼 UAV、再入飞行器以及一些人类活动），并增加了三个关于生命信号探测、手势识别和微多普勒雷达系统的新章节。第 2 版的最后两章是第 1 版第 5 章和第 6 章的更新。

　　出于教学目的，本书第 2 版提供了更多的更新后的 MATLAB 源代码，这些代码可以在线下载。部分 MATLAB 源代码归功于我的学生们的努力。源代码由贡献者按原样提供，不能提供任何保证。源代码贡献者不会对任何因此造成的损失负责。

在本书第2版出版之际，我希望向William J. Miceli表达我的感谢，他是我多年的好友和我的微多普勒研究的资助者，感谢他一贯以来的支持以及对雷达中的微多普勒特征研究工作的有益讨论，特别是对微多普勒效应的基本概念、角度循环图模式以及基于听觉方法的识别的技术讨论。

我还要感谢Raghu Raj在基于物理部件的分解方法和有关图表方面的工作。我要特别感谢David Tahmoush在四足动物运动的微多普勒特征及有关图表方面令人关注的工作。

我想要向我的学生Yang Hai和Yinan Yang在MATLAB源代码方面做出的贡献表达衷心的感谢。

自本书第1版出版以来，我收到了很多问题和建议以及有关文本和MATLAB代码的纠错。我要真诚地向那些提出纠正和建议的人们表示我的感谢，这些意见和建议在第2版中给了我很多帮助。

感谢本书审稿人提出的意见和建设性建议，感谢Artech House出版社工作人员对本书出版的关心与支持。

附带的MATLAB软件: http://us.artechhouse.com/Assets/downloads/chen_546.zip。在此，您还会看到说明如何下载这些源代码的MATLAB源代码/数据清单。

作者简介

Victor C. Chen：美国电气和电子工程师协会（IEEE）终身会员，因其在雷达中的微多普勒效应和基于时-频的雷达图像生成等领域的工作享誉国际。在美国凯斯西储大学（俄亥俄州克利夫兰市）获得电气工程博士学位。1990年加入美国海军研究实验室雷达分部。2010年从美国海军研究实验室退休后，与他人在美国共同创立了Ancortek有限公司并担任首席技术专家。他在期刊、论文集和书籍中发表了大量论文，其中包括了四部专著：《用于雷达成像和信号分析的时-频转换》（2002）、《雷达中的微多普勒效应》（2011）、《雷达微多普勒信号特征：处理与应用》（2014）以及《逆合成孔径雷达成像：原理、算法与应用》（2014）。

目 录

第 1 章 引言 1
1.1 多普勒效应 1
1.2 相对论多普勒效应和时间膨胀 3
1.3 雷达中观测到的多普勒效应 5
1.4 多普勒频移的估算与分析 8
1.5 多普勒频率估算的克拉美－罗界 13
1.6 微多普勒效应 14
1.7 雷达中观察到的微多普勒效应 15
1.8 微多普勒频移的估算和分析 15
1.8.1 瞬时频率分析 16
1.8.2 联合时－频分析 17
1.9 物体的微多普勒特征 19
1.10 角速度引起的干涉频移 21
1.11 雷达微多普勒特征的研究和应用 23
1.11.1 空间目标的微多普勒特征 25
1.11.2 空中目标的微多普勒特征 26
1.11.3 生命体征的微多普勒特征 26
1.11.4 穿墙雷达的微多普勒特征 27
1.11.5 微多普勒特征用于室内监控 28
1.11.6 微多普勒特征用于手势识别 28
1.11.7 微多普勒特征用于目标分类 28
1.11.8 雷达微多普勒特征的其他应用 29
1.12 内容组织结构 29
参考文献 30

第 2 章 雷达微多普勒效应基础 41
2.1 刚体运动 41

2.1.1 欧拉（Euler）角 ………………………………………………… 42
2.1.2 四元数 …………………………………………………………… 46
2.1.3 运动方程 ………………………………………………………… 48
2.2 非刚体运动 …………………………………………………………… 50
2.3 运动物体的电磁散射 ………………………………………………… 52
2.3.1 目标的雷达截面积（RCS）…………………………………… 53
2.3.2 RCS预测方法 …………………………………………………… 54
2.3.3 运动物体的电磁散射 …………………………………………… 55
2.4 计算微多普勒效应的基础数学 ……………………………………… 57
2.4.1 微运动目标引起的微多普勒 …………………………………… 57
2.4.2 振动引起的微多普勒频移 ……………………………………… 59
2.4.3 旋转引起的微多普勒频移 ……………………………………… 62
2.4.4 圆锥运动引起的微多普勒频移 ………………………………… 64
2.5 双基地微多普勒效应 ………………………………………………… 68
2.6 多基地微多普勒效应 ………………………………………………… 72
2.7 微多普勒估计的 Cramer–Rao（克拉美罗）界 ……………………… 74
参考文献 …………………………………………………………………… 74
附录2A …………………………………………………………………… 76

第3章 刚体运动的微多普勒效应 ……………………………………… 78

3.1 钟摆振荡 ……………………………………………………………… 79
3.1.1 建模钟摆的非线性运动动态 …………………………………… 79
3.1.2 建模钟摆的 RCS ………………………………………………… 83
3.1.3 振荡钟摆的雷达后向散射 ……………………………………… 84
3.1.4 振荡钟摆产生的微多普勒特征 ………………………………… 86
3.2 直升机旋翼叶片 ……………………………………………………… 88
3.2.1 旋转旋翼叶片的数学模型 ……………………………………… 88
3.2.2 旋转旋翼叶片的 RCS 模型 ……………………………………… 94
3.2.3 物理光学面元（POFACET）预测模型 ………………………… 95
3.2.4 旋翼叶片的雷达后向散射 ……………………………………… 96
3.2.5 旋翼叶片的微多普勒特征 ……………………………………… 100
3.2.6 所需的最小脉冲重复频率 ……………………………………… 101
3.2.7 旋翼叶片微多普勒特征的分析和说明 ………………………… 103
3.2.8 四旋翼和多旋翼无人驾驶飞行器 ……………………………… 106

3.3 自旋对称陀螺 ·· 109
   3.3.1 对称陀螺的无外力旋转 ··· 111
   3.3.2 扭矩引起的对称陀螺旋转 ··· 112
   3.3.3 对称陀螺的 RCS 模型 ·· 114
   3.3.4 对称陀螺的雷达后向散射 ··· 115
   3.3.5 进动陀螺产生的微多普勒特征 ··· 115
   3.3.6 进动陀螺微多普勒特征的分析和说明 ··································· 116

3.4 再入飞行器的微多普勒特征 ·· 118
   3.4.1 锥形再入飞行器的数学模型 ··· 119
   3.4.2 锥形再入飞行器的运动动力学模型 ····································· 120
   3.4.3 微多普勒特征分析 ··· 122
   3.4.4 小结 ··· 122

3.5 风力涡轮机 ·· 122
   3.5.1 风力涡轮机的微多普勒特征 ··· 123
   3.5.2 风力涡轮机微多普勒特征的分析和说明 ································· 124
   3.5.3 风力涡轮机仿真研究 ··· 125

参考文献 ··· 126

第4章 非刚性物体运动的微多普勒效应 ·· 130

4.1 人体关节运动 ·· 131
   4.1.1 人的行走 ··· 132
   4.1.2 人体行走周期性运动描述 ··· 133
   4.1.3 人体运动的仿真 ··· 133
   4.1.4 人体部件的参数 ··· 134
   4.1.5 根据经验的数学参数化模型得出的人体行走模型 ························· 135
   4.1.6 捕捉人体运动的运动学参数 ··· 145
   4.1.7 三维运动学数据采集 ··· 148
   4.1.8 使用角度循环图模式的角度运动学特性 ································· 150
   4.1.9 步行者的雷达后向散射 ··· 152
   4.1.10 人体运动数据的处理 ·· 154
   4.1.11 人体运动引起的雷达微多普勒特征 ···································· 156
   4.1.12 人体活动的动作捕捉数据 ·· 157

4.2 鸟类的扑翼 ·· 161
   4.2.1 鸟类扑翼运动学 ··· 162

4.2.2　鸟类扑翼的多普勒观测 ················ 164
　　4.2.3　鸟类扑翼的仿真 ······················ 164
4.3　四足动物的运动 ···························· 167
　　4.3.1　四足运动的建模 ······················ 168
　　4.3.2　四足运动的微多普勒特征 ·············· 169
　　4.3.3　小结 ································ 170
参考文献 ······································ 170

第5章　生命体征探测应用 ······················ 174

5.1　生命体征的振动表面建模 ···················· 174
5.2　用于生命体征探测的零差多普勒雷达系统 ······ 176
　　5.2.1　应用于生命体征探测的零差接收机 ······ 177
　　5.2.2　采用正交混频器的零差接收机 ·········· 178
5.3　用于生命体征探测的外差多普勒雷达系统 ······ 181
　　5.3.1　双边带混频器和单边带混频器 ·········· 181
　　5.3.2　低中频架构 ·························· 182
5.4　用于生命体征探测的实验性多普勒雷达 ········ 183
参考文献 ······································ 187

第6章　手势识别应用 ·························· 189

6.1　手部和手指运动的建模 ······················ 190
6.2　手部和手指运动的捕捉 ······················ 191
　　6.2.1　传统动作捕捉方法 ······················ 191
　　6.2.2　基于声学多普勒的手势识别系统 ·········· 192
　　6.2.3　基于雷达多普勒的手势识别系统 ·········· 193
6.3　用于手势识别的雷达微多普勒特征 ············ 193
6.4　手势识别的其他特征 ························ 197
　　6.4.1　时变距离-多普勒特征 ·················· 197
　　6.4.2　方位角和仰角特征 ···················· 198
　　6.4.3　精细手势识别 ························ 200
　　6.4.4　手势的雷达正面成像 ·················· 201
参考文献 ······································ 202

第 7 章　微多普勒雷达系统概览　205

- 7.1 微多普勒雷达系统架构　205
- 7.2 微多普勒雷达系统的信号波形　208
- 7.3 分辨率和作用距离覆盖　213
- 7.4 雷达距离方程　213
  - 7.4.1 连续波（CW）雷达距离方程　215
  - 7.4.2 接收噪声基底　215
  - 7.4.3 所需信号电平　216
  - 7.4.4 接收信号功率　217
  - 7.4.5 接收机灵敏度　218
  - 7.4.6 接收机动态范围　218
  - 7.4.7 最大作用距离　219
- 7.5 数据采集和信号处理　220
  - 7.5.1 噪声源　220
  - 7.5.2 数字数据采集　221
  - 7.5.3 信号调节　221
  - 7.5.4 同相和正交不平衡及其补偿　222
- 参考文献　226

第 8 章　微多普勒特征的分析与解释　227

- 8.1 生物运动感知　227
- 8.2 生物运动的分解　229
  - 8.2.1 基于统计的分解方法　230
  - 8.2.2 联合时频域的微多普勒特征分解　230
  - 8.2.3 基于物理结构的分解　231
- 8.3 从微多普勒特征中提取特性　234
- 8.4 从微多普勒特征中估计运动学参数　236
- 8.5 人体运动识别　238
  - 8.5.1 用于人体运动识别的特性　239
  - 8.5.2 异常的人类行为　239
- 8.6 总结　240
- 参考文献　240

第9章 总结、挑战和展望 ……244

9.1 总结 ……244
9.2 挑战 ……245
9.2.1 分解微多普勒特征 ……245
9.2.2 基于微多普勒特征的特性提取和运动参数估算 ……246
9.3 展望 ……247
9.3.1 多基地微多普勒分析 ……247
9.3.2 基于微多普勒特征的分类、识别和辨别 ……248
9.3.3 基于微多普勒特征的分类、识别和辨别的深度学习 ……248
9.3.4 基于微多普勒辨识的听觉方法 ……249
9.3.5 穿墙环境下的微多普勒特征 ……249
9.3.6 微多普勒特征用于海杂波下的目标探测 ……250
参考文献 ……251

术语表 ……255

第1章 引　　言

在单基地雷达中，发射机和接收机处在同一个位置，雷达向物体发射电磁（EM）信号并接收物体反射的信号。基于接收信号的时延，雷达可以测量出目标的距离。如果物体是移动的，接收信号的频率就会偏离发射信号的频率，被称为多普勒效应[1-2]。多普勒频移取决于移动物体的径向速度，即雷达视线（LOS）方向上的速度分量。基于接收信号的多普勒频移，雷达可以测量出移动物体的径向速度。如果除了物体的主体运动外，物体或物体的任何结构部件还有摆动，则这种摆动将会在反射信号上引起附加的频率调制，并在物体平移造成的常规多普勒偏移频率附近产生边频。这种附加的多普勒调制被称为微多普勒效应[3-5]。

通常使用接收信号的傅里叶变换在频域测量多普勒频移。在傅里叶频谱中，峰值分量表示目标径向速度引起的多普勒频移。多普勒频移的宽度给出了因微多普勒效应产生的速度频散的估值。为了准确跟踪雷达接收信号的相位变化，必须用高度稳定的频率源驱动雷达发射机以保持完整的相位相参性。

微多普勒效应可以用于确定物体的运动学性质。例如，可以根据车身表面的振动来检测车辆引擎产生的振动。通过测量表面振动的微多普勒特性，可以测出引擎的速度并用其来识别出具体的车辆类型，例如，带燃气涡轮机的坦克或使用内燃机的公交车。在雷达接收到的目标信号中观测到的微多普勒效应可以用它的信号特征来表征。因此，微多普勒特征是物体的特殊特征，它代表着物体的结构部件所产生的精细频率调制并且可以在联合的时间和多普勒频域内进行表达。

1.1　多普勒效应

在1842年，奥地利数学家和物理学家克里斯蒂安·约翰·多普勒（Christian Johann Doppler, 1803—1853）在星体的彩色光效应上观测到了一种现象[1]。光源显现的颜色因为它的运动而发生了变化。对于朝向观测者运动的光源，光的颜色会变得更蓝；而从观测者处远离时，光会变得更红。这是被称为多普勒效应的现象首次被发现。这种效应表明，观察到的光源的频率（或波长）取决于光源相对于观测者的速度。光源的移动使得在其前方的波被压缩，而光源后方的波则被拉伸（图1.1）。

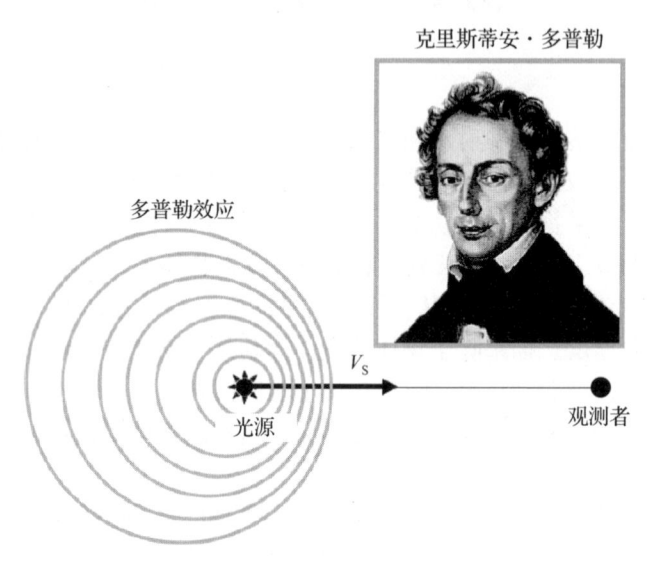

图1.1　在1842年，克里斯蒂安·多普勒首次发现了光源显现的颜色会因其移动而改变的现象，该现象被称为多普勒效应

在《科学家传记百科全书》中，"克里斯蒂安·多普勒"词条下描述了使用声波进行的多普勒效应实验验证："在1843年，克里斯托弗·白·贝罗（Christoph Buys Ballot）用试验测试了多普勒原理：使用火车以不同的速度拉着号手从具有绝对音感的音乐家身边经过。"声源的波长被定义为 $\lambda = c_{\text{sound}}/f$，其中，$c_{\text{sound}}$ 是声波在给定介质中的传播速度，f 是声源的频率。如果声源以速度 v_{S} 相对于介质移动，则观测者感知到的频率为

$$f' = \frac{c_{\text{sound}}}{c_{\text{sound}} \mp v_{\text{S}}} f = \frac{1}{1 \mp v_{\text{S}}/c_{\text{sound}}} f \tag{1.1}$$

如果 $v_{\text{S}}/c_{\text{sound}} \ll 1$，观测者感知到的多普勒频移近似为

$$f' = \frac{1}{1 \mp v_{\text{S}}/c_{\text{sound}}} f \cong \left(1 \pm \frac{v_{\text{S}}}{c_{\text{sound}}}\right) f \tag{1.2}$$

如果声源是静止的且观测者以速度 v_0 相对介质移动，则观测者感知到的频率变为

$$f' = \frac{c_{\text{sound}} \pm v_0}{c_{\text{sound}}} f = \left(1 \pm \frac{v_0}{c_{\text{sound}}}\right) f \tag{1.3}$$

如果声源和观测者都在移动，则观测者感知到的频率变为

$$f' = \frac{c_{sound} \pm v_O}{c_{sound} \mp v_S} f = \frac{1 \pm v_O/c_{sound}}{1 \mp v_S/c_{sound}} f \tag{1.4}$$

当声源和观测者相向靠近时，应用式（1.4）中上面的符号组；当声源和观测者背向远离时，应用下面的符号组。

1.2 相对论多普勒效应和时间膨胀

与声波相比，光或电磁波的传播不涉及介质。对于源和观测者来说，光或电磁波的传播速度 c 都是常数。

对于光或电磁波，源和观测者之间的相对移动所引起的频率或波长变化都应考虑狭义相对论效应[6]。因此，多普勒频移必须修正为与洛伦兹（Lorentz）变换相一致。相对论多普勒效应不同于经典多普勒效应，因为它包含了狭义相对论的时间膨胀并且不涉及作为参考点的波传播介质。

当一个频率为 f 的光源或电磁源以速度 v_S 沿着角度 θ_S（相对于从源 S 到观测者 O 的方向）移动时，如图 1.2 所示，在 t_1 和 t_2 时刻发射的波的两个连续波峰之间的时间间隔用下式确定

$$\Delta t_S = t_2 - t_1 = \frac{\gamma}{f} \tag{1.5}$$

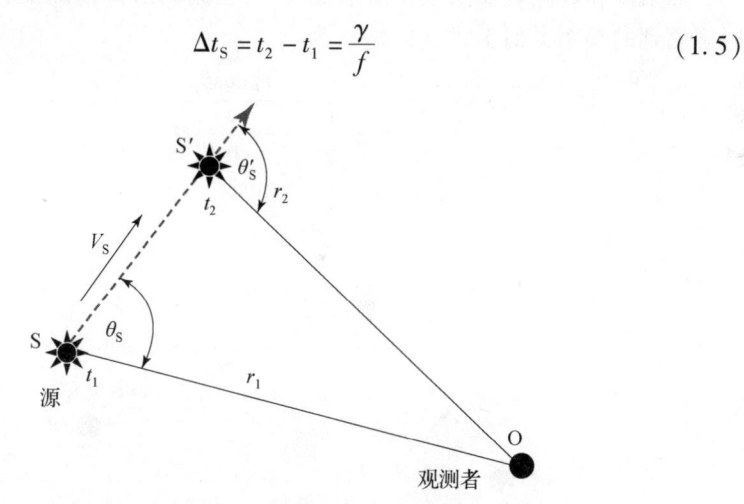

图 1.2　仅有源以速度 v_S 沿着角度 θ_S（相对于从源 S 到观测者 O 的方向）移动时的多普勒效应

式中：$\gamma = 1/(1 - v_S^2/c^2)^{1/2}$ 为代表相对论时间膨胀的因数；c 为光或电磁波的传播速度。然后，两个连续波峰抵达观测者处的时间间隔是

$$\Delta t_{\mathrm{O}} = \left(t_2 + \frac{r_2}{c}\right) - \left(t_1 + \frac{r_1}{c}\right) = \frac{\gamma}{f}\left(1 - \frac{v_{\mathrm{S}} \cdot \cos\theta_{\mathrm{S}}}{c}\right) \quad (1.6)$$

因此，观测者观察到的相应频率就变成

$$f' = \frac{1}{\Delta t_{\mathrm{O}}} = \frac{1}{\gamma}\frac{f}{1 - \dfrac{v_{\mathrm{S}}\cos\theta_{\mathrm{S}}}{c}} \quad (1.7)$$

如果在波抵达观测者的时刻测量源的移动方向和源到观测者的方向之间的夹角 θ'_{S}，则观测者观察到的频率变成

$$f' = \gamma\left(1 + \frac{v_{\mathrm{S}}\cos\theta'_{\mathrm{S}}}{c}\right)f \quad (1.8)$$

因此，两个角度 θ_{S} 和 θ'_{S} 通过下式关联

$$\cos\theta_{\mathrm{S}} = \frac{\cos\theta'_{\mathrm{S}} + v_{\mathrm{S}}/c}{1 + \dfrac{v_{\mathrm{S}}\cos\theta'_{\mathrm{S}}}{c}} \quad (1.9)$$

或

$$\cos\theta'_{\mathrm{S}} = \frac{\cos\theta_{\mathrm{S}} - v_{\mathrm{S}}/c}{1 - \dfrac{v_{\mathrm{S}}\cos\theta_{\mathrm{S}}}{c}} \quad (1.10)$$

如果源和观测者如图 1.3 所示那样在二维（2D）情况下移动，在波发射时观测到的频率类似于式（1.4），为

$$f' = \frac{1}{\gamma}\frac{1 \pm \dfrac{v_{\mathrm{O}}\cos\theta_{\mathrm{O}}}{c}}{1 \mp \dfrac{v_{\mathrm{S}}\cos\theta_{\mathrm{S}}}{c}}f \quad (1.11)$$

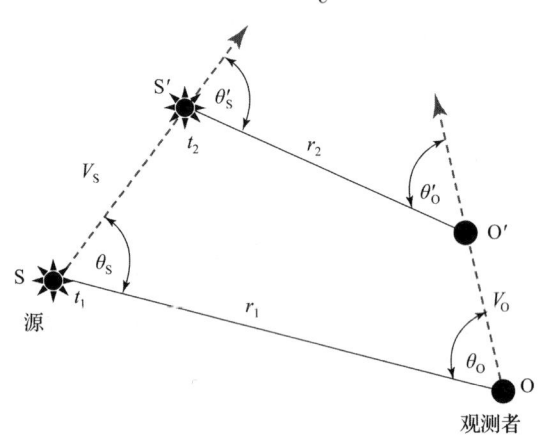

图 1.3　源和观测者都移动情况下的多普勒效应

式中：如图 1.3 所示，θ_S 和 θ_O 分别是当波被发射时源移动的角度和观测者移动的角度。

一般来说，给定了源和观测者之间的相对运动 v，当源和观测者相向移动时，观察到的多普勒频移可以重写为

$$f' = \frac{1}{\gamma}\frac{f}{1-v/c} = \sqrt{1-\left(\frac{v}{c}\right)^2}\frac{f}{1-v/c} = \sqrt{\frac{1+v/c}{1-v/c}}f \tag{1.12}$$

如果源背向远离观测者，观察到的频率变成

$$f' = \sqrt{\frac{1-v/c}{1+v/c}}f \tag{1.13}$$

如果速度 v 远远低于电磁波的传播速度 c，即，$v \ll c$ 或 $v/c \approx 0$，相对论多普勒频率就与经典多普勒频率相同。

根据麦克劳林（MacLaurin）级数，有

$$\sqrt{\frac{1-v/c}{1+v/c}} = 1 - \frac{v}{c} + \frac{(v/c)^2}{2} - \cdots \tag{1.14}$$

当源和观测者相互背向远离时，多普勒频移可以近似为

$$f' \cong \left(1 - \frac{v}{c}\right)f \tag{1.15}$$

这与经典多普勒频移是一样的。因此，源的发射频率和观测者感知到的频率之间的多普勒频移是

$$f_D \cong f' - f = -\frac{v}{c}f \tag{1.16}$$

多普勒频移与波源的发射频率 f 以及源和观测者之间的相对速度 v 成正比。

1.3　雷达中观测到的多普勒效应

在雷达中，目标速度 v 通常远低于电磁波的传播速度 c，即，$v \ll c$ 或 $\beta = v/c \approx 0$。在单基地雷达系统中，波源（雷达发射机）和接收机在相同的位置上，电磁波行进的往返距离是发射机和目标之间的距离的两倍。在这种情况下，波的运动由两段组成：从发射机行进到目标，产生多普勒频移（$-fv/c$）；以及从目标返回到接收机，产生了另一个多普勒频移（$-fv/c$），其中，f 是发射频率。因此，总的多普勒频移变为

$$f_D = -f\frac{2v}{c} \tag{1.17}$$

如果雷达是固定的，v 就是目标在雷达视线（LOS）上的径向速度。当目标背向远离雷达时，速度定义为正。其结果是多普勒频率变为负。

在图 1.4 所示的二维情况下的双基地雷达系统中，发射机和接收机之间的间隔为基线距离 L，该距离与目标相对于发射机和接收机的最大距离相当。从发射机到目标的距离用矢量 $\boldsymbol{r}_T$ 表示，从接收机到目标的距离表示为矢量 $\boldsymbol{r}_R$，在此使用黑体字表示矢量。双基角 β 被定义为发射机到目标的连线与接收机到目标的连线之间的夹角。如图 1.4 所示，发射机视角为 α_T，且接收机视角为 α_R。视角被定义为从垂直于发射机 - 接收机基线的对应参考矢量到目标 LOS 矢量的夹角。正角度定义为逆时针方向。因此，双基角为 $\beta = \alpha_R - \alpha_T$。

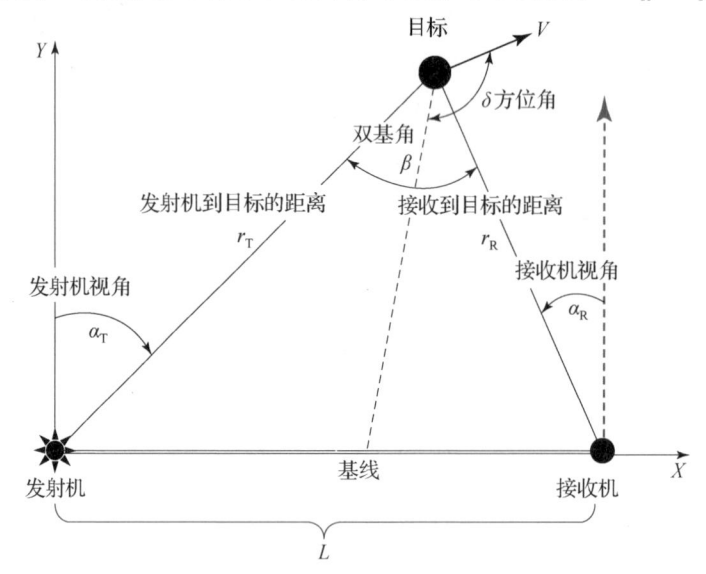

图 1.4　两维双基地雷达系统配置图

如果从发射机到目标的距离已知为 $r_T = |\boldsymbol{r}_T|$，则接收到目标的距离是

$$r_R = |\boldsymbol{r}_R| = (L^2 + r_T^2 - 2r_T L \sin\alpha_T)^{1/2} \tag{1.18}$$

且接收机视角变为

$$\alpha_R = \tan^{-1}\left(\frac{L - r_T \sin\alpha_T}{r_T \cos\alpha_T}\right) \tag{1.19}$$

当目标以速度矢量 $\boldsymbol{V}$ 移动时，从发射机到目标的沿 LOS 方向的分量为

$$v_T = \boldsymbol{V} \frac{\boldsymbol{r}_T}{|\boldsymbol{r}_T|} \tag{1.20}$$

且从接收机到目标的沿 LOS 方向的分量为

$$v_R = \boldsymbol{V} \frac{\boldsymbol{r}_R}{|\boldsymbol{r}_R|} \tag{1.21}$$

那么，由于目标的移动，从发射机到目标的距离就是一个时间函数

$$r_T(t) = r_T(t=0) + v_T t \tag{1.22}$$

而且从接收机到目标的距离也是一个时间函数

$$r_R(t) = r_R(t=0) + v_R t \tag{1.23}$$

发射信号和接收信号之间的相位变化是雷达波长 $\lambda = c/f$、从发射机到目标的距离 $r_T(t)$ 和从目标到接收机的距离 $r_R(t)$ 的函数：

$$\Delta\Phi(t) = \frac{r_T(t) + r_R(t)}{\lambda} \tag{1.24}$$

然后，用相位变化率测量多普勒频移。取相位变化的时间导数，双基地多普勒频移变为

$$f_{D_{Bi}} = \frac{1}{2\pi}\frac{d}{dt}\Delta\Phi(t) = \frac{1}{2\pi}\frac{1}{\lambda}\left[\frac{d}{dt}r_T(t) + \frac{d}{dt}r_R(t)\right] = \frac{1}{2\pi}\frac{1}{\lambda}(v_T + v_R) \tag{1.25}$$

为了跟踪相位随时间的变化，必须准确知晓发射信号的相位。因此，需要全相参系统来保持和跟踪接收信号中的相位变化。

在双基地雷达系统中，多普勒频移取决于三个因素[7]。第一个因素是最大多普勒频移。如果目标以速度 V 移动，最大多普勒频移为

$$f_{D_{max}} = \frac{2f}{c}|V| \tag{1.26}$$

第二个因素与双基地三角因子有关

$$D = \cos\left(\frac{\alpha_R - \alpha_T}{2}\right) = \cos\left(\frac{\beta}{2}\right) \tag{1.27}$$

第三个因素与目标移动方向和等分线方向之间的夹角 δ 有关：$C = \cos\delta$。

因此，双基地雷达系统的多普勒频移可以用下式表示

$$f_{D_{Bi}} = f_{D_{max}} \cdot D \cdot C = \frac{2f}{c}|V|\cos\left(\frac{\beta}{2}\right)\cos\delta \tag{1.28}$$

如果两个目标在距离和速度上是分开的，可以使用雷达系统的距离分辨率和多普勒分辨率来解析这些目标。在单基地雷达系统中，如果距离分辨率已知为 Δr_{Mono} 且多普勒分辨率为 Δf_{Mono}，那么就可以通过用双基角 β 的函数成比例缩放相应的单基地距离分辨率和多普勒分辨率，确定双基地雷达系统的距离分辨率和多普勒分辨率。因此，双基地距离分辨率是

$$\Delta r_{Bi} = \frac{1}{\cos(\beta/2)}\Delta r_{Mono} \tag{1.29}$$

且双基地多普勒分辨率是

$$\Delta f_{D_{Bi}} = \cos\left(\frac{\beta}{2}\right)\Delta f_{D_{Mono}} \tag{1.30}$$

然而，在双基角接近180°的极端情况下，雷达会变成前向散射雷达[8]。前向散射的电磁场与入射场相位相差180°。因此，它消除了入射场的功率并在目标后方形成了阴影。基于式（1.28），在前向散射情况下，无论目标实际速度是多少，双基地多普勒频移都会变为零。还可以用如下的事实来解释这种情况：当目标越过基线时，发射机到目标的距离的变化与目标到接收机的距离的变化相等但方向相反；因此，多普勒频移必须为零。

1.4 多普勒频移的估算与分析

多普勒雷达利用多普勒效应测量动目标的径向速度。多普勒频移可以用正交检波器提取，这种检波器能够从输入信号中产生一个同相分量（I）和一个正交相位分量（Q），如图1.5所示。

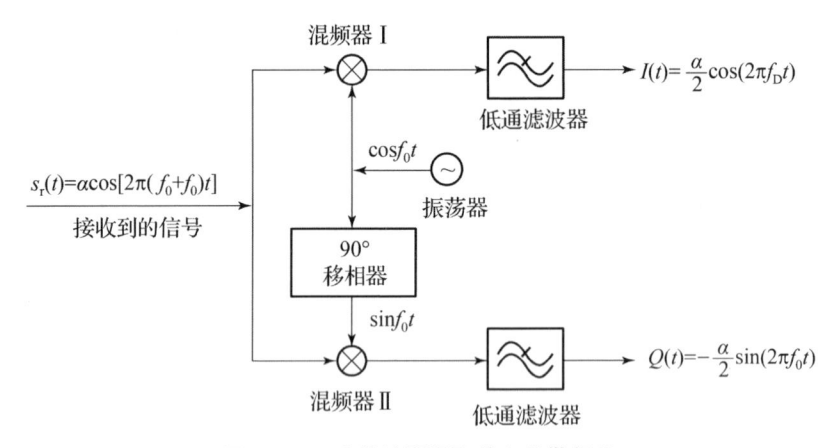

图1.5 正交检波器提取的多普勒频移

在正交检波器中，接收到的信号被分割然后送入两个被称为同步检波器的混频器内。在同步检波器 I 内，接收信号与参考信号（即发射信号）混频；在另一个通道内，它与90°相移后的发射信号混频。

如果接收信号被表示为

$$s_\mathrm{r}(t) = a\cos[2\pi(f_0+f_\mathrm{D})t] = a\cos[2\pi f_0 t + \varphi(t)] \quad (1.31)$$

式中：a 为接收信号的幅度；f_0 为发射机载频；$\varphi(t) = 2\pi f_\mathrm{D} t$ 为由于目标移动引起的接收信号上的相移。通过与发射信号混频

$$s_\mathrm{t}(t) = \cos(2\pi f_0 t) \quad (1.32)$$

同步检波器 I 的输出是

$$s_r(t)s_t(t) = \frac{a}{2}\cos[4\pi f_0 t + \varphi(t)] + \frac{a}{2}\cos\varphi(t) \tag{1.33}$$

在低通滤波之后，I 通道的输出为

$$I(t) = \frac{a}{2}\cos\varphi(t) \tag{1.34}$$

通过与 90°相移后的发射信号混频为

$$s_t^{90°}(t) = \sin(2\pi f_0 t) \tag{1.35}$$

同步检波器 II 的输出为

$$s_r(t)s_t^{90°}(t) = \frac{a}{2}\sin[4\pi f_0 t + \varphi(t)] - \frac{a}{2}\sin\varphi(t) \tag{1.36}$$

在低通滤波之后，Q 通道的输出为

$$Q(t) = -\frac{a}{2}\sin\varphi(t) \tag{1.37}$$

组合 I 和 Q 输出，可以形成如下的复合多普勒信号

$$s_D(t) = I(t) + jQ(t) = \frac{a}{2}\exp[-j\varphi(t)] = \frac{a}{2}\exp(-j2\pi f_D t) \tag{1.38}$$

因此，可以使用频率测量工具根据复合多普勒信号 $s_D(t)$ 估算出多普勒频移 f_D。

为了估算单正弦信号的多普勒频移，可以使用周期图计算信号的频谱密度。然后，可以采用最大似然估计来定位周期图的最大值[9-10]：

$$\hat{f}_D = \max_{f_D(k)}\left\{\left|\sum_{k=1}^{N}a(k)\exp(-j2\pi f_D(k)\right|^2\right\} \tag{1.39}$$

当分析信号中的采样数目受到限制时，估算信号频谱的最简单方法是使用快速傅里叶变换（FFT），该方法计算效率高且易于实现。但是，其频率分辨率受限于信号时间区间的倒数，而且会遭受与时间窗相关联的频谱泄漏。通过补零人为增大时间窗对应的是频域内有更高的插值密度，并不是更高的频率分辨率。增加频率分辨率的通常做法是用时间区间更长的分析信号进行 FFT 而不是补零。然而，FFT 的计算时间达到了 $O(N \times \log N)$ 量级，其中，N 是分析信号的采样数目。对于大的采样数 N，FFT 的计算效率并不高。

为了缓解 FFT 的限制，提出了一些替代的频谱估算方法[10-11]。自回归（AR）建模和基于特征矢量的方法，例如多信号分类（MUSIC）和其他的频谱分析超分辨方法，可以在频率估算中使用。然而，这些方法要么需要密集的矩阵计算，要么需要迭代优化技术。

因为频率是由相位函数的时间导数决定的，所以接收信号和发射信号之间

的相位差 $\varphi(t)$ 可用于计算接收信号的瞬时多普勒频移 f_D：

$$f_D = \frac{1}{2\pi} \frac{d\varphi(t)}{dt} \qquad (1.40)$$

然而，瞬时频率仅适用于单分量或单音调信号，并不适合那些包含多个分量的信号。为了处理有多个分量的信号，可以使用将多分量信号分解成多个单分量信号的方法。然后，通过计算各个单分量信号的瞬时频率并将这些单分量信号的瞬时频率组合在一起，就可以推导出多分量信号的完整的时-频分布。在 1.8 节将会进一步讨论瞬时频率。

对于加性高斯噪声中的单音调信号，如果相位差为 $\Delta\varphi(k)$，$(k=1,2,\cdots,N-1)$，可以从一个采样跟踪到下一个采样，那么就可以使用这些相位差的加权线性组合来估算正弦频率音调[12]

$$\hat{f}_D = \frac{1}{2\pi} \sum_{k=1}^{N-1} w(k) \Delta\varphi(k) \qquad (1.41)$$

式中，加权函数 $w(k)$ 为

$$w(k) = \frac{6k(N-k)}{N(N^2-1)} \qquad (1.42)$$

这种估算表明，在高信噪比（SNR）下，频率估值达到了第 1.5 节所描述的克拉美-罗界（Cramer-Rao）下限。

为了保持和跟踪接收信号的相位，发射机内的频率源必须保持非常高的相位稳定度。因此，雷达必须是全相参的以保证精确的相位相参性。

根据估算出的多普勒频率，目标的径向速度用下式确定

$$v = \frac{\lambda}{2}\hat{f}_D = \frac{c}{2f}\hat{f}_D \qquad (1.43)$$

正交检波器的 I 和 Q 输出还可以用于确定目标是正在接近还是正在远离雷达。如图 1.6 所示，通过对比 I 通道和 90°相移的 Q 通道之间的相对相位，可以产生两个数据流通道：一个是"正在接近"雷达，另一个是"正在远离"雷达。

多普勒雷达包括无调制的纯连续波（CW）雷达、调频连续波（FMCW）雷达，以及相参脉冲多普勒雷达。纯连续波雷达只能测量速度。FMCW 雷达和相参脉冲多普勒雷达有很宽的频率带宽，能够获得高距离分辨率并同时测量距离和多普勒信息。相参多普勒雷达能保持发射信号的相位并跟踪接收信号的相位变化。多普勒频移与相位变化率成正比。如果相位变化不大于 □π，估算得到的多普勒频率就会变得模糊，称为多普勒混叠。这是由连续时间信号的离散时间采样引起的。采样过程可以用连续时间信号 $s(t)$ 与冲击函数序列 $\delta(t)$ 相乘来表示。对时间采样信号进行傅里叶变换，离散时间采样信号被转换到频

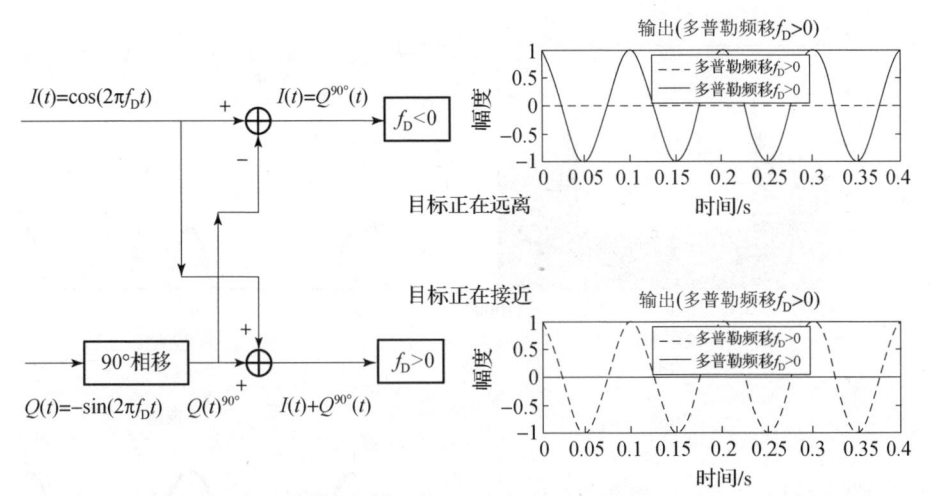

图 1.6 用 I 通道和 $90°$ 相移的 Q 通道之间的相对相位确定目标正在接近还是远离雷达

域，用离散傅里叶变换表示如下：

$$s(t) \times \sum_n \delta(t - n\Delta t) \Rightarrow S(f) \otimes \sum_m \delta(f - m/\Delta t) \quad (1.44)$$

式中，Δt 是时间采样间隔，频域中的卷积运算符 $\otimes$ 使得信号频谱 $S(f)$ 以 $1/\Delta t$ 为周期进行复制。如果信号频谱的带宽大于奈奎斯特（Nyquist）频率 $1/(2\Delta t)$，或采样率低于信号带宽的一半，这种复制就会导致信号频谱重叠和产生模糊，称为混叠。

图 1.7 描述了混叠现象。调频信号的采样率低于奈奎斯特速率 $\pm 1/(2\Delta t)$。在图 1.7（a）中可以清楚地看见频谱混叠。信号的时变频谱见图 1.7（c），在此，超出奈奎斯特速率 $\pm 1/(2\Delta t)$ 的调制频率值是混叠的。混叠造成频率值偏置了 $(1/\Delta t)$ 倍，直至它们落入奈奎斯特区间。例如，如果奈奎斯特频率为 $\square 1000 \text{Hz}$，$+1500 \text{Hz}$ 的频率值被混叠到 $+1500 \text{Hz} - 2 \times 1000 \text{Hz} = -500 \text{Hz}$ 上，而 -1500Hz 则被混叠到 $-1500 \text{Hz} + 2 \times 1000 \text{Hz} = +500 \text{Hz}$ 上。在这种情况下，真实的频率值被偏置了 $(1/\Delta t)$ 倍，从而落入了如图 1.7（c）所示的奈奎斯特区间内。

为了解决混叠模糊，可以采用提高采样率或内插丢失数据点的技术。图 1.7（b）是以两倍的原采样率进行采样的同一个信号的频谱。用两倍的原采样率的时变频谱见图 1.7（d），在此恢复了整个时变频谱。

一般来说，所需的不模糊径向速度必须至少等于目标移动的径向速度。因此，雷达可以测量的不模糊速度取决于发射频率 f 或波长 $\lambda = c/f$ 以及两个采样点之间的时间间隔 Δt

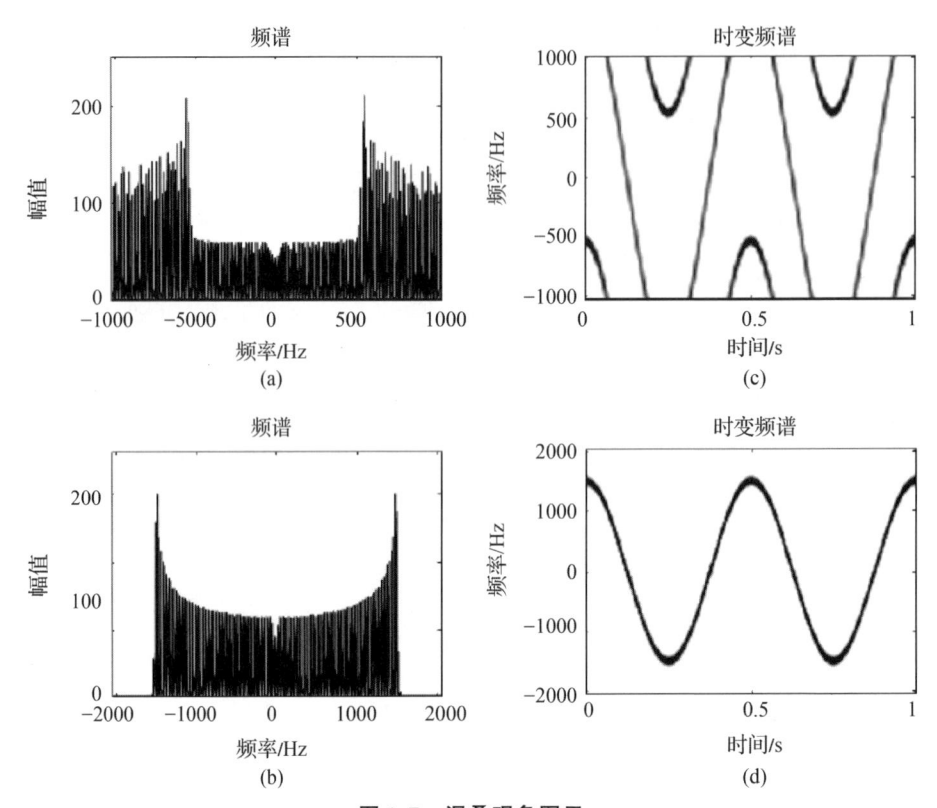

图 1.7　混叠现象图示

（a）有混叠的频谱；（b）同一个信号但以两倍的原采样率进行采样；
（c）在（a）中使用的信号的时变频谱；（d）在（b）中使用的信号的时变频谱。

$$v_{\max} = \frac{f_{D\max}}{2f/c} = \pm\frac{\lambda}{4\Delta t} \quad (1.45)$$

对于能够测量速度和距离的相参脉冲雷达，时间间隔 Δt 等于 1/PRF，其中，PRF 是脉冲重复频率。因此，脉冲雷达可测量的最大不模糊速度为

$$v_{\max} = \pm\frac{\lambda \text{PRF}}{4} \quad (1.46)$$

大于 λPRF/4 的速度被折叠进被称为奈奎斯特速度的 $\pm\lambda$PRF/4 内。

脉冲雷达可测量的距离受限于最大不模糊距离

$$r_{\max} = \frac{c}{2\text{PRF}} \quad (1.47)$$

大于 $r_{\max}$ 的距离被折叠进第一个距离区内。如果没有附加信息，就不可能得到正确的距离信息。

脉冲重复频率（PRF）与最大不模糊速度成正比，但反比于最大测量距

离。始终需要在最大距离和最大速度之间折中。可以使用两个交替的 PRF 拓展最大速度。由于最大速度与波长有关，更长的波长或更低的频率可以提高最大速度限值。

然而，最大不模糊速度和不模糊距离的乘积

$$v_{\max} r_{\max} = \pm \frac{c\lambda}{8} = \pm \frac{c^2}{8f} \tag{1.48}$$

并不与 PRF 直接相关。它仅仅决定于频率 f 或波长 λ。在给定频段的情况下，最大不模糊速度和不模糊距离的乘积是一个常数。提高最大不模糊速度会降低最大距离，反之亦然。不模糊速度和不模糊距离之间的权衡常被称为多普勒困境。

在脉冲雷达中，为了避免混叠，应当选择很高的 PRF；为了避免距离模糊，则需要很低的 PRF。然而，低的 PRF 还会限制提取多普勒信息。为了获得适当的距离模糊和速度混叠，常常会使用多个 PRF。

1.5 多普勒频率估算的克拉美－罗界

实际上，多普勒频率估算是在有噪声的情况下进行的。根据估算理论，为了从 N 次含噪声的测量值中估算出未知参数 θ 的数值，如果估算的预期值等于参数的真值 $E\{\hat{\theta}\} = 0$，这种估算器被称为是无偏的。反之，则估算器是有偏的。当估算器以概率 $\Pr\{\cdot\}$ 渐近收敛于真值时（即 $\lim_{N \to \infty} \Pr\{|\hat{\theta} - \theta| > \varepsilon\} = 0$，其中，$\varepsilon$ 是任意小的正数），它是一致估算器。

评价特定的无偏估算器方差的基准可以用克拉美－罗下界（CRLB）来描述。CRLB 可以提供线性或非线性无偏估算器方差的下界，并且能够深入了解估算器的性能[13-14]。它说明无偏估算器的方差至少与费雪（Fisher）信息的倒数一样高。

如果根据具有概率密度函数 $p(x_k;\theta)$ 的 N 个统计测量值 $x_k, (k = 1, 2, \cdots, N)$ 估算未知的待定参数 θ，则无偏估算器方差 $\text{var}\{\hat{\theta}\}$ 的边界为费雪信息的倒数，即

$$\text{var}\{\hat{\theta}\} \geq \frac{1}{I(\theta)} \tag{1.49}$$

费雪信息被定义为

$$I(\theta) = E\left\{\left[\frac{\partial}{\partial \theta}\log p(x_k;\theta)\right]^2\right\} = -E\left\{\frac{\partial^2}{\partial \theta^2}p(x_k;\theta)\right\} \tag{1.50}$$

式中：E{ · }指的是对$p(x_k;\theta)$取期望值；并形成θ的函数。

为了估算白色高斯噪声中的单个正弦多普勒频率，费雪信息可以很容易地被倒置。多普勒频率估算的 CRLB 可以推导为

$$\mathrm{var}(\hat{f}_D) \geqslant \frac{6}{N(N^2-1)\cdot \mathrm{SNR}} \tag{1.51}$$

式中：SNR 是信噪比；N 是信号的采样数目[14]。

1.6 微多普勒效应

在相参激光（受激辐射式光放大）雷达系统中最早引入了微多普勒效应[5]。激光雷达（激光探测和测距，LADAR）系统在光学频率上向物体发射电磁波并接收反射或后向散射回来的光波，通过其激光波束在幅度、频率、相位，甚至极化上的调制来测量物体的距离、速度和其他性质。

相参激光雷达保留了散射光波相对于本振中生成的参考激光波束的相位信息，有更高的相位变化灵敏度并且能够根据相位变化率测量出物体的速度。

在相参系统中，因为从物体返回的信号的相位对于距离变化很敏感，距离变换半个波长就会导致 360° 的相位变化。对于波长为 2μm 的激光雷达，1μm 的距离变化可引起 360° 的相位变化。在振动情况下，如果振动频率为 f_v 且振动幅度为 D_v，则最大的多普勒频率变化由下式决定

$$\max\{f_D\} = \left(\frac{2}{\lambda}\right)D_v f_v \tag{1.52}$$

因此，在高频系统中，即使很低的振动频率 f_v、很小的振动幅度 D_v 也会引起大的相位变化，因而可以很容易地检测到多普勒频移。

在许多情况下，除物体的主干运动（包括零主干运动）之外，该物体或物体的任何结构部件还会有微运动。术语"微运动"包括的是广义上的"微"，因此，任何小动作（例如，振动、振荡、旋转、摆动、拍打，甚至起伏）都可以被称为微运动。微运动的来源可以是振动的表面、旋转的直升机旋翼叶片、摆动手臂和腿的行人、鸟儿扑动的翅膀，或其他原因。

人体运动是微多普勒研究中的一个重要课题。人的关节运动伴随着人体部件的一系列运动。由于关节的高度联结和灵活性，这是一种复杂的微运动。行走是一种典型的人体关节运动示例。

微运动会在雷达发射信号的载频上引起频率调制。对于纯粹的周期振动或旋转，微运动会在多普勒频移后的载频中心附近生成边带多普勒频移。这种调

制包含了与载频、振动或旋转速率，以及振动方向和入射波方向间的夹角有关的谐波频率。频率调制使我们能够确定感兴趣物体的运动学性质。时变频率调制可以作为目标的信号特征用于进一步的分类、识别和确认。

1.7 雷达中观察到的微多普勒效应

微多普勒效应对于信号频段很敏感。对于在微波频段工作的雷达系统，如果振动速率和振动位移的乘积足够高，则振动目标的微多普勒效应是可观测的。例如，雷达工作在 X 波段，波长 3cm，振动速率 15Hz 且振动位移为 0.3cm，它能引起的可探测到的最大微多普勒频移为 18.8Hz。如果雷达工作在 L 波段且波长为 10cm，为了获得相同的 18.8Hz 最大微多普勒频移，在相同的 15Hz 振动速率下，所要求的位移必须为 1cm，数值太大，在实践中无法实现。因此，在工作于低频段上的雷达系统中，振动生成的微多普勒频移可能是无法探测到的。然而，旋转产生的微多普勒频移，例如旋转的旋翼叶片，是有可能探测到的，因为它们的旋臂更长因而有更高的叶尖速度。

工作在 300~1000MHz 频段上的超高频（UHF）雷达被广泛用于穿透叶簇（FOPEN）探测树下的目标。在叶簇穿透雷达中，目标振动引起的微多普勒频移通常因为太小而难以被检测出来。但是，旋转的旋翼叶片或螺旋桨所产生的微多普勒频移仍是可能被探测到的。对于工作在 UHF 频段且波长 0.6m 的雷达，如果直升机旋翼叶片的叶尖转速为 200m/s，它的最大多普勒频移可以达到 666Hz，是可以探测到的。

1.8 微多普勒频移的估算和分析

微多普勒频移是一种时变频移，可以从常规多普勒雷达使用的正交检波器的复合输出信号中提取出来。对于分析时变频率特征，傅里叶变换并不适合，因为它无法提供与时间有关的频率信息。同时在时域和频域内描述的信号的常用分析方法是瞬时频率分析和联合时－频分析。

因为幅度和相位函数不是唯一的，所以在数十年前就有人争论过用时变信号相位函数的时间导数来定义的瞬时频率术语。一种广为接受的瞬时频率定义使用一对希尔伯特（Hilbert）变换来形成解析信号的实部和虚部[15]。因此，术语"瞬时"指的是当前的时刻，对其测量时仅需要了解被分析信号的过去而不是未来。

用时间求导数运算得到的瞬时频率只会产生给定时刻的一个频率值。这意味着它仅适合单分量的信号，而不能用于多分量的信号。单分量信号在任何时候都是窄带的，并且在联合时-频域内的邻接处有能量。与此相反的是，在相同时刻下，多分量信号在多个孤立的频段上有能量。为了处理多分量信号，将多分量信号分解成多个可相加的单分量信号分量是一种显而易见的方法[16]。完整的信号时频分布通过对每个分量信号计算瞬时频率和将这些个体的瞬时频率结合在一起来获得。

联合时-频分析用于分析时变频谱已有数十年之久。它被设计用于定位给定信号在二维时-频域内的能量分布。它不仅适合单分量信号，也适合于多分量信号。

1.8.1 瞬时频率分析

瞬时频率是非固定信号分析的一种重要表达。对于实值信号 $s(t)$，其相应的复值信号 $z(t)$ 定义为

$$z(t) = s(t) + \mathrm{j}H\{s(t)\} = a(t)\exp[\varphi(t)] \tag{1.53}$$

式中：$H\{\cdot\}$ 是信号的希尔伯特变换，用下式给出

$$H\{s(t)\} = \frac{1}{\pi}\int_{-\infty}^{\infty}\frac{s(\tau)}{t-\tau}\mathrm{d}\tau \tag{1.54}$$

$z(t)$ 称为与 $s(t)$ 关联的解析信号；$a(t)$ 是解析信号的幅度函数；$\varphi(t)$ 是解析信号的相位函数。在频域内，解析信号的傅里叶变换 $Z(f)$ 是单边的，在负频率上为零值，在正频率上为双倍值。因此，信号 $z(t)$ 的瞬时频率为解析信号的唯一定义相位函数 $\varphi(t)$ 的时间导数

$$f(t) = \frac{1}{2\pi}\frac{\mathrm{d}}{\mathrm{d}t}\varphi(t) \tag{1.55}$$

实际上，可以使用离散实值信号 $s(n)$ 和在时刻 $t = n\Delta t, n = 1,2,\cdots,N$ 上的采样值。于是，离散解析信号 $z(n)$ 变成

$$z(n) = s(n) + \mathrm{j}H\{s(n)\} \tag{1.56}$$

对于离散信号，瞬时频率类似于式（1.55），但含有相位的离散导数，该数值可以使用相位函数的中心有限差分公式来估算[17]

$$f(n) = \frac{1}{2\pi}\frac{1}{2\Delta t}[\varphi(n+1) - \varphi(n-1)]_{2\pi} \tag{1.57}$$

式中：Δt 是采样间隔且 $[\cdot]_{2\pi}$ 表示化简模 2π；n 是离散时间采样数目。

瞬时频率只给出了时间上的一个值，并且仅在描述由同一时间上的单个振

荡频率分量组成的信号（被称为单分量信号）时好用。它不适合在同一时间有多个不同振荡频率分量的信号（即多分量信号）。为了区分多分量信号的频率分布，必须预先将多分量信号处理成单分量。Huang 等人[16]引入了经验模态分解（EMD）概念，通过渐近筛选过程产生被称为本征模态函数（IMF）的基，实现多分量信号分离成单分量成分。后来，Olhede 和 Walden 引入基于小波包的分解作为预处理多分量信号时替代 EMD 的方法[18]。

EMD 自适应地将一个信号分解成有限数量的零均值窄带 IMF。然后，每个 IMF 的瞬时频率使用归一化的希尔伯特变换进行计算，称为 Hilbert - Huang 变换（HHT）[16]。希尔伯特频谱的组合就是完整的时变频谱。

EMD 的原始公式仅适用于实值信号。然而，在雷达应用中，信号总是有 I 和 Q 部分的复数。在文献 [19 - 20] 中已经提出了扩展 EMD 用以处理复数值信号。使用 MATLAB 代码计算 EMD 和 HHT 的详细程序可从文献 [21] 获得。

1.8.2 联合时 - 频分析

当信号的频谱组成随时间函数变化时，常规的傅里叶变换无法提供与时间有关的频谱描述。因此，联合时 - 频分析可以更为深入地了解信号的时变行为。

1946 年，一位匈牙利的诺贝尔奖得主 Dennis Gabor 受到定义信号中信息内容的启发，提出了任意信号的首个时 - 频算法[22]。Gabor 提出，可以如下的展开式同时观察到信号 $s(t)$ 的时间和频率特性

$$s(t) = \sum_{m=-\infty}^{\infty} \sum_{n=-\infty}^{\infty} a_{mn} G(g, n, m) \qquad (1.58)$$

式中：$G(g,n,m)$ 称为 Gabor 函数，可用高斯窗 $g(t)$ 表示为

$$G(g,n,m) = g(t - m\Delta T) e^{jn\Delta Ft} \qquad (1.59)$$

式中：ΔT 和 ΔF 分别是时间和频率点阵间隔，且高斯窗定义为

$$g(t) = \frac{1}{\pi^{1/4} \sqrt{\sigma}} \exp\left\{ -\frac{t^2}{2\sigma^2} \right\} \qquad (1.60)$$

Gabor 声称，在这个时 - 频分解中使用的基函数 $G(\cdot)$ 在联合时 - 频平面内有最小的面积。

频谱图是一种广泛使用的显示时变信号的时变频谱密度的方法。它是一种频谱 - 时间表示法，可以提供信号的频率内容在时间上的实际变化。频谱图使用短时傅里叶变换（STFT）计算得到并用 STFT 的幅值平方表示，无须保留信号的相位信息

$$\mathrm{Spectrogram}(t,f) = |\mathrm{STFT}(t,f)|^2 \qquad (1.61)$$

STFT 在短时间窗的基础上进行傅里叶变换,而非对整个信号使用长时间窗进行傅里叶变换。

采用有限时间的窗函数时,STFT 的分辨率由窗的尺寸决定。在时间分辨率和频率分辨率之间要进行折中。更大的窗尺寸有更高的频率分辨率,但时间分辨率较差。Gabor 变换是典型的使用高斯窗的短时傅里叶变换,有最小的时间分辨率和频率分辨率的乘积。

为了更好地分析时变微多普勒频率特性以及将局域的联合时-频信息可视化,分析信号时必须使用高分辨率时-频变换将信号的频谱和时间行为特征化。双线性变换,例如 Wigner-Ville 分布(WVD),就是高分辨率的时频变换。信号 $s(t)$ 的 WVD 用与时间有关的自相关函数的傅里叶变换定义为

$$\text{WVD}(t,f) = \int s\left(t + \frac{t'}{2}\right) s^*\left(t - \frac{t'}{2}\right) \exp\{-j2\pi f t'\} dt' \quad (1.62)$$

式中:$s\left(t + \frac{t'}{2}\right) s^*\left(t - \frac{t'}{2}\right)$ 可以理解为与时间有关的自相关函数。双线性 WVD 具有比任何的线性变换(例如 STFT)都更好的联合时-频分辨率。然而,它存在着交叉项干扰问题(即两个信号的和的 WVD 不是它们各自的 WVD 的和)。如果一个信号在联合时-频域内包含不止一个分量,它的 WVD 就会含有交叉项,这种情况会在每对自身项之间发生。这些振荡的交叉项的幅值可以大到自身项的两倍。为了减少交叉项干扰,使用滤波后的 WVD 来保留时频变换的有用性质,时频分辨率会略微下降,但可以大幅降低交叉项干扰。带有线性低通滤波器的 WVD 属于 Cohen 类[23]。

Cohen 类的通用形式定义为

$$C(t,f) = \iint s\left(u + \frac{\tau}{2}\right) s^*\left(u - \frac{\tau}{2}\right) \phi(t - u, \tau) \exp\{-j2\pi f \tau\} du d\tau \quad (1.63)$$

低通滤波器 $\phi(t,\tau)$ 的傅里叶变换,表示为 $\Phi(\theta,\tau)$,被称为核函数。如果 $\Phi(\theta,\tau) = 1$,则 $\phi(t,\tau) = \delta(t)$ 且 Cohen 类退化为 WVD。具有不同核函数的 Cohen 类,例如伪 Wigner、平滑的伪 Wigner-Ville(SPWV)、Choi-Williams 分布以及锥内核分布,可用于大幅减少 WVD 内的交叉项干扰。

其他有用的高分辨率时频变换是自适应 Gabor 表示和时频分布级数[24]。它们将信号分解成一簇基函数,例如 Gabor 函数,在时域和频域内都可以很好地将其局域化并自适应地匹配被分析信号的局域行为。

与 EMD 方法相比,自适应 Gabor 表示一种信号自适应的分解方法。它将信号 $s(t)$ 分解成具有可调的标准偏差 σ 和时频中心 (t_p, f_p) 的 Gabor 基函数 $h_p(t)$:

$$s(t) = \sum_{p=1}^{\infty} B_p h_p(t) \tag{1.64}$$

式中

$$h_p(t) = (\pi\sigma_p^2)^{-1/4} \exp\left[-\frac{(t-t_p)^2}{2\sigma_p^2}\right] \exp(j2\pi f_p t) \tag{1.65}$$

系数 B_p 通过迭代程序得出，该程序从步骤 $p=1$ 开始并选择参数 s_p、t_p 和 f_p，使得 $h_p(t)$ 与 $s(t)$ 最相似：

$$|B_p|^2 = \max_{\sigma_p, t_p, f_p} \left| \int s_{p-1}(t) h_p^*(t) \mathrm{d}t \right|^2 \tag{1.66}$$

式中：$s_0(t) = s(t)$；也就是说，被分析的信号取为 $p=1$ 时的初始信号。当 $p>1$ 时，$s_p(t)$ 是从信号中减去了 $s_{p-1}(t)$ 在 $h_p(t)$ 上的正交投影后的余数：

$$s_p(t) = s_{p-1}(t) - B_p(t) h_p(t) \tag{1.67}$$

此程序进行迭代用以生成准确表示初始信号所需的众多系数。最后，用下式得出与时间有关的频谱：

$$\text{AdaptiveGabor}(f,t) = \sum_p |B_p|^2 \text{WVD}_{h_p}(t,f) \tag{1.68}$$

法国国家科学研究中心（CNRS）开发的著名的 MATLAB 时频工具包是一个时频分析工具集合[25]。它包含了许多常用的线性和双线性时频分布，可以用于计算在联合时–频域内表示的微多普勒特征。然而，这个时频工具箱是为解析信号设计的。因此，如果输入信号是复合的 I 和 Q 信号，需要在输出时频表示中重新调整频率尺度。

1.9 物体的微多普勒特征

术语"特征"通常指的是一个物体或一个过程的特征化表示。例如，不同海洋流域内的特征模型被称为气候现象特征，例如南方涛动（ENSO）和厄尔尼诺现象。在多普勒气象雷达中，外界和内界强风的特殊图形被视为龙卷风的特征。

当考察一个物体的多普勒现象时，鲜明的微多普勒特性是物体运动的识别证据。微多普勒特征是运动的独特特征。它是在联合的时域和频域内表示的一种复杂精细的频率调制，也是表明物体身份的鲜明特征。

图 1.8 展示了文献[26-27]中仿真软件给出的正在旋转的空射巡航导弹（ALCM）的微多普勒特征。该巡航导弹长 6.4m，翼展约 3.4m。假设工作在 X 波段的雷达发射 1μs 线性调频脉冲用以仿真电磁后向散射场。雷达在 0.55s 周

期内以 67μs 的脉冲重复间隔发射了 8,192 个脉冲,用以覆盖目标完整的 360°旋转角。本书附带的 MATLAB 微多普勒特征分析工具中提供了从旋转的 ALCM 仿真得到的雷达 *I* 和 *Q* 数据。

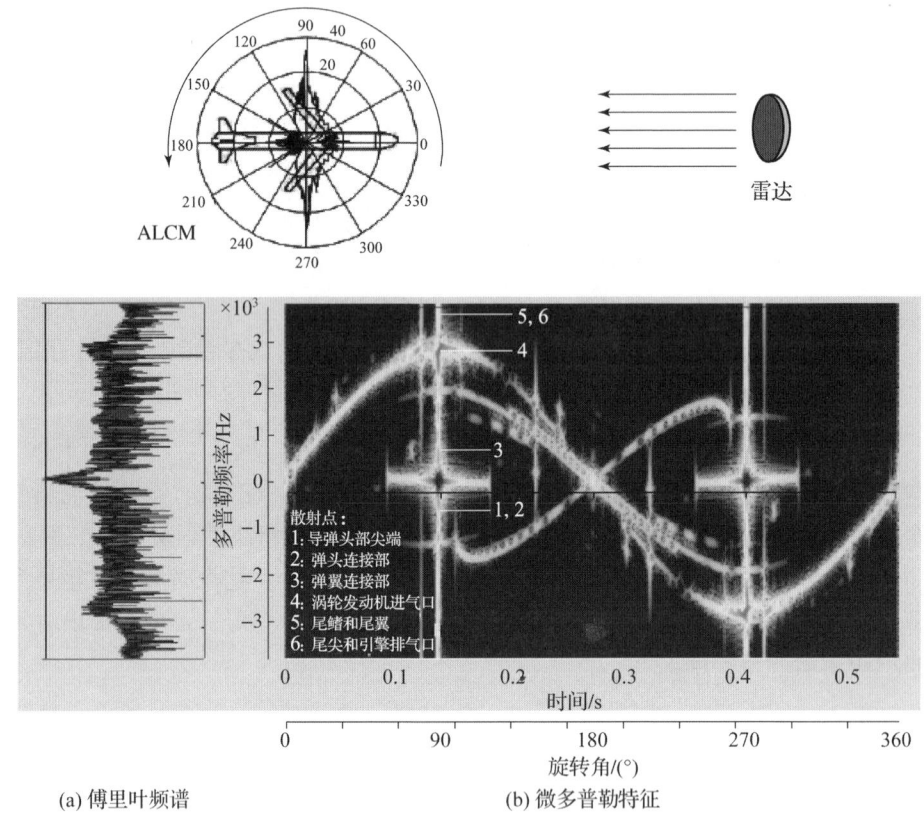

(a) 傅里叶频谱　　　　　　　　(b) 微多普勒特征

图 1.8　仿真的旋转 ALCM 的微多普勒特征

旋转 ALCM 的微多普勒特征可以在频域内观察到,并且在联合时－频域内的视图会清晰得多[28]。图 1.8(b) 展示了旋转 ALCM 的联合时－频微多普勒特征。为了对比,在图 1.8(a) 中给出了常规的傅里叶频谱。回想一下,因为完成 360°旋转需要 0.55s,所以导弹的旋转速率约为 1.8r/s。对于 ALCM 模型,导弹头部尖端、弹头连接部、弹翼连接部、涡轮发动机进气口、尾鳍和尾翼,以及尾尖和引擎排气口等到位于 0 处的转动支点的距离分别为约 -2.5m、-1.8m、0.2m、2.5m、3.5m 和 4.2m。如果这些部件被视为主要的散射点,则它们的旋转所引起的最大多普勒频移在如下情况下就会分别出现在如图 1.8(b) 所示的那些位置上:当它们的角速度几乎平行于雷达视线时;当导弹位于雷达的 90°或 270°方位上时;或者经过时间为 0.14s 或 0.41s 时。

当导弹位于 90°方位时，引起的多普勒频移分别是 -1,917Hz、-1,380Hz、153Hz、1,917Hz、2,684Hz 和 3,217Hz。对于这些主散射点，旋转引起的多普勒频移痕迹清楚地显示在了图 1.8（b）上。当方位从 180°到 90°以及从 180°到 270°时，所引起的 ALCM 模型的多普勒频移有相同的幅值但符号相反。导弹方位从 0°到 90°以及从 360°到 270°时也会看到同样的运动学特征。当它们的运动方向垂直于雷达视线（即导弹近似位于 180°和 360°方位上时），这些多普勒频移会逐渐减小到零。请注意，对于在放置了两个涡轮机的导弹尾部附近的两个散射点，所引起的多普勒频移进一步发散了。因此，导弹的动能运动可以用它的微多普勒特征很好地加以特征化，这个特征可用于辨别目标的独特特征。本书给出了用于计算旋转 ALCM 的微多普勒特征的 MATLAB 源代码，并且可以用作微多普勒特征分析示例。

1.10 角速度引起的干涉频移

角速度描述了物体围绕某个轴做角运动的速度，例如，直升机的旋转叶片或滚动的轮子。角位移的变化速率被称为角速度。它是用每秒弧度或每秒转数（r/s）来定义的。如果一个物体沿曲线路径运动，物体的速度则由位置向量的变化速率和方向的变化共同决定。

物体的瞬时线性速度被称为切向速度。对于沿着半径为 r 的圆形路径以角速度 Ω(rad/s)运动的物体，它的切向速度等于半径和角速度的乘积：$V_t = r\Omega$。

角速度是一个向量，由角速度及其方向组成。角速度向量的幅值正比于角速度。角速度向量的方向垂直于发生旋转的平面。如果旋转相对于观测者是顺时针的，角速度向量的指向为从观测者处远离。如果旋转是逆时针的，则角速度向量的指向为朝向观测者。

众所周知的是多普勒雷达能够测量运动物体的径向速度。然而，当运动物体仅有角速度没有径向分量时，雷达是无法测量出物体的真实速度的。如果物体沿着曲线路径运动，当它的径向速度减小时，角速度必然会上升。因此，为了完整地描述物体的运动，应当测量它的角速度。

在文献[29-31]中，J. Nanzer 提出了测量物体角速度的雷达技术。他提出了一种干涉相关接收机，这种接收机的响应频率与角速度成正比。相关干涉方法在射电天文学中已经使用了很长时间[32-33]。

如图 1.9 所示，典型的干涉雷达接收机有两个分开的接收机通道，两个天线用基线 D 隔开用以观测远场源。

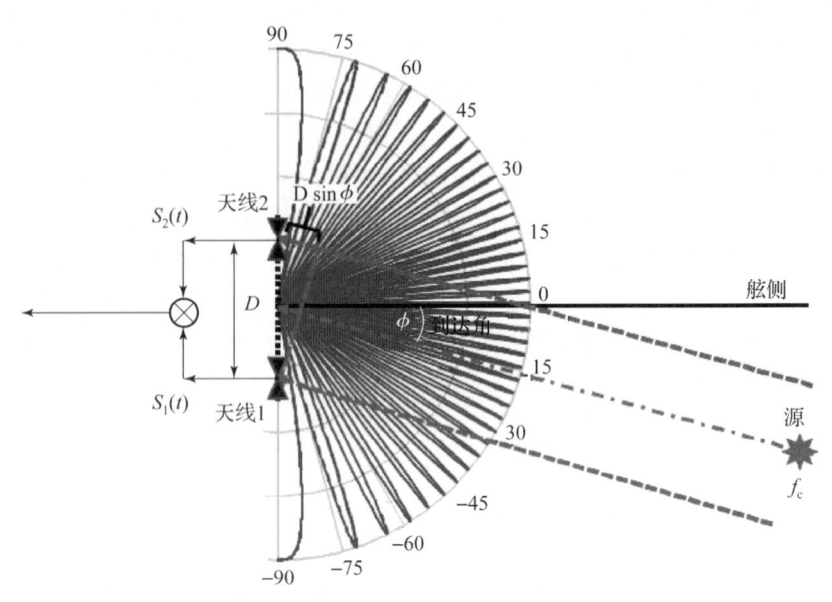

图 1.9 典型的干涉相关接收机有两个分离的接收通道用于观测远场源

设来自远场源的入射波的角度为 φ,第一个天线上接收到的信号为

$$s_1(t) = \exp\{j2\pi f_c t\} \qquad (1.69)$$

且第二个天线上的接收信号为

$$s_2(t) = \exp\{j2\pi f_c(t-\tau)\} \qquad (1.70)$$

式中:f_c 为源的频率;τ 为相比于第一个天线上的接收信号的时间延迟,用下式确定:

$$\tau = D\sin\varphi/c \qquad (1.71)$$

式中:φ 是到达角;D 是基线;c 是传播速度。

当两个接收到的信号穿过复相关器时,即复数乘法器和低通滤波器,复合相关器的响应为

$$C(\varphi) = \langle s_1(t) \cdot s_2^*(t) \rangle = \exp\{j2\pi f_c\tau\} = \exp\{j2\pi f_c D\sin\varphi/c\} \qquad (1.72)$$

相关器输出的实部 $\mathrm{Re}[C(\varphi)]$,形成了图 1.9 中的条纹图。它表明当入射波角度 φ 从 $-90°$ 增加到 $90°$ 时,相关器的响应为正弦波。

物体的角速度用角度的时间导数定义:

$$\Omega = \mathrm{d}\varphi(t)/\mathrm{d}t \qquad (1.73)$$

因此,入射波角度可以用 $\varphi = \Omega t$ 替代。相关器输出响应可以重写成

$$C(\Omega t) = \exp\{j2\pi D\sin\Omega t/\lambda\} \qquad (1.74)$$

当一个物体穿过干涉方向图时，在相关器响应中会产生振荡。振荡频率与物体的角速度成正比。

相关器响应的瞬时频率是角速度引起的频移，被称为干涉频移：

$$f_{\mathrm{Inf}} = \frac{1}{2\pi}\frac{\mathrm{d}}{\mathrm{d}t}(2\pi D\sin\Omega t/\lambda) = D\Omega\cos\Omega t/\lambda \quad (1.75)$$

对于天线的近舷侧，$\cos\Omega t \approx 1$ 且 $f_{\mathrm{Inf}} \approx D\Omega/\lambda$。因此，干涉雷达的响应变成

$$s_{\mathrm{Inf}}(t) = \exp\{j2\pi f_{\mathrm{Inf}}t\} \quad (1.76)$$

具有与多普勒雷达响应相同的形式

$$s_{\mathrm{D}}(t) = \exp\{j2\pi f_{\mathrm{D}}t\} \quad (1.77)$$

式中：$f_{\mathrm{D}} = 2v_{\mathrm{r}}/\lambda$ 是多普勒频移；v_{r} 是径向速度。

干涉频移 f_{Inf} 正比于角速度且多普勒频移 f_{D} 正比于径向速度。

对于一个宽带源，相关器响应的带宽效应是在带宽 B 上积分，用下式给出

$$\begin{aligned}C(\varphi) &= \int_{f_c-B/2}^{f_c+B/2} \exp\{j2\pi f_c D\sin\varphi/c\}\,\mathrm{d}f \\ &= \exp\{j2\pi f_c D\sin\varphi/c\} \cdot \mathrm{sinc}(\pi BD\sin\varphi/c)\end{aligned} \quad (1.78)$$

式中：sinc 函数决定了在条纹图上调制的带宽图[29]。

使用干涉接收机将传统的径向速度多普勒测量与角速度测量结合，物体运动可以在宽视场上直接测量。径向多普勒频移可以用单通道接收机测量，角多普勒频移使用双干涉接收机。在文献[34-36]中仿真了一个人在干涉雷达的正切方向上行走，用以计算多普勒频移引起的角速度。干涉雷达为多普勒雷达提供了测量速度的补充方法。

1.11 雷达微多普勒特征的研究和应用

在 1998 年，关于行走的人的微多普勒特征的初步研究进行，该项目由美国海军研究办公室管理[3-4]。一个人以正常的步行速度走向雷达。图 1.10（a）展示了行走中的人的雷达距离-多普勒图像，图中的热点表示人的身体。胳膊和腿的关节运动在人体周围造成了横穿多普勒方向的拖尾线。图 1.10（b）中所示的行走的人的微多普勒特征指示出了人体的多普勒频移以及摆动的胳膊和腿的微多普勒频移。人体躯干的多普勒频移几乎是恒定的，略呈锯齿状，但胳膊和腿的微多普勒频移是时变周期曲线。

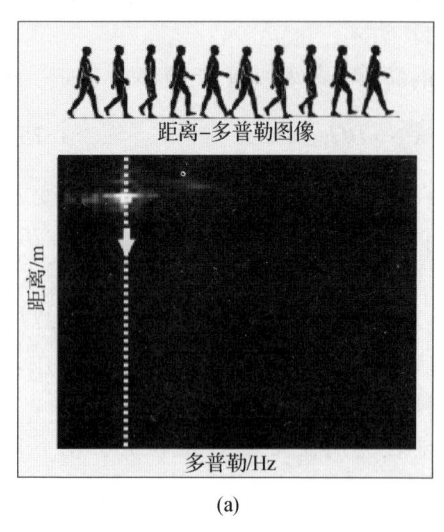

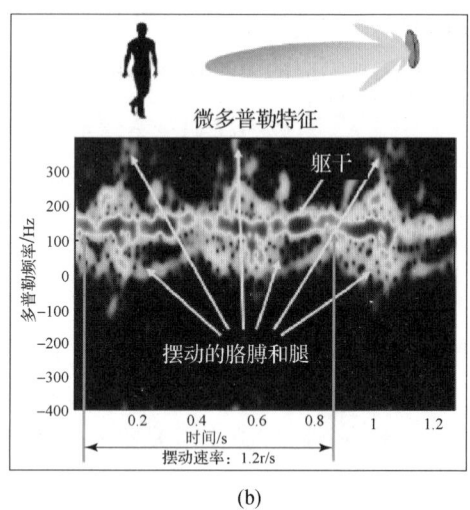

图1.10 （a）行走的人的雷达距离–多普勒图像以及（b）行走的人的微多普勒特征

从那以后，与雷达中的微多普勒效应有关的出版物出现在各种期刊和会议论文集中。在众多的文献中，有些是关于微多普勒效应的理论分析，而其他的许多文献则是探索微多普勒雷达特征的应用。在研究论文[37-40]和教科书[41-43]中也可以发现一些与微多普勒有关的题目。

在视频监控、运动表现分析和生物统计的推动下，不同人体运动特征的提取和分析引起了广泛的关注。人体步态研究在生物医学工程、运动医学、物理治疗、医学诊断以及康复领域由来已久。继早期的人体步态雷达微多普勒特征研究之后，对不同人类运动（例如，跑步、跳跃、爬行以及坠落）的雷达微多普勒特征进行了深入研究[44-53]。

超宽带（UWB）雷达既有高分辨率的距离像也有高分辨率的多普勒谱图，有助于提取详细的步态特征，例如，平衡腿部和摆动手臂。精细特征的独有特性可用于识别人类活动，例如，行军、行走、单臂摆动或双臂摆动。在文献[54-58]中介绍了微多普勒特征与微距离特征的组合使用。使用超精细距离分辨率并利用精细微距离和微多普勒特征，可以基于人体的物理部件分解多普勒和距离特征。

在文献[58-59]中可以看到UWB雷达用于人类步态的研究。雷达为提取详细的微多普勒特征（例如，摆动的手臂）提供了高分辨距离像以及高分辨多普勒谱图。可以使用非常详细的特征中的独特特性辨别出人类的活动，例如行军、行走、单臂摆动或双臂摆动。

多基地雷达可以从不同视角观察一个物体并提供其微多普勒特征的多视角视图。来自多个雷达的组合的微多普勒特征取决于系统的拓扑结构、位置以及物体的运动方向。物体的位置、运动方向和速度可以通过组合不同通道捕获的信号来测出。随着信息增多，雷达的目标识别性能预期会得到改善[60-63]。

通过雷达网中多角度观测形成的微多普勒特征可以改进斜角分类的性能。在文献[64-65]中探讨了这个议题，使用交互信息得出了目标分类特征的重要程度。

由于人体的雷达横截面（大约$0.5m^2$）很小，来自人类的雷达回波，尤其是在远距离时，非常微弱。因此，用于微运动研究的雷达必须有足够的发射功率或工作在短距离上。在真实世界中，对人的雷达探测往往是在复杂背景和有杂波的环境中进行的。尤其是，当人移动得相对缓慢时，杂波的强度可能会超过人的回波。因此，如何在杂波中检测出微弱的人类信号变成了人类运动分析中重要研究课题。

众所周知，即使目标处在缓慢运动中，更高的频率也会有更高的多普勒频移。因此，研究微多普勒特征使用了较高的频段（例如，K 波段和 W 波段）。在文献 [66] 中，工作在 77GHz 上的 W 波段雷达被用于观测人类步态的微多普勒特征。它能够识别出多个人并确定这个人是否有负重。

在生物运动感知研究中发现，人体部分的运动动态承载了关于人的动作、情绪，甚至性别的信息。因此，分解人的微多普勒特征成了一个富有挑战的议题，其目的是通过微多普勒特征识别出人的动作、情绪，甚至于辨别出目标的性别[67-68]。

超声波也可以用于提取运动物体的微多普勒特征。文献[69-70]探讨了使用超声波传感器区分行走的人和动物。雷达微多普勒特征已经有了更先进的应用，包括空间目标识别（例如导弹的弹头）、空中目标识别（例如无人飞行器和飞鸟）、地面运动目标识别（例如车辆和步行的作战人员）、地下目标识别（例如废墟被困人员的生命体征探测）以及墙后目标识别。

1.11.1 空间目标的微多普勒特征

旋转弹道导弹弹头是基于旋转对称尖顶特征研究自然延伸出来的研究课题。某些微运动参数，例如旋转速率、进动速率、攻角和惯性比，可以根据导弹弹头的微多普勒特征估算。弹道导弹弹头的进动和章动以及诱饵的摇摆运动是典型的微运动。它们不同的微多普勒特征可用于辨别弹头和诱饵。研究发现，由于一个物体的惯性参数与它的微运动状态密切相关，刚性锥的惯性比可作为物体的重要价值指标用于目标识别[71-81]。

1.11.2 空中目标的微多普勒特征

直升机识别已成为一个极富吸引力的课题。为了辨别出直升机的类型，除了它的形状和尺寸外，螺旋桨叶片的数量、长度以及旋翼的旋转速度均是识别直升机的重要特征。这些参数可以根据直升机的微多普勒特征来估算。

用单基地、双基地和多基地雷达提取直升机旋翼叶片的微多普勒特征已经开始研究[82-85]。它们可用于估算叶片的旋转参数进行识别或是用于消除其对雷达返回信号的影响以便于成像。

除研究常规直升机旋翼叶片的微多普勒特征外，还广泛研究了多轴直升机、小型无人直升机和旋翼微型无人飞行器（UAV）的微多普勒特征。小型UAV不同于传统的空中目标，它们尺寸小，飞行的速度和高度都很低。这使得UAV很容易被复杂地形隐藏，难以与鸟类区分，并且很难被探测。

虽然鸟类的RCS通常都很小（-40～-10dBsm），现代的监视雷达仍可以在远距离探测到它们。在雷达屏上，高密度的鸟群会形成大量的与微型UAV或无人机类似的航迹。因此，当探测UAV时，飞鸟可能会造成虚警。从飞鸟中探测出来袭的UAV是雷达必须要达成的任务。

辨别鸟类和微型UAV需要采用有效的方法。在30余年前就已经使用鸟类拍打翅膀形成的多普勒展宽来识别飞鸟了[86]。飞鸟的运动，特别是其翅膀的上提和下压，可以生成鲜明的微多普勒特征。因此，微多普勒特征可用于识别不同的飞行物体以及区分飞鸟和UAV及其他空中目标[87-101]。

拍打翅膀可以从飞鸟的时变多普勒频谱中清晰地看到。对于一只加拿大黑雁，其翅膀的多普勒频移会比其身体的多普勒频移高180Hz。时变多普勒频谱的带宽与鸟的大小有关，可用于识别鸟类[93-94]。观测发现，鸟类两种不同扑翼风格（类似雀鸟的扑翼风格和类似雨燕的扑翼风格）的微多普勒特征差异非常大。研究表明，类似雀鸟的扑翼风格会重复出现连串的较大波动[95]。

在文献[96]中，K波段连续波雷达被用于研究微多普勒特征在鸟类探测中的潜在应用。在文献[97]中提出了微多普勒特征与距离-多普勒图像结合用于分类单只鸟和鸟群的方法。

在文献[100-101]中讨论了干涉雷达，在该案例中目标朝着雷达切向运动且相对于雷达的运动主要为角运动。因此，为了能够分类任何的目标轨迹，测量微多普勒特征引起的角速度是必然的。

1.11.3 生命体征的微多普勒特征

观测、测量和监控生命体征（例如，心跳、脉搏和呼吸频率）不仅对于健康监护非常重要，而且对于发现受困在废墟下或障碍后的幸存者也很重要。在1975年，J. C. Lin 第一个提出了用于测量人和动物呼吸运动的微波技术[102]。此后，K. M. Chen 等人研制出了一种 X 波段生命探测雷达系统用于检测人的心跳和呼吸[103-104]。来自受困幸存者的雷达回波信号可以被人类呼吸和心跳引起的物理振动调制，所以雷达可用于在无物理接触的距离外远程发现受困的幸存者。雷达可以检测到的特定生命体征包括心跳、呼吸引起的胸腔运动甚至咽喉内的振动。

生命体征的微多普勒特征已用于非接触人类生命探测[105-110]。连续波雷达是一种利用微多普勒特征非侵入测量呼吸频率和心跳率的简单工具[105]。超宽带雷达当然也可以用于探测心跳和观测在不同距离上多个目标的微多普勒特征[106]。在文献［107］中，毫米波雷达被用于在最远100m的距离上捕捉人的呼吸和心跳率的微多普勒特征。正如文献［108］中所述，为了识别人的呼吸和躯干弯曲，可以使用 EMD 分析将多分量信号分解成单分量成分。

1.11.4 穿墙雷达的微多普勒特征

使用雷达微多普勒特征探测和识别墙后目标已在文献［111-116］中进行了研究。穿墙雷达通常工作在低于 5GHz 的频率上。穿墙而行的雷达信号会遭遇衰减和离散。墙体损耗会降低雷达回波的 SNR 并因此限制雷达可探测的最大距离。如果雷达在无墙环境内工作时最大可探测距离是 50m，30dB 的双向墙体衰减将使最大可探测距离减小$(10^{-30/10})^{1/4}=0.18$倍，或者说，最大可探测距离变为 9m。这表明，每额外增加 12dB 损耗，最大可探测距离就会减半。

由于穿墙雷达中使用的是相对较低的频率，微多普勒频移可能会非常低，这使得很难探测到位于墙后的物体。然而，利用先进的信号分解和处理技术，雷达仍然可以感知人体的运动、呼吸，甚至心跳，在地震后或爆炸场景中寻找幸存者时可用于探测和监控人类活动。

墙体对微多普勒效应的影响已进行了研究[111-112]。研究发现，在有墙的情况下，微多普勒效应具有和自由空间内的微多普勒效应相似的形式。测量得到的墙后物体的视角与自由空间内观测到的视角是不同的。测出的角度取决于墙的厚度和介电常数。瞬时视角因为墙体发生变化，将会影响雷达对物体的成像。然而，墙的存在并不改变物体微多普勒特征的图形。墙只会改变微多普勒特征的绝对值，这与墙的属性有关。因此，雷达的微多普勒特征可用于探测是否存在人类以及他们在墙后的运动。

1.11.5　微多普勒特征用于室内监控

雷达是监控办公楼、住宅、学校和医院内常规和异常人员活动的首选。微多普勒特征用于室内监控在家居安防、家庭自动化以及健康状况监控（活动监控、跌倒检测和生命体征监控）领域内成了日益重要的研究课题。

室内人体运动包括常规的周期运动（例如，行走或跑动）和非周期运动（例如，起立、坐下、下蹲，以及跌倒）。这样的不定期事件有可能是重要的健康迹象，例如，慢性跛行、脑震荡、眩晕，甚至是像心脏病发作这样的严重事件。因为这样的微多普勒频率与人体部件的运动和机动行为直接关联，这些微多普勒特征可用于这些运动和机动模式的特征化和分类[117-127]。通过仔细分析特征中不同的模式，不同活动独有的特征可以被识别出来并作为人体运动识别和特征化的基础。

1.11.6　微多普勒特征用于手势识别

手势是意图传达有意义的信息和与环境进行交互的涉及手指、手掌和手腕的手部运动。多普勒雷达传感器已经成功用于跟踪人机交互的手势[128-130]。

与光学运动捕捉系统相比，雷达传感器不需要在人手上附着任何的追踪器并且可以轻易地穿透塑料或其他一些材料。雷达传感器对距离、光线条件，以及背景复杂度不敏感。因此，它们比光学传感器更稳健，并且更加适合智能手势识别和控制。

使用多普勒雷达进行手势识别的想法是在 2013 年提出的[131]。在文献[132-135]中可以看到雷达微多普勒特征在雷达手势识别中的应用。手势的微多普勒特征是手部姿态的独有特征。连同手指、手掌和手腕的距离、速度和角度信息，雷达传感器被成功应用于手势识别与控制。

1.11.7　微多普勒特征用于目标分类

目标分类是雷达中极为重要的研究课题。常用于目标分类的统计算法包括线性识别、朴素贝叶斯分类、支持向量机（SVM）以及核机器。微多普勒特征可用作分类特征[136-139]。

机器学习是衍生自人工智能的一种方法，它让"计算机无须明确编程就有学习的能力"[140]。深度学习卷积神经网络是机器学习的一个子集，使用人工神经网络来完成学习任务[141]。卷积神经网络（例如，深度和前馈人工神经网络）已被成功应用于目标分类。基于微多普勒特征，已成功应用深度学习卷积神经网络对人类活动进行分类[142-143]。

1.11.8 雷达微多普勒特征的其他应用

在 21 世纪初，研究人员发现，大型风力涡轮机会产生干扰，对雷达有很大的影响[144]。自此以后，风力涡轮机杂波已成为了雷达杂波和干扰的新形式。如文献[145-146]中所述，风力涡轮机有时候还会引起虚假的飞机探测和跟踪。风力涡轮机的特征与它的位置、形状、材料以及叶片的旋转有关，这使得雷达微多普勒特征变得复杂[147-148]。

另一个有趣的应用是使用 Wi-Fi、调频广播、移动电话网络、DVB-T（数字地面广播电视）或 GNSS（全球导航卫星系统）作为无源发射机。在无源雷达中观测到的微多普勒特征已被用于直升机分类[149-153]和室内健康监测[154-156]。

微多普勒特征还在基于雷达的室内人员监控中用于康复和辅助生活[157-158]。由于人的步态特性的变化与跌落风险有关[159]，所以重要的是检测人的步态异常以及监控人行走时微多普勒特征的改变[160]。

其他微多普勒特征应用还包括使用非视距（NLOS）雷达探测城市环境内的人。在城市环境中，建筑物会形成阴影区，采用多径传播的非视距雷达可以在这些区域内使用。多路径使得雷达能够通过绕射和镜面反射探测非视距目标。可以探测街角处目标的雷达被称为拐角雷达或角落雷达[161]。一些试验结果表明，在城市环境中，可以从雷达视距中检索出一个或多个行走的人的微多普勒特征[162-163]。

1.12 内容组织结构

在第 2 章中介绍了雷达中的微多普勒效应的基本数学概念、微运动的基本数学表达、微运动物体的基本雷达散射、微多普勒效应的基本数学计算，以及双基地和多基地微多普勒效应。然后，在第 3 章和第 4 章中讨论了对刚体和非刚体中的微多普勒效应的详细分析。

鉴于近年来雷达感知人类生命信号和手势的发展，在第 5 章和第 6 章分别介绍了雷达微多普勒特征在生命信号探测和人类手势识别领域的应用。

当前开发的高集成低功率紧凑雷达、连续波（CW）和调频连续波（FMCW）雷达在系统紧凑性、灵活性方面有了长足进步，而且成本低廉，可作为微多普勒雷达用于微运动传感。在第 7 章中对有关需求和系统体系架构进行了综述。

根据生物运动感知以及生物运动与微多普勒特征之间的关系，第 8 章讨论了如何分析和解读微多普勒特征。

第 9 章汇总了本书介绍的雷达中的微多普勒效应并列举了微多普勒研究的一些挑战和未来展望。

参考文献

[1] Eden, A., *The Search for Christian Doppler*, New York: Springer-Verlag, 1992.

[2] Gill, T. P., *The Doppler Effect: An Introduction to the Theory of the Effect*, London: Logos Press/Academic Press, 1965.

[3] Chen, V. C., "Analysis of Radar Micro-Doppler Signature with Time-Frequency Transform," *Proc. of the IEEE Workshop on Statistical Signal and Array Processing* (SSAP), Pocono, PA, 2000, pp. 463–466.

[4] Chen, V. C. and H. Ling, *Time-Frequency Transforms for Radar Imaging and Signal Analysis*, Norwood, MA: Artech House, 2002.

[5] Chen, V. C., et al., "Micro-Doppler Effect in Radar: Phenomenon, Model, and Simulation Study," *IEEE Transactions on Aerospace and Electronics Systems*, Vol. 42, No.1, 2006, pp. 2–21.

[6] Van Bladel, J., *Relativity and Engineering*, New York: Springer, 1984.

[7] Willis, N. J., *Bistatic Radar*, 2nd ed., Raleigh, NC: SciTech Publishing, 2005.

[8] Chernyak, V., *Fundamentals of Multisite Radar Systems*, Amsterdam: Gordon and Breach Science Publishers, 1998.

[9] Rife, D. C., and R. R. Boorstyn, "Single Tone Parameter Estimation from Discrete-Time Observations," *IEEE Transactions on Information Theory*, Vol. 20, No. 5, 1974, pp. 591–598.

[10] Kay, S. M., and S. L. Marple, "Spectrum Analysis: A Modern Perspective," *Proceedings of IEEE*, Vol. 69, No. 11, 1981, pp. 1380–1419.

[11] Marple, S. L., *Digital Spectral Analysis with Applications*, Englewood Cliffs, NJ: Prentice-Hall, 1987.

[12] Kay, S. M., "A Fast and Accurate Single Frequency Estimator," *IEEE Transactions on Acoustics Speech, Signal Processing*, Vol. 37, No. 12, 1989, pp. 1987–1990.

[13] Rao, C. R., "Information and Accuracy Attainable in the Estimation of Statistical Parameters," *Bulletin of the Calcutta Mathematical Society*, Vol. 37, 1945, pp. 81–91.

[14] Kay, S. M., *Fundamentals of Statistical Signal Processing: Estimation Theory*, Upper Saddle River, NJ: Prentice Hall, 1993.

[15] Gupta, M. S., "Definition of Instantaneous Frequency and Frequency Measurability," *American Journal of Physics*, Vol. 43, No. 12, 1975, pp. 1087–1088.

[16] Huang, N. E., et al., "The Empirical Mode Decomposition and the Hilbert Spectrum for Nonlinear and Non-Stationary Time Series Analysis," *Proc. Roy. Soc. London*, Ser. A, Vol. 454, 1998, pp. 903–995.

[17] Boashash, B., "Estimating and Interpreting the Instantaneous Frequency of a Signal—Part 2: Algorithms and Applications," *Proceedings of IEEE*, Vol. 80, No. 4, 1992, pp. 540–568.

[18] Olhede, S., and A. T. Walden, "The Hilbert Spectrum Via Wavelet Projections," *Proc. R. Soc. London*, Ser. A, Vol. 460, 2004, pp. 955–975.

[19] Rilling, G., and P. Flandrin, "Bivariate Empirical Mode Decomposition," *IEEE Signal Processing Letter*, Vol. 14, No. 12, 2007, pp. 936–939.

[20] Tanaka, T., and D. P. Mandic, "Complex Empirical Mode Decomposition," *IEEE Signal Processing Letter*, Vol. 14, No. 2, 2007, pp. 101–104.

[21] CEMD: http://perso.ens-lyon.fr/patrick.flandrin.

[22] Gabor, D., "Theory of Communication," *Journal of IEE (London)*, Vol. 93, Part III, No. 26, 1946, pp. 429–457.

[23] Cohen, L., *Time-Frequency Analysis*, Prentice Hall, Englewood Cliffs, NJ, 1995.

[24] Qian, S., and D. Chen, *Introduction to Joint Time-Frequency Analysis: Methods and Applications*, Prentice Hall, Englewood Cliffs, NJ: Prentice Hall, 1996.

[25] Time-Frequency Toolbox: http://tftb.nongnu.org/.

[26] Shirman, Y. D., *Computer Simulation of Aerial Target Radar Scattering, Recognition, Detection, and Tracking*, Norwood, MA: Artech House, 2002.

[27] Gorshkov, S. A., et al., *Radar Target Backscattering Simulation: Software and User's Manual*, Norwood, MA: Artech House, 2002.

[28] Chen, V. C., C. -T. Lin, and W. P. Pala, "Time-Varying Doppler Analysis of Electromagnetic Backscattering from Rotating Object," *The IEEE Radar Conference Record*, Verona, NY, April 24–27, 2006, pp. 807–812.

[29] Nanzer, J. A., "Millimeter-Wave Interferometric Angular Velocity Detection," *IEEE Transactions on Microwave Theory and Techniques*, Vol. 58, No. 12, 2010, pp. 4128–4136.

[30] Nanzer, J. A., "On the Resolution of the Interferometric Measurement of the Angular Velocity of Moving Objects," *IEEE Transactions on Aerospace and Electronics Systems*, Vol. 60, No. 11, 2012, pp. 5356–5363.

[31] Nanzer, J. A., and K. Zilevu, "Dual Interferometric-Doppler Measurements of the Radial and Angular Velocity of Humans," *IEEE Transactions on Antennas and Propagation*, Vol. 62, No. 3, 2014, pp. 1513–1517.

[32] Kraus, J. D., *Radio Astronomy*, New York: McGraw-Hill, 1966.

[33] Thompson, A. R., J. M. Moran, and G. W. Swenson, Jr., *Interferometry and Synthesis in Radio Astronomy*. New York: Wiley, 2001.

[34] Nanzer, J. A., "Interferometric Measurement of the Angular Velocity of Moving Human," *Proc. SPIE 8361 Radar Sensor Technology XVI*, 2012, 836102.

[35] Nanzer, J. A., "Simulations of the Millimeter-Wave Interferometric Signature of Walking Humans," *IEEE Antennas and Propagation Society International Symposium (APSURSI)*, 2012.

[36] Nanzer, J. A., "Micro-Motion Signatures in Radar Angular Velocity Measurement," *IEEE Radar Conference*, Philadelphia, PA, May 2016.

[37] Anderson, M. G., "Design of Multiple Frequency Continuous Wave Radar Hardware and Micro Doppler Based Detection and Classification Algorithms," Ph.D. Dissertation, University of Texas at Austin, 2008.

[38] Smith, G. E., "Radar Target Micro-Doppler Signature Classification," Ph.D. Dissertation, University College London, 2008.

[39] Ghaleb, A., "Micro-Doppler Analysis of Time Varying Targets in Radar Imaging," Ph.D. Dissertation, University Télécom ParisTech, February 2009.

[40] Molchanov, P., "Radar Target Classification by Micro-Doppler Contributions," Ph.D. Dissertation, Tampere University of Technology, Finland, 2014.

[41] Chen, V. C., D. Tahmoush, and W. J. Miceli, (eds.), *Radar Micro-Doppler Signature: Processing and Applications*, IET, London, UK, 2014.

[42] Zhang, Q., Y. Luo, and Y. A. Chen, *Micro-Doppler Characteristics of Radar Targets*, New York: Elsevier, 2017.

[43] Amin, M. G., (ed.), *Radar for Indoor Monitoring Detection, Classification, and Assessment*, Boca Raton, FL: CRC Press, 2018.

[44] Chen, V. C., et al., "Analysis of Micro-Doppler Signatures," *IEE Proceedings: Radar, Sonar and Navigation*, Vol. 150, No. 4, 2003, pp. 271–276.

[45] Chen, V. C., "Advances in Applications of Radar Micro-Doppler Signatures," *2014 IEEE Conference on Antenna Measurements & Applications (CAMA)*, 2014, pp. 1–4.

[46] Thayaparan, T., et al., "Analysis of Radar Micro-Doppler Signatures from Experimental Helicopter and Human Data," *IET Radar, Sonar and Navigation*, Vol. 1, No. 4, 2007, pp. 289–299.

[47] Anderson, M. G., and R. L. Rogers, "Micro-Doppler Analysis of Multiple Frequency Continuous Wave Radar Signatures," *Proceedings of SPIE: Radar Sensor Technology XI*, Vol. 6547, 2007, 65470A.

[48] Ram, S. S., et al., "Doppler-Based Detection and Tracking of Humans in Indoor Environments," *Journal of the Franklin Institute*, Vol. 345, No. 6, 2008, pp. 679–699.

[49] Thayaparan, T., et al., "Micro-Doppler-Based Target Detection and Feature Extraction in Indoor and Outdoor Environments," *Journal of the Franklin Institute*, Vol. 345, No. 6, 2008, pp. 700–722.

[50] van Dorp, P., "Identifying Human Movements Using Micro-Doppler Features," Chapter 6 in *Radar Micro-Doppler Signature: Processing and Applications*, V. C. Chen, D. Tahmoush, and W. J. Miceli (eds.), Radar Series 34, IET, 2014, pp. 139–185.

[51] Wang, Y. -Z., Q. -H. Liu, and A. E. Fathy, "CW and Pulse-Doppler Radar Processing Based on FPGA for Human Sensing Applications," *IEEE Transactions on Geoscience and Remote Sensing*, Vol. 51, No. 5, 2013, pp. 3097–3107.

[52] Ghaleb, A., and L. Vignaud, "Range and Micro-Doppler Analysis of Human Motion Using High Resolution Experimental HYCAM Radar," Chapter 4 in *Radar Micro-Doppler Signature: Processing and Applications*, V. C. Chen, D. Tahmoush, and W. J. Miceli (eds.), Radar Series 34, IET, 2014, pp. 69–96.

[53] Narayanan, R. M., and M. Zenaldin, "Radar Micro-Doppler Signatures of Various Human Activities," *IET Radar, Sonar & Navigation*, Vol 9, No. 9, October 2015, pp. 1205–1215.

[54] Fogle, O. R., and B. D. Rigling, "Micro-Range/Micro-Doppler Decomposition of Human Radar Signatures," *IEEE Transactions on Aerospace and Electronics Systems*, Vol. 48, No. 4, 2012, pp. 3058–3072.

[55] Fogle, O. R., and B. D. Rigling, "Analysis of Human Signatures Using High-Range Resolution Micro-Doppler Radar," Chapter 3 in *Radar Micro-Doppler Signature: Processing and Applications*, V. C. Chen, D. Tahmoush, and W. J. Miceli, (eds.), Radar Series 34, IET, 2014, pp. 97–137.

[56] Cammenga, Z. A., G. E. Smith, and C. J. Baker, "Combined High Range Resolution and Micro-Doppler Analysis of Human Gait," *Proceedings of 2015 IEEE Radar Conference*, 2015, pp. 1038–1043.

[57] Ghaleb, A., L. Vignaud, and J. M. Nicolas, "Micro-Doppler Analysis of Wheels and Pedestrians in ISAR Imaging," *IET Signal Processing*, Vol. 2, No. 3, 2008, pp. 301–311.

[58] Vignaud, L., et al., "Radar High Resolution Range & Micro-Doppler Analysis of Human Motions," *Proceedings of IEEE 2009 International Radar Conference*, 2009, pp. 1–6.

[59] Wang, Y., and A. E. Fathy, "Micro-Doppler Signatures for Intelligent Human Gait Recognition Using a UWB Impulse Radar," *IEEE 2011 International Symposium on Antennas and Propagation (APSURSI)*, 2011, pp. 2103–2106.

[60] Smith, G. E., K. Woodbridge, and C. Baker, "Multistatic Micro-Doppler Signature of Personnel," *IEEE Radar Conference*, Rome, Italy, May 2008.

[61] Chen, V. C., A. des Rosiers, and R. Lipps, "Bi-Static ISAR Range-Doppler Imaging and Resolution Analysis," *IEEE Radar Conference*, Pasadena, CA, 2009.

[62] Smith, G. E., et al., "Multistatic Micro-Doppler Radar Signatures of Personnel Targets," *IET Signal Processing*, Vol. 4, No. 3, 2010, pp. 224–233.

[63] Smith, G., and C. Baker, "Multistatic Micro-Doppler Signature Processing," Chapter 9 in *Radar Micro-Doppler Signature: Processing and Applications*, V. C. Chen, D. Tahmoush, and W. J. Miceli, (eds.), Radar Series 34, IET, 2014, pp. 241–272.

[64] Tekeli, B., et al., "Classification of Human Micro-Doppler in Radar Network," *Proceedings of 2013 IEEE Radar Conference*, Ottawa, Canada, 2013.

[65] Tekeli, B., S. Z. Gurbuz, and M. Yuksel, "Mutual Information of Features Extracted from Human Micro-Doppler," *2013 21st Signal Processing and Communications*

Applications Conference, 2013, pp. 1–4.

[66] Bjorklund, S., et al., "Millimeter-Wave Radar Micro-Doppler Signatures of Human Motion," *Proceedings of 2011 International Radar Symposium (IRS)*, 2011, pp. 167–174.

[67] Garreau, G., et al., "Gait-Based Person and Gender Recognition Using Micro-Doppler Signatures," *IEEE Biomedical Circuits and Systems Conference (BioCAS)*, 2011, pp. 444–447.

[68] Ahmed, M. H., and A. T. Sabir, "Human Gender Classification Based on Gait Features Using Kinect Sensor," *2017 3rd IEEE International Conference on Cybernetics*, 2017, pp. 1–5.

[69] Damarla, T., et al., "Classification of Animals and People Ultrasonic Signatures," *IEEE Sensor Journal*, Vol. 13, No. 5, 2013, pp. 1464–1472.

[70] Murray, T. S., et al., "Bio-Inspired Human Action Recognition with a Micro-Doppler Sonar System," *IEEE Access*, Vol. 6, 2017, pp. 28388–28403.

[71] Ning, C., et al., "Modeling and Simulation of Micro-Motion in the Complex Warhead Target," *Proceedings of SPIE—Second International Conference on Space Information Technology*, Vol. 6795, 2007.

[72] Sun, H. X., and Z. Liu, "Micro-Doppler Feature Extraction for Ballistic Missile Warhead," *Proc. of the 2008 IEEE International Conference on Information and Automation (ICIA)*, 2008, pp. 1333–1336.

[73] Guo, K.Y. and X. Q. Sheng, "A Precise Recognition Approach of Ballistic Missile Warhead and Decoy," *Journal of Electromagnetic Waves and Applications*, Vol. 23, No. 14-15, 2009, pp. 1867–1875.

[74] Gao, H., et al., "Micro-Doppler Signature Extraction from Ballistic Target with Micro-Motions," *IEEE Transactions on Aerospace and Electronics Systems*, Vol. 46, No. 4, 2010, pp. 1968–1982.

[75] Wang, T., et al., "Estimation of Precession Parameters and Generation of ISAR Images of Ballistic Missile Targets," *IEEE Transactions on Aerospace and Electronics Systems*, Vol. 46, No. 4, 2010, pp. 1983–1995.

[76] Lei, P., J. Wang, and J. Sun, "Analysis of Radar Micro-Doppler Signatures from Rigid Targets in Space Based on Inertial Parameters," *IET Radar, Sonar, Navigation*, Vol. 5, No. 2, 2011, pp. 93–102.

[77] Li, M., and Y. S. Jiang, "Feature Extraction of Micro-Motion Frequency and the Maximum Wobble Angle in a Small Range of Missile Warhead Based on Micro-Doppler Effect," *Optics and Spectroscopy*, Vol. 117, No. 5, 2014, pp. 832–838.

[78] Choi, I. O., "Estimation of the Micro-Motion Parameters of a Missile Warhead Using a Micro-Doppler Profile," *2016 IEEE Radar Conference*, 2016, pp. 1–5.

[79] Shi, Y. C., et al., "A Coning Micro-Doppler Signals Separation Algorithm Based on Time-Frequency Information," *2017 IEEE International Conference on Signal Processing, Communications and Computing (ICSPCC)*, 2017, pp. 1–5.

[80] Persico, A. R., et al., "On Model, Algorithms, and Experiment for Micro-Doppler-Based Recognition of Ballistic Targets," *IEEE Transactions on Aerospace and Electronic Systems*,

Vol. 53, No. 3, 2017, pp. 1088–1108.

[81] Zhou, Y., "Micro-Doppler Curves Extraction and Parameters Estimation for Cone-Shaped Target with Occlusion Effect," *IEEE Sensors Journal*, Vol. 18, No. 7, 2018, pp. 2892–2902.

[82] Johnsen, T., K. E. Olsen, and R. Gundersen, "Hovering Helicopter Measured by Bi-/Multistatic CW Radar," *Proceedings of IEEE 2003 Radar Conference*, 2003, pp. 165–170.

[83] Olsen, K. E., et al., "Multistatic and/or Quasi Monostatic Radar Measurements of Propeller Aircrafts," *Proceedings of 2007 IET International Radar Conference*, 2007, pp. 1–6.

[84] Cilliers, A., and W. Nel, "Helicopter Parameter Extraction Using Joint Time-Frequency and Tomographic Techniques," *IEEE 2008 International Conference on Radar*, Adelaide, Australia, 2008, pp. 2–5.

[85] Molchanov, P., et al., "Aerial Target Classification by Micro-Doppler Signatures and Bicoherence-Based Features," *Proceedings of the 9th European Radar Conference*, Amsterdam, The Netherlands, 2012, pp. 214–217.

[86] Vaughn, C. R., "Birds and Insects as Radar Targets: A Review," *Proceedings of the IEEE*, Vol. 73, No. 2, 1985, pp. 205–227.

[87] Singh, A. K., and Y. -H. Kim, "Automatic Measurement of Blade Length and Rotation Rate of Drone Using W-Band Micro-Doppler Radar," *IEEE Sensors Journal*, Vol. 18, No. 5, 2018, pp. 1895–1902.

[88] Rahman, S., and D. Robertson, "Time-Frequency Analysis of Millimeter-Wave Radar Micro-Doppler Data from Small UAVs," *2017 Sensor Signal Processing for Defense Conference*, 2017, pp. 1–5.

[89] Fuhrmann, L., et al., "Micro-Doppler Analysis and Classification of UAVs at Ka Band," *2017 18th International Radar Symposium (IRS)*, June 2017.

[90] Alabaster, C. M., and E. J. Hughes, "Is It a Bird or Is It a Plane?" *Proceedings of IEEE 6th International Conference on Waveform Diversity & Design*, Lihue, HI, 2012, pp. 007–012.

[91] Molchanov, P., et al., "Classification of Small UAVs and Birds by Micro-Doppler Signatures," *International Journal of Microwave and Wireless Technologies*, Vol. 6, No. 3-4, 2014, pp. 435–444.

[92] Ritchie, M., et al., "Monostatic and Bistatic Radar Measurements of Birds and Micro-Drone," *2016 IEEE Radar Conference*, Philadelphia, PA, 2016, pp. 1–5.

[93] Spruyt, J. A., and P. van Dorp, *Detection of Birds by Radar*, TNO Report, FEL-95-A244, TNO Physics and Electronics Laboratory, 1996.

[94] Flock, W. L., and J. L. Green, "The Detection and Identification of Birds in Flight Using Coherent and Noncoherent Radars," *Proceedings of IEEE*, Vol. 62, 1974, pp. 745–753.

[95] Zaugg, S., et al., "Automatic Identification of Bird Targets with Radar Via Patterns Produced by Wing Flapping," *Journal of the Royal Society Interface*, Vol. 5, No. 26,

2008, pp. 1041–1053.

[96] Torvik, B., K. E. Olsen, and H. Griffiths, "K-Band Radar Signature Analysis of a Flying Mallard Duck," *2013 14th International Radar Symposium*, Dresden, Germany, 2013, Vol. 2, pp. 584–591.

[97] Ozcan, A. H., et al., "Micro-Doppler Effect Analysis of Single Bird and Bird Flock for Linear FMCW Radar," *2012 20th Signal Processing and Communications Application Conference*, 2012.

[98] Hoffmann, F., et al., "Micro-Doppler Based Detection and Tracking of UAVs with Multistatic Radar," *Proceedings of 2016 IEEE Radar Conference*, 2016, pp. 1–6.

[99] Kim, B. K., H. -S. Kang and S. -O. Park, "Experimental Analysis of Small Drone Polarimetry Based on Micro-Doppler Signature," *IEEE Geoscience and Remote Sensing Letters*, Vol. 14, No. 10, 2017, pp. 1670–1674.

[100] Jian, M., Z. Z. Lu, and V. C. Chen, "Experimental Study on Radar Micro-Doppler Signatures of Unmanned Aerial Vehicles," *Proceedings of 2017 IEEE Radar Conference*, 2017, pp. 854–857.

[101] Nanzer, J. A., and V. C. Chen, "Microwave Interferometric and Doppler Radar Measurements of a UAV," *Proceedings of 2017 IEEE Radar Conference*, 2017, pp. 1628–1633.

[102] Lin, J. C., "Noninvasive Microwave Measurement of Respiration," *Proceedings of the IEEE*, Vol. 63, No.10, 1975, pp. 1530–1530.

[103] Chen, K. M., et al., "An X-Band Microwave Life-Detection System," *IEEE Transactions on Biomedical Engineering*, Vol. 33, No. 7, 1986, pp. 697–702.

[104] Chen, K. M., et al., "Microwave Life-Detection Systems for Searching Human Subjects Under Earthquake Rubble or Behind Barrier," *IEEE Transactions on Biomedical Engineering*, Vol. 27, No. 1, 2000, pp. 105–114.

[105] Salmi, J., O. Luukkonen, and V. Koivunen, "Continuous Wave Radar Based Vital Sign Estimation: Modeling and Experiments," *Proceedings of IEEE 2012 Radar Conference*, 2012, pp. 564–569.

[106] Shirodkar, S., et al., "Heart-Beat Detection and Ranging Through a Wall Using Ultrawide Band Radar," *International Conference on Communications and Signal Processing*, 2011, pp. 579–583.

[107] Moulton, M. C., et al., "Micro-Doppler Radar Signatures of Human Activity," *Proceedings of SPIE*, Vol. 7837, 2010, pp. 78370L-1–78370L-7.

[108] Narayanan, R. M., "Earthquake Survivor Detection Using Life Signals from Radar Micro-Doppler," *Proceedings of the 1st International Conference on Wireless Technologies for Humanitarian Relief*, 2011, pp. 259–264.

[109] Gu, C. -Z, et al., "Instrument-Based Noncontact Doppler Radar Vital Sign Detection System Using Heterodyne Digital Quadrature Demodulation Architecture," *IEEE Transactions on Instrumentation and Measurement*, Vol. 59, No. 6, 2010, pp. 1580–1588.

[110] Li, J., et al., "Advanced Signal Processing for Vital Sign Extraction with Applications

in UWB Radar Detection of Trapped Victims in Complex Environments," *IEEE Journal of Selected Topics in Applied Earth Observation and Remote Sensing*, Vol. 7, No.3, 2014, pp. 783–791.

[111] Fairchild, D. P., et al., "Through-the-Wall Micro-Doppler Signatures," Chapter 5 in *Radar Micro-Doppler Signature: Processing and Applications*, V. C. Chen, D. Tahmoush, and W. J. Miceli (eds.), Radar Series 34, IET, 2014, pp. 97–137.

[112] Ram, S. S., et al., "Simulation and Analysis of Human Micro-Dopplers in Through-Wall Environments," *IEEE Transactions on Geoscience and Remote Sensing*, Vol. 48, No. 4, 2010, pp. 2015–2023.

[113] Chen, V. C., et al., "Radar Micro-Doppler Signatures for Characterization of Human Motion," Chapter 15 in *Through-The-Wall Radar Imaging*, M. G. Amin, (ed.), Boca Raton, FL: CRC Press/Taylor & Francis Group, 2011.

[114] Liu, X., H. Leung, and G.A. Lampropoulos, "Effects of Non-Uniform Motion in Through-the-Wall SAR Imaging," *IEEE Transactions on Antenna and Propagation*, Vol. 57, No. 11, 2009, pp. 3539–3548.

[115] Lubecke, V. M., et al., "Through-The-Wall Radar Life Detection and Monitoring," *Proceedings of the 2007 IEEE Microwave Theory and Techniques Symposium*, Honolulu, HI, 2007, pp. 769–772.

[116] Bugaev, A. S., et al., "Through Wall Sensing of Human Breathing and Heart Beating by Monochromatic Radar," *Proceedings of the 10th International Conference on Ground Penetrating Radar*, Delft, the Netherlands, 2004, pp. 291–294.

[117] Ram, S. S., S. Z. Gurbuz, and V. C. Chen, "Modeling and Simulation of Human Motion for Micro-Doppler Signatures," Chapter 3 in *Radar for Indoor Monitoring: Detection, Classification, and Assessment*, M. G. Amin, (ed.), Boca Raton, FL: CRC Press/Taylor & Francis Group, 2018, pp. 39–69.

[118] Zhang, Y. M., and D. K. C. Ho, "Continuous-Wave Doppler Radar for Fall Detection," Chapter 4 in *Radar for Indoor Monitoring: Detection, Classification, and Assessment*, M. G. Amin, (ed.), Boca Raton, FL: CRC Press/Taylor & Francis Group, 2018, pp. 71–93.

[119] Griffiths, H., M. Ritchie, and F. Fioranelli, "Bistatic Radar Configuration for Human Body and Limb Motion Detection and Classification," Chapter 8 in *Radar for Indoor Monitoring: Detection, Classification, and Assessment*, M. G. Amin, (ed.), Boca Raton, FL: CRC Press/Taylor & Francis Group, 2018, pp. 179–198.

[120] Seifert, A. -K., M. G. Amin, and A. M. Zoubir, "Radar Monitoring of Humans with Assistive Walking Devices," Chapter 12 in *Radar for Indoor Monitoring: Detection, Classification, and Assessment*, M. G. Amin, (ed.), Boca Raton, FL: CRC Press/Taylor & Francis Group, 2018, pp. 271–300.

[121] Wu, Q., et al., "Radar-Based Fall Detection Based on Doppler Time-Frequency Signatures for Assisted Living," *IET Radar, Sonar and Navigation*, Vol. 9, No. 2, 2015, pp. 164–172.

[122] Li, C., et al., "A Review on Recent Advances in Doppler Radar Sensors for Noncontact

Healthcare Monitoring," *IEEE Transactions on Microwave Theory and Techniques*, Vol. 61, No. 5, 2013, pp. 2046–2060.

[123] Thayaparan, T., L. Stankovic, and I. Djurovic, "Micro-Doppler-Based Target Detection and Feature Extraction in Indoor and Outdoor Environments," *Journal of the Franklin Institute*, Vol. 345, No. 6, 2008, pp. 700–722.

[124] Fioranelli, F., M. Ritchie, and H. Griffiths, "Bistatic Human Micro-Doppler Signatures for Classification of Indoor Activities," *Proceedings of IEEE 2017 Radar Conference*, 2017, pp. 610–615.

[125] Gurbuz, S. Z., et al., "Micro-Doppler-Based In-Home Aided and Unaided Walking Recognition with Multiple Radar and Sonar Systems," *IET Radar, Sonar and Navigation*, Vol. 11, No. 1, 2017, pp. 107–115.

[126] Chen, Q. C., et al., "Joint Fall and Aspect Angle Recognition Using Fine-Grained Micro-Doppler Classification," *Proceedings of IEEE 2017 Radar Conference*, 2017, pp. 912–916.

[127] Vishwakarma, S., and S. S. Ram, "Dictionary Learning For Classification of Indoor Micro-Doppler Signatures Across Multiple Carriers," *Proceedings of IEEE 2017 Radar Conference*, 2017, pp. 992–997.

[128] Molchanov, P., et al., "Short-Range FMCW Monopulse Radar for Hand-Gesture Sensing," *Proceedings of the 2015 IEEE Radar Conference*, Arlington, VA, May 10–15, 2015.

[129] Wang, S., et al., "Interacting with Soli: Exploring Fine-Grained Dynamic Gesture Recognition in the Radio-Frequency Spectrum," *Proceedings of the 29th Annual Symposium on User Interface Software and Technology* (UIST), October 16–19, 2016, Tokyo, Japan, 2016, pp. 851–860.

[130] Lien, J., et al., "Soli: Ubiquitous Gesture Sensing with Millimeter Wave Radar," *ACM Transactions on Graphics*, Vol. 35, No. 4, Article 142, 2016, pp. 1–19.

[131] Zheng, C., et al., "Doppler Bio-Signal Detection Based Time-Domain Hand Gesture Recognition," *Proceedings of the 2013 IEEE MTT-S International Microwave Workshop Series on RF and Wireless Technologies for Biomedical and Healthcare Applications* (IMWS-BIO); Singapore, December 9–11, 2013.

[132] Wan, Q., et al., "Gesture Recognition for Smart Home Applications Using Portable Radar Sensors," *Proceedings of the 2014 36th Annual International Conference of the IEEE Engineering in Medicine and Biology Society* (EMBC); Chicago, IL, August 26–30, 2014.

[133] Molchanov, P., et al., "Multi-Sensor System for Driver's Hand-Gesture Recognition," *Proceedings of the 2015 11th IEEE International Conference and Workshops on Automatic Face and Gesture Recognition*, Ljubljana, Slovenia, May 4–8, 2015.

[134] Kim, Y., and B. Toomajian, "Hand Gesture Recognition Using Micro-Doppler Signatures with Convolutional Neural Network," *IEEE Access*, Vol. 4, 2016, pp. 7125–7130.

[135] Li, G., et al., "Sparsity-Driven Micro-Doppler Feature Extraction for Dynamic Hand Gesture Recognition," *IEEE Transactions on Aerospace and Electronic Systems*, 2017.

[136] Zabalza, J., et al., "Robust PCA Micro-Doppler Classification Using SVM on Embedded Systems," *IEEE Transactions on Aerospace and Electronic Systems*, Vol. 50, No. 3, 2015, pp. 2304–2310.

[137] De Wit, J. J. M., R. Harmanny, and P. Molchanov, "Radar Micro-Doppler Feature Extraction Using the Singular Value Decomposition," *Proceedings of 2014 International Radar Conference*, Lille, France, 2014, pp. 1–6.

[138] Vishwakarma, S., and S. S. Ram, "Dictionary Learning for Classification of Indoor Micro-Doppler Signatures Across Multiple Carriers," *Proceedings of 2017 IEEE Radar Conference*, 2017, pp. 992–997.

[139] Bjorklund, S., H. Petersson, and G. Hendeby, "Features for Micro-Doppler Based Activity Classification," *IET Radar, Sonar and Navigation*, Vol. 9, No. 9, 2015, pp. 1181–1187.

[140] Samuel, A., "Some Studies in Machine Learning Using the Game of Checkers," *IBM Journal of Research and Development*, Vol. 3, No. 3, 1959, pp. 210–229.

[141] LeCun, Y., and Y. Bengio, "Convolutional Networks for Images, Speech, and Time-Series," in M. A. Arbib, (ed.), *The Handbook of Brain Theory and Neural Networks*. Cambridge, MA: MIT Press, 1995.

[142] Kim, Y., and T. Moon, "Human Detection and Activity Classification Based on Micro-Doppler Signatures Using Deep Convolutional Neural Networks," *IEEE Geoscience and Remote Sensing Letters*, Vol. 13, No. 1, 2016, pp. 8–12.

[143] Molchanov, P., et al., "Hand Gesture Recognition with 3D Convolutional Neural Networks," *2015 IEEE Computer Society Conference on Computer Vision and Pattern Recognition Workshop*, 2015, pp. 1–7.

[144] Poupart, G. J., "Wind Farms Impact on Radar Aviation Interests," QinetiQ Ltd, Tech. Rep. W/14/00614/00/REP, 2003.

[145] Buterbaugh, A., et al., "Dynamic Radar Cross Section and Radar Doppler Measurements of Commercial General Electric Windmill Power Turbines Part 2: Predicted and Measured Doppler Signatures," *AMTA Symposium*, St. Louis, MO, 2007.

[146] Kent, B. M., et al., "Dynamic Radar Cross Section and Radar Doppler Measurements of Commercial General Electric Windmill Power Turbines Part 1: Predicted and Measured Radar Signatures," *IEEE Antennas and Propagation Magazine*, April 2008, pp. 211–219.

[147] Kong, F., Y. Zhang, and R. Palner, "Radar Micro-Doppler Signature of Wind Turbines," Chapter 12 in *Radar Micro-Doppler Signature: Processing and Applications*, V. C. Chen, D. Tahmoush, and W. J. Miceli, (eds.), Radar Series 34, IET, 2014, pp. 345–381.

[148] Krasnov, O. A., and A. G. Yarovoy, "Radar Micro-Doppler of Wind-Turbines: Simulation and Analysis Using Slowly Rotating Linear Wired Constructions," *2014 11th European Radar Conference*, 2014, pp. 73–76.

[149] Clemente, C., and J. J. Soraghan, "Passive Bistatic Radar for Helicopters Classification: A Feasibility Study," *Proceedings of 2012 IEEE Radar Conference*, 2012, pp. 946–949.

[150] Baczyk, M. K., et al., "Micro-Doppler Signatures of Helicopters in Multistatic Passive Radars," *IET Radar, Sonar, and Navigation*, Vol. 9, No. 9, 2015, pp. 1276–1283.

[151] Clemente, C., et al., "GNSS Based Passive Bistatic Radar for Micro-Doppler Based Classification of Helicopters: Experimental Validation," *Proceedings of 2015 IEEE Radar Conference*, 2015, pp. 1104–1108.

[152] Clemente, C., and J. J. Soraghan, "GNSS-Based Passive Bistatic Radar for Micro-Doppler Analysis of Helicopter Rotor Blades," *IEEE Transactions on Aerospace and Electronics Systems*, Vol. 50, No. 1, 2014, pp. 491–500.

[153] Xia, P., et al., "Investigations Toward Micro-Doppler Effect in Digital Broadcasting Based Passive Radar," *IET 2015 International Radar Conference*, 2015, pp. 1–5.

[154] Li, W., B. Tan, and R. Piechocki, "Passive Radar for Opportunistic Monitoring in E-Health Applications," *IEEE Journal of Translational Engineering in Health and Medicine*, Vol. 6, 2018, Article No. 2800210.

[155] Chen, Q.-C., et al., "Activity Recognition Based on Micro-Doppler Signature with In-Home WiFi," *2016 IEEE 18th International Conference on e-Health Networking, Applications and Services*, 2016, pp. 1–6.

[156] Li, W., B. Tan, and R. Piechocki, "Non-Contact Breathing Detection Using Passive Radar," *2016 IEEE International Conference on Communications*, 2016, pp. 1–6.

[157] Seifert, A. -K., M. G. Amin, and A. M. Zoubir, "New Analysis of Radar Micro-Doppler Gait Signatures for Rehabilitation and Assisted Living," *2017 IEEE International Conference on Acoustics, Speech and Signal Processing* (ICASSP), 2017, pp. 4004–4008.

[158] Seifert, A. -K., A. M. Zoubir, and M. G. Amin, "Radar-Based Human Gait Recognition in Cane-Assisted Walks," *Proceedings of 2017 IEEE Radar Conference*, 2017, Seattle, WA, pp. 1428–1433.

[159] Barak, Y., R. C. Wagenaar, and K. G. Holt, "Gait Characteristics of Elderly People with a History of Falls: A Dynamic Approach," *Physical Therapy*, Vol. 86, No. 11, 2006, pp. 1501–1510.

[160] Gurbuz, S., et al., "Micro-Doppler Based In-Home Aided and Un-Aided Walking Recognition with Multiple Radar and Sonar Systems," *IET Radar, Sonar & Navigation*, Vol. 11, No. 1, 2016, pp. 107–115.

[161] Sume, A., et al., "See-Around-Corners with Coherent Radar," *Proceedings of 29th RVK*, Vaxjo, Sweden, June 9–11, 2008, pp. 217–221.

[162] Rabaste, O., et al., "Around-The-Corner Radar: Detection of a Human Being in Non-Line of Sight," *IET Radar, Sonar and Navigation*, Vol. 9, No. 6, 2015, pp. 660–668.

[163] Gustafsson, M., et al., "Extraction of Human Micro-Doppler Signature in an Urban Environment Using a 'Sensing-Behind-the-Corner' Radar," *IEEE Geoscience and Remote Sensing Letters*, Vol. 13, No. 2, 2016, pp. 187–191.

第 2 章 雷达微多普勒效应基础

由物体或物体部件引起的微多普勒效应可以用物理学和数学理论进行系统性阐述。微多普勒效应的物理学直接来自于电磁场散射理论。微多普勒效应的数学理论通过将微运动引入传统多普勒分析导出。

在分析微运动物体的雷达散射前,我们首先介绍刚体和非刚体运动的基本原理和运动物体的雷达散射。

2.1 刚体运动

一个物体可以是刚体和非刚体。刚体是一种有限尺寸的,但不变形的(在任何运动中,物体的任何两个粒子间的距离不发生变化)固体。这是一种理想化的模型,但它有效地简化了仿真和分析。

刚体质量 M 是其所有粒子质量的和,$M = \Sigma_k m_k$,此处 m_k 是第 k 个粒子的质量。刚体的一般运动是平移(即物体所有粒子平行运动)和旋转(即物体所有粒子围绕一个轴做圆周运动)的组合[1-3]。

为了描述刚体运动,通常使用两种坐标系,如图 2.1 所示:全局的或空间固定坐标系 (X, Y, Z) 以及被刚性固定在物体中的本地或物体固定坐标系 (x, y, z)。距离矢量 R 是从空间固定坐标系的原点到物体固定坐标系的原点。令物体固定坐标系的原点为物体的质量中心(CM),则与空间固定坐标系的轴相关的物体固定坐标系的方向由 3 个独立的角度给出。因此,刚体变成了具有 6 个自由度的数学系统。令 r 表示物体固定坐标系中任意粒子 P 的位置,则它在空间固定坐标系中的位置由 $r + R$ 给出,其速度为

$$v = \frac{d}{dt}(R + r) = V + \Omega \times r \qquad (2.1)$$

式中:V 为刚体质量中心的平移速度;Ω 为物体旋转角速度,方向为沿旋转轴线。因此,刚体的运动包括物体本身的平动及其旋转和(或)振动。正如第 1 章所定义的那样,物体旋转和振动也可以称为物体的微运动。

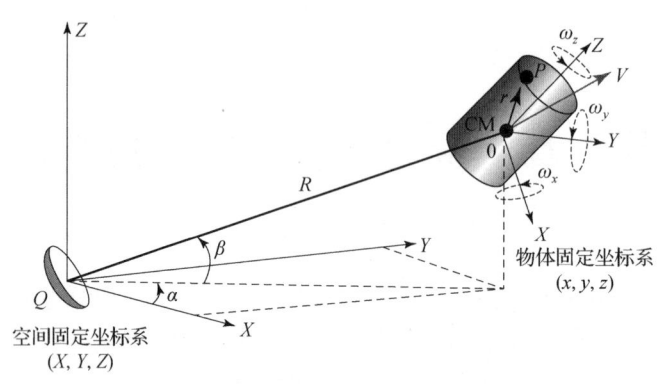

图 2.1 两种坐标系：用来描述刚体运动的空间固定坐标系(x,y,z)

为了表示物体的方向，欧拉（Euler）角、旋转矩阵和四元数是最常用的表示方式。

2.1.1 欧拉（Euler）角

在刚体中，绕轴旋转可以通过旋转轴和旋转角（使用角速度矢量 Ω）来描述。矢量的方向是沿着旋转轴线的。绕轴转动也可以用围绕坐标轴的三个转动来描述。欧拉角旋转定理指出，任意两个独立的正交坐标系通过一系列围绕坐标轴的转动而相互关联[1-4]。有 12 种不同的旋转序列可用来表示欧拉角的方向。它们是：$x-y-z$，$x-z-y$，$x-y-x$，$x-z-x$，$y-x-z$，$y-z-x$，$y-x-y$，$y-z-y$，$z-x-y$，$z-y-x$，$z-x-z$ 和 $z-y-z$。旋转序列可以两次使用同一个轴，但不能连续使用。旋转序列中的顺序非常重要，因为矩阵乘法是不可交换的。

旋转角(φ,θ,ψ)被称为欧拉角，此处 φ 定义为绕 z 轴的逆时针旋转，θ 定义为绕 y 轴的逆时针旋转，ψ 定义为绕 x 轴的逆时针旋转。欧拉角通常被用来表示在一个给定的旋转序列下 3 次连续的旋转。旋转序列的第一步，旋转坐标(x,y,z)到新坐标(x_1,y_1,z_1)；第二步，改变新坐标到(x_2,y_2,z_2)。第三步，变换这个坐标到最终坐标(x_3,y_3,z_3)，如图 2.2 中所示。

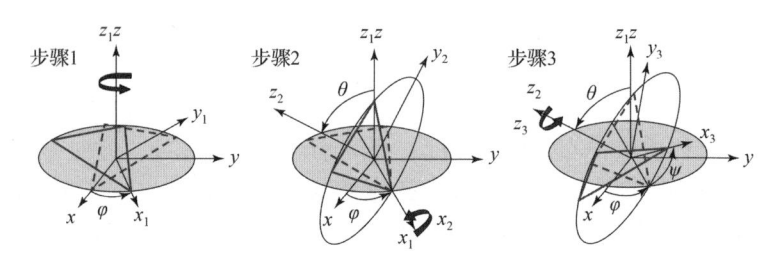

图 2.2 常用来表示 3 次连续旋转的欧拉角

一些有关连续旋转序列的约定常被广为应用。在航空航天工程中，为了描述一架正沿着 x 轴方向，左侧朝向 y 轴和上侧朝向 z 轴飞行的飞机，常常使用 3 个围绕 x 轴、y 轴和 z 轴的旋转角度，称为横滚－纵摇－偏航约定，如图 2.3 所示。纵摇（或姿态）定义为围绕飞行员的左侧向右侧的 y 轴，θ 角在 $-\pi/2$ 和 $\pi/2$ 之间的旋转，因而飞机机头抛上或抛下。横滚（或倾斜）定义为围绕从飞机的尾部到头部的飞机的纵向 x 轴，ψ 角在 $-\pi$ 和 π 之间的旋转。偏航（或航向）定义为围绕从飞机的底部朝向顶部并垂直于其他两个轴的飞机的垂直 z 轴，φ 角在 $-\pi$ 和 π 之间的旋转。

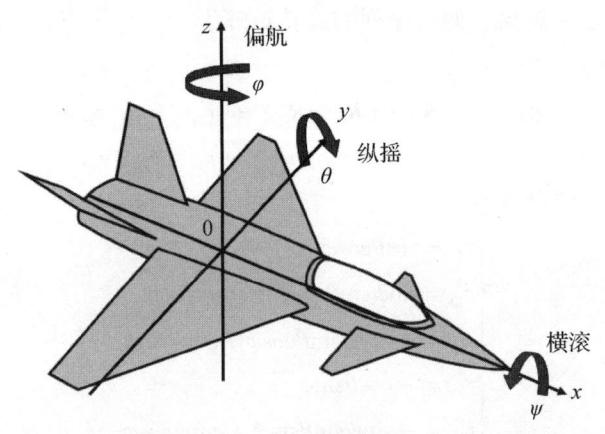

图 2.3 用来描述飞行中的飞机的横滚－纵摇－偏航约定

另一个常用的旋转序列在经典的机械学中被称为 x 约定。它遵循 $z-x-z$ 的顺序，首先围绕 z 轴旋转一个角度，第二次围绕 x 轴旋转一个角度，第三次围绕 z 轴再旋转一个角度。

给定一个特定的旋转序列，旋转矩阵就是计算刚体旋转的有用工具。确定了方向和旋转的任何刚体都可以用它的旋转矩阵来加以描述，旋转矩阵可用 3 个旋转角定义的 3 个基本旋转的乘积来表示。

对于横滚－纵摇－偏航或 $x-y-z$ 序列，旋转是按横滚－纵摇－偏航（$\psi-\theta-\varphi$）的顺序。第一步：围绕 x 轴，$x=\begin{bmatrix}1 & 0 & 0\end{bmatrix}^T$，按基本旋转矩阵所定义的角度 ψ 进行旋转：

$$\boldsymbol{R}_X = \begin{bmatrix} 1 & 0 & 0 \\ 0 & \cos\psi & \sin\psi \\ 0 & -\sin\psi & \cos\psi \end{bmatrix} \quad (2.2)$$

第二步：围绕新的 y 轴，$y_1 = \begin{bmatrix} 0 & \cos\psi & \sin\psi \end{bmatrix}^T$，按基本旋转矩阵所定义的角度 θ 进行旋转：

$$\boldsymbol{R}_Y = \begin{bmatrix} \cos\theta & 0 & -\sin\theta \\ 0 & 1 & 0 \\ \sin\theta & 0 & \cos\theta \end{bmatrix} \tag{2.3}$$

第三步：围绕新的 z 轴，$z_2 = [-\sin\theta \ \cos\theta\sin\psi \ \cos\theta\cos\psi]^T$，按基本旋转矩阵所定义的角度 φ 进行旋转：

$$\boldsymbol{R}_Z = \begin{bmatrix} \cos\varphi & \sin\varphi & 0 \\ -\sin\varphi & \cos\varphi & 0 \\ 0 & 0 & 1 \end{bmatrix} \tag{2.4}$$

因此，横滚－纵摇－偏航序列的旋转矩阵为

$$\boldsymbol{R}_{X-Y-Z} = \boldsymbol{R}_Z \cdot (\boldsymbol{R}_Y \cdot \boldsymbol{R}_X) = \begin{bmatrix} r_{11} & r_{12} & r_{13} \\ r_{21} & r_{22} & r_{23} \\ r_{31} & r_{32} & r_{33} \end{bmatrix} \tag{2.5}$$

式中：旋转矩阵的分量为

$$\begin{cases} r_{11} = \cos\theta\cos\varphi \\ r_{12} = \sin\psi\sin\theta\cos\varphi + \cos\psi\sin\varphi \\ r_{13} = -\cos\psi\sin\theta\cos\varphi + \sin\psi\sin\varphi \end{cases} \tag{2.6}$$

$$\begin{cases} r_{21} = -\cos\theta\sin\varphi \\ r_{22} = -\sin\psi\sin\theta\sin\varphi + \cos\psi\cos\varphi \\ r_{23} = \cos\psi\sin\theta\sin\varphi + \sin\psi\cos\varphi \end{cases} \tag{2.7}$$

$$\begin{cases} r_{31} = \sin\theta \\ r_{32} = -\sin\psi\cos\theta \\ r_{33} = \cos\psi\cos\theta \end{cases} \tag{2.8}$$

根据旋转矩阵的分量，如果 $\cos\theta \neq 0$ 或者 $|r_{11}| + |r_{12}| \neq 0$，那么 3 个旋转角 (ψ, θ, φ) 可以确定如下：

$$\begin{cases} \psi = \tan^{-1}(-r_{32}/r_{33}) \\ \theta = \sin^{-1}(r_{31}) \\ \varphi = \tan^{-1}(-r_{21}/r_{11}) \end{cases} \tag{2.9}$$

如果 $\theta = \pi/2$ 或 $-\pi/2$，$\cos\theta = 0$，将发生万向节锁定现象，这会在后面进行讨论[4-7]。

对于顺序为 $z-x-z$ 的 x 约定，第一步是围绕 z 轴，$z = [0 \ 0 \ 1]^T$，按基本旋转矩阵 $\boldsymbol{R}_Z$ 定义的角度 φ 旋转；第二步是围绕新的 x 轴，$x_1 = [\cos\varphi \ -\sin\varphi \ 0]^T$，按基本旋转矩阵 $\boldsymbol{R}_X$ 定义的角度 θ 旋转；第三步是围绕新的 z 轴，$z_2 = [\cos\varphi$

$\cos\theta\ \sin\varphi\cos\theta\ -\sin\theta]^T$,再按基本旋转矩阵 R_Z 定义的角度 ψ 旋转。于是 $z-x-z$ 序列的旋转矩阵为

$$R_{Z-X-Z} = R_Z \cdot (R_X \cdot R_Z) = \begin{bmatrix} r_{11} & r_{12} & r_{13} \\ r_{21} & r_{22} & r_{23} \\ r_{31} & r_{32} & r_{33} \end{bmatrix} \quad (2.10)$$

式中:旋转矩阵的分量为

$$\begin{cases} r_{11} = -\sin\varphi\cos\theta\sin\psi + \cos\varphi\cos\psi \\ r_{21} = -\cos\varphi\cos\theta\sin\psi - \sin\varphi\cos\psi \\ r_{31} = \sin\theta\sin\psi \end{cases} \quad (2.11)$$

$$\begin{cases} r_{12} = \sin\varphi\cos\theta\cos\psi + \cos\varphi\sin\psi \\ r_{22} = \cos\varphi\cos\theta\cos\psi - \sin\varphi\sin\psi \\ r_{32} = -\sin\theta\cos\psi \end{cases} \quad (2.12)$$

$$\begin{cases} r_{13} = \sin\varphi\sin\theta \\ r_{23} = \cos\varphi\sin\theta \\ r_{33} = \cos\theta \end{cases} \quad (2.13)$$

如果 $\sin\theta \neq 0$ 或 $|r_{13}| + |r_{23}| \neq 0$,3 个旋转角可根据矩阵分量确定如下:

$$\begin{cases} \varphi = \tan^{-1}(r_{13}/r_{23}) \\ \theta = \cos^{-1}(r_{33}) \\ \psi = \tan^{-1}(r_{31}/-r_{32}) \end{cases} \quad (2.14)$$

旋转矩阵 R 是一个 3×3 矩阵,它必须满足此矩阵与其他转置矩阵的乘积是一个 3×3 的单位矩阵 I,以及旋转矩阵的行列式值等于 $+1$ 的条件:

$$\begin{cases} R^T R = I \\ \det R = +1 \end{cases}$$

这意味着,旋转矩阵的 3 个列矢量必须是正交的。

尽管从数学角度,欧拉角旋转矩阵更便于处理和易于理解,但是它们却存在一个称为万向节锁定的问题[4-7]。当两个坐标轴相互成一直线时,万向节锁定问题就会出现,它会造成一个自由度的暂时丢失。当物体位于北极或南极时,这种现象会在地球上发生。例如,在 $x-y-z$ 序列中,当围绕 y 轴的旋转角(纵摇角)$\theta = \pi/2$ 时,x 轴和 z 轴将相互重叠,因此将会丢失一个自由度。回顾式(2.5)—式(2.8),当围绕 y 轴的旋转角(纵摇角)$\theta = \pi/2$ 时,旋转矩阵变成:

$$R_{X-Y-Z}\left(\psi, \theta=\frac{\pi}{2}, \varphi\right) = \begin{bmatrix} 0 & 0 & -1 \\ \sin\psi\cos\varphi - \cos\psi\sin\varphi & \sin\psi\sin\varphi + \cos\psi\cos\varphi & 0 \\ \cos\psi\cos\varphi + \cos\psi\cos\varphi & \cos\psi\sin\varphi - \sin\psi\cos\varphi & 0 \end{bmatrix}$$
(2.15)

如果 $\psi=0$，旋转矩阵为

$$R_{X-Y-Z}\left(\psi=0, \theta=\frac{\pi}{2}, \varphi\right) = \begin{bmatrix} 0 & 0 & -1 \\ -\sin\varphi & \cos\varphi & 0 \\ \cos\varphi & \sin\varphi & 0 \end{bmatrix} \quad (2.16)$$

当 $\varphi=0$ 和 $\psi=-\psi$ 时，旋转矩阵为

$$R_{X-Y-Z}\left(\psi=-\psi, \theta=\frac{\pi}{2}, \varphi=0\right) = \begin{bmatrix} 0 & 0 & -1 \\ -\sin\psi & \cos\psi & 0 \\ \cos\psi & \sin\psi & 0 \end{bmatrix} \quad (2.17)$$

因此，3×3 旋转矩阵 $R_{X-Y-Z}(0,\pi/2,\varphi)$ 等于旋转矩阵 $R_{X-Y-Z}(-\psi,\pi/2,0)$ 的值，所以一个自由度被丢失。在这种情况下，仅存在两个自由度。因此，万向节锁定造成了意外的一个自由度损失并使运动受限。

然而，用四元数代数代替欧拉角矩阵的替代方法可以消除万向节锁定现象。四元数常在计算机绘图中用来表示三维空间中的方向。四元数不用3个旋转角，而用围绕单位轴旋转一定角度的方法来表示任意的方向。

2.1.2 四元数

与欧拉角旋转矩阵有关的问题来自三角函数运算。当欧拉角达到 $\pm\pi/2$ 时，可能会发生数学上的奇异性。四元数代数使用围绕一个轴的旋转，而不用偏航、纵摇和横滚角的旋转来缓解奇异性[4,7]。采用四元数，只有单个旋转轴，而且也不需要定义欧拉角序列，所以不会出现自由度的损失。

四元数使用四分量矢量来表示三维方向。实部是标量旋转角 α，虚部是带 x，y，z 坐标的矢量。如果三维空间 $P_1=x_1\cdot i+y_1\cdot j+z_1\cdot k$ 中的点 (x_1,y_1,z_1) 围绕一个单位轴 $e=q_1\cdot i+q_2\cdot j+q_3\cdot k=(q_1,q_2,q_3)$ 旋转一个角度 α，所形成的点可以用下面的变换公式来表示[6]：

$$P_2 = q \cdot P_1 \cdot \text{conj}(q) \quad (2.18)$$

式中：$q(\alpha,e)=[\cos(\alpha/2);e\cdot\sin(\alpha/2)]$ 是表示围绕单位矢量 e 旋转一个角度 α 的四元数。平移可以用 $P_2=q+P_1$ 来表示。

四元数也可以表示为4个分量：

$$q = q_0 u + q_1 i + q_2 j + q_3 k = [q_0, q_1, q_2, q_3]$$

$$= \left[\cos\left(\frac{\alpha}{2}\right), x\sin\left(\frac{\alpha}{2}\right), y\sin\left(\frac{\alpha}{2}\right), z\sin\left(\frac{\alpha}{2}\right)\right] \quad (2.19)$$

式中：$q_0 = \cos(\alpha/2)$；$q_1 = x\sin(\alpha/2)$；$q_2 = y\sin(\alpha/2)$；$q_3 = z\sin(\alpha/2)$；附带以下约束：

$$q_0^2 + q_1^2 + q_2^2 + q_3^2 = 1$$

四元数的共轭 $\mathrm{conj}(\boldsymbol{q})$ 是一个具有相同幅度，但虚部符号被改变了的四元数：

$$\mathrm{conj}(q) = [q_0, -q_1, -q_2, -q_3]$$

$$= \left[\cos\left(\frac{\alpha}{2}\right), -x\sin\left(\frac{\alpha}{2}\right), -y\sin\left(\frac{\alpha}{2}\right), -z\sin\left(\frac{\alpha}{2}\right)\right] \quad (2.20)$$

四元数与它的共轭相乘产生一个实数：$\boldsymbol{q} \cdot \mathrm{conj}(\boldsymbol{q}) =$ 实数。四元数的模定义为

$$|\boldsymbol{q}| = [\boldsymbol{q} \cdot \mathrm{conj}(\boldsymbol{q})]^{1/2} \quad (2.21)$$

和

$$|\boldsymbol{q}|^2 = \cos^2\left(\frac{\alpha}{2}\right) + q_1^2 + q_2^2 + q_3^2 = \cos^2\left(\frac{\alpha}{2}\right) + S^2 \quad (2.22)$$

式中：$S = (q_1^2 + q_2^2 + q_3^2)^{1/2}$。归一化的四元数由 $|\boldsymbol{q}| = 1$ 定义。

两个四元数 $\boldsymbol{p} = [p_0, p_1, p_2, p_3]$ 和 $\boldsymbol{q} = [q_0, q_1, q_2, q_3]$ 的乘法由文献 [4] 给出。

$$\begin{aligned}\boldsymbol{p} \cdot \boldsymbol{q} =\ & p_0 q_0 - (p_1 q_1 + p_2 q_2 + p_3 q_3) \\ & + p_0 (q_1 \cdot \boldsymbol{i} + q_2 \cdot \boldsymbol{j} + q_3 \cdot \boldsymbol{k}) + q_0 (p_1 \cdot \boldsymbol{i} + p_2 \cdot \boldsymbol{j} + p_3 \cdot \boldsymbol{k}) \\ & + (p_2 q_3 - p_3 q_2) \cdot \boldsymbol{i} + (p_3 q_1 - p_1 q_3) \cdot \boldsymbol{j} + (p_1 q_2 - p_2 q_1) \cdot \boldsymbol{k}\end{aligned} \quad (2.23)$$

应该注意的是，在乘法运算中，四元数是不能互换的，即 $\boldsymbol{p} \cdot \boldsymbol{q} \neq \boldsymbol{q} \cdot \boldsymbol{p}$。

给定旋转角 α 和单位轴 $\boldsymbol{e} = (q_1 \cdot \boldsymbol{i}, q_2 \cdot \boldsymbol{j}, q_3 \cdot \boldsymbol{k})$，$(x, y, z)$ 中的单位矢量由 $\boldsymbol{u} = \boldsymbol{e}/S = [x \cdot \boldsymbol{i}, y \cdot \boldsymbol{j}, z \cdot \boldsymbol{k}] = [(q_1/S)\boldsymbol{i}, (q_2/S)\boldsymbol{j}, (q_3/S)\boldsymbol{k}]$ 来定义，相应的旋转矩阵可以用四元数 $\boldsymbol{q}(\alpha, \boldsymbol{e}) = [\cos(\alpha/2), \boldsymbol{e} \cdot \sin(\alpha/2)]$ 导出[6]：

$$\boldsymbol{R}(\alpha, e) = \begin{bmatrix} q_1^2 + \cos\alpha(1 - q_1^2) & q_1 q_2 (1 - \cos\alpha) + q_3 \sin\alpha & q_1 q_3 (1 - \cos\alpha) - q_2 \sin\alpha \\ q_1 q_2 (1 - \cos\alpha) - q_3 \sin\alpha & q_2^2 + \cos\alpha(1 - q_2^2) & q_2 q_3 (1 - \cos\alpha) + q_1 \sin\alpha \\ q_1 q_3 (1 - \cos\alpha) + q_2 \sin\alpha & q_2 q_3 (1 - \cos\alpha) - q_1 \sin\alpha & q_3^2 + \cos\alpha(1 - q_3^2) \end{bmatrix}$$

$$(2.24)$$

或用 $q = [q_0, q_1, q_2, q_3]$ 表示为

$$R(q_0,q_1,q_2,q_3) = \begin{bmatrix} 1-2q_2^2-2q_3^2 & 2q_1q_2-2q_0q_3 & 2q_1q_3+2q_0q_2 \\ 2q_1q_2+2q_0q_3 & 1-2q_1^2-2q_3^2 & 2q_2q_3-2q_0q_1 \\ 2q_1q_3-2q_0q_2 & 2q_2q_3+2q_0q_1 & 1-2q_1^2-2q_2^2 \end{bmatrix} \quad (2.25)$$

在一些应用中，如果欧拉角已经给定，它们可以与四元数一同使用来获得四元数的优点。欧拉角可以方便地变换为四元数。任何欧拉角约定都可以通过四元数来实现。采用四元数分量，每次横滚、纵摇和偏航旋转可以通过 $q_{\text{roll}} = [\cos(\psi/2), \sin(\psi/2), 0, 0]$，$q_{\text{pitch}} = [\cos(\vartheta/2), 0, \sin(\vartheta/2), 0]$ 和 $q_{\text{yaw}} = [\cos(\varphi/2), 0, 0, \sin(\varphi/2)]$ 来分别进行描述。

采用 $x-y-z$ 序列，给定横滚、纵摇和偏航角 (ψ, θ, φ)，则四元数为[6]：

$$q_{x-y-z}(\psi, \theta, \varphi) = [q_0, q_1, q_2, q_3] \quad (2.26)$$

其中

$$q_0 = \cos\frac{\psi}{2}\cos\frac{\theta}{2}\cos\frac{\varphi}{2} + \sin\frac{\psi}{2}\sin\frac{\theta}{2}\sin\frac{\varphi}{2};$$

$$q_1 = \sin\frac{\psi}{2}\cos\frac{\theta}{2}\cos\frac{\varphi}{2} - \cos\frac{\psi}{2}\sin\frac{\theta}{2}\sin\frac{\varphi}{2};$$

$$q_2 = \cos\frac{\psi}{2}\sin\frac{\theta}{2}\cos\frac{\varphi}{2} + \sin\frac{\psi}{2}\cos\frac{\theta}{2}\sin\frac{\varphi}{2};$$

$$q_3 = \cos\frac{\psi}{2}\cos\frac{\theta}{2}\sin\frac{\varphi}{2} - \sin\frac{\psi}{2}\sin\frac{\theta}{2}\cos\frac{\varphi}{2} \quad (2.27)$$

四元数也可以变换为欧拉角：首先将四元数变换为一个矩阵，然后再将矩阵变换为欧拉角。

但是，如果不能正确运用结合欧拉角的四元数，因为要使用三次旋转，则万向节锁定问题仍然可能发生。

2.1.3 运动方程

运动刚体用运动学和力学来加以描述[1,3]。刚体运动的运动学说明物体运动的位置、速度和加速度之间的关系，而不考虑引起运动的是什么样的力。刚体运动的力学或运动学描述了物体的运动和影响运动的力。物体的动能通过下式给出[1-3]：

$$E = \frac{1}{2}\sum_k m_k v_k^2 = \frac{1}{2}\sum_k m_k(\boldsymbol{V} + \boldsymbol{\Omega} \times \boldsymbol{r}_k)^2$$

$$= \frac{1}{2}MV^2 + \frac{1}{2}\sum_k [\Omega^2 r_k^2 - (\boldsymbol{\Omega} \cdot \boldsymbol{r}_k)^2] = E_{\text{CM}} + E_{\text{Rot}} \quad (2.28)$$

式中：m_k，v_k，r_k 表示在物体固定坐标系中点 k 的质量、速度和位置，假设 $\Sigma_k m_k r_k = 0$；$V = \|V\|$ 为刚体平移速度的模；$\Omega = \|\Omega\|$ 为物体旋转角速度的模。因为 V 不变，$M = \Sigma_k m_k$，所以刚体的动能是质量中心（CM）平动的动能 E_{CM} 和刚体围绕质量中心旋转的动能 E_{Rot} 之和。

在刚体运动中，旋转起着关键的作用。刚体质量中心的角动量通过下式来定义：

$$L = \sum_k m_k r_k \times (\Omega \times r_k) = \sum_k m_k [r_k^2 \Omega - r_k(r_k \cdot \Omega)] \qquad (2.29)$$

则旋转物体的动能可表示为

$$E_{Rot} = \frac{1}{2} \sum_{i,j} \Omega_i \Omega_j \sum_k m_k \left[\sum_l (r_k)_l^2 \delta_{i,j} - (r_k)_i (r_k)_j \right] = \frac{1}{2} \sum_{i,j} I_{i,j} \Omega_i \Omega_j \qquad (2.30)$$

式中：Ω_j 为 Ω 沿着物体固定坐标系 j 轴的分量；r_k 由 $[(r_k)_1, (r_k)_1, (r_k)_3]$ 来表示；而 $I_{i,j}$ 为惯性张量，定义如下：

$$I_{i,j} = \frac{1}{2} \sum_k m_k \left[\sum_l (r_k)_l^2 \delta_{i,j} - (r_k)_l (r_k)_j \right] \qquad (2.31)$$

因此，分量角动量变为

$$L_i = \sum_j I_{i,j} \Omega_j = \sum_j \sum_k m_k \left[\sum_l (r_k)_l^2 \delta_{i,j} - (r_k)_i (r_k)_j \right] \Omega_j \qquad (2.32)$$

适当选取物体固定坐标系的方向，惯性矩张量可以被简化为对角形式。在这种情况下，坐标轴的方向称为惯性矩张量的主轴，张量的对角分量称为主惯性矩。于是旋转物体的动能变为

$$E_{Rot} = \frac{1}{2}(I_1 \Omega_1^2 + I_2 \Omega_2^2 + I_3 \Omega_3^2) \qquad (2.33)$$

角动量矢量 L 变成

$$L = L_1 e_1 + L_2 e_2 + L_3 e_3 = I_1 \Omega_1 e_1 + I_2 \Omega_2 e_2 + I_3 \Omega_3 e_3 \qquad (2.34)$$

式中：$[e_1, e_2, e_3]$ 是主轴方向上的单位矢量；$[\Omega_1, \Omega_2, \Omega_3]$ 和 $[L_1, L_2, L_3]$ 分别是沿着主轴的角速度矢量和角动量矢量。

欧拉运动方程通过取角动量的时间导数得到。在旋转物体固定坐标系中，角动量的时间导数被替换为

$$\left(\frac{d}{dt} L\right)_{Rot} + \Omega \times L = F \qquad (2.35)$$

在空间固定坐标系中，角动量的时间导数等于所施加的外力 F：

$$\frac{\mathrm{d}}{\mathrm{d}t}L = \frac{\mathrm{d}}{\mathrm{d}t}(I \cdot \Omega) = F \qquad (2.36)$$

因此,欧拉运动方程变为下面的微分方程组[3]:

$$I_1 \frac{\mathrm{d}\Omega_1}{\mathrm{d}t} + (I_3 - I_2)\Omega_2\Omega_3 = F_1;$$

$$I_2 \frac{\mathrm{d}\Omega_2}{\mathrm{d}t} + (I_1 - I_3)\Omega_3\Omega_1 = F_2;$$

$$I_3 \frac{\mathrm{d}\Omega_3}{\mathrm{d}t} + (I_2 - I_1)\Omega_1\Omega_2 = F_3 \qquad (2.37)$$

这些决定运动状态的微分方程将被用来计算刚体的非线性运动力学。

2.2 非刚体运动

非刚体是指能变形的物体,即一个力作用于物体将导致此物体改变其形状,称为形变。对于自由形式的形变,物体内的每个粒子在时间 t 从初始位置 P 移到新的位置 $P_t = f(t, P)$,P_t 是 t 和 P 的函数。应力和应变可发生在物体内的任何位置。为了计算复杂物体的形变,可以使用更加复杂的计算方法,例如有限差分法(FDM)、有限元法(FEM)和边界元法[8]。

本书中,任何一种非刚体运动都用共同连接的刚体段或部件来建模[2,8-10]。在机器人学中,机器人的手臂被认为是柔性的机械系统部件;手臂的两个刚体段的关节连接由限制两个单独刚体段相对运动的运动学关节约束来限定。当研究非刚体运动的雷达散射时,非刚体(例如行人或飞鸟)被建模为几个关节互连的刚体段,每个段的运动当作刚体运动来处理。在机械学中,这类非刚体系统被定义为多体系统。在机器人学和车辆动力学中,多体系统被广泛用于建模、仿真、分析和优化连接体的运动学和动力学行为[8-10]。最简单的多体系统例子是曲柄 – 滑块机构。这种机构被用来将曲柄的圆周旋转变化为活塞的线性平移。反之,当活塞被力推动时,线性平移也能变化为圆周旋转。滑块是不允许旋转的,并且3个旋转关节被用来连接这些互连的物体。

图 2.4 中示出了曲柄、连杆和活塞机构。曲柄 – 滑块机构的运动学分析给出活塞或连杆的位移(或位置)、速度和加速度。根据几何学理论,活塞的位移 x 由连杆长度 L、曲柄长度 R、曲柄角 θ、连杆角 φ 确定。

$$x = R\cos\theta + L\cos\varphi \qquad (2.38)$$

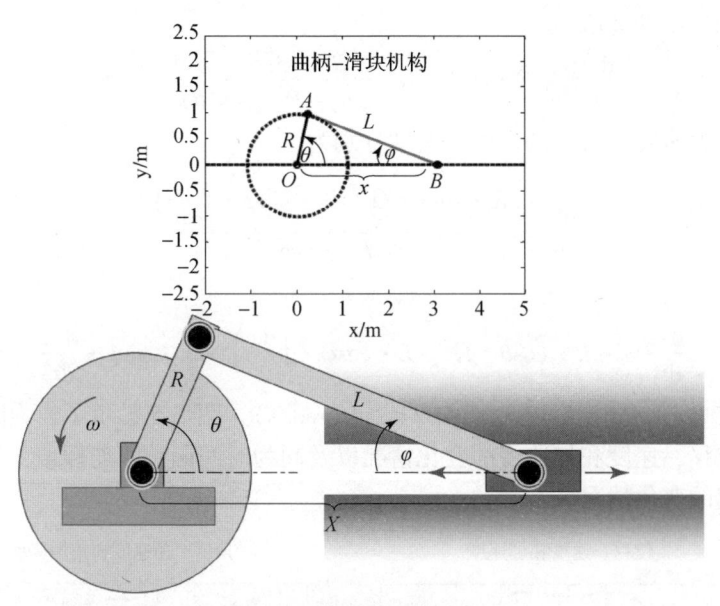

图 2.4 曲柄-滑块机构

因为连杆角 φ 和曲柄角 θ 的关系为

$$R\sin\theta = -L\sin\varphi \tag{2.39}$$

或

$$\sin\varphi = -\frac{R}{L}\sin\theta \tag{2.40}$$

和

$$\cos\varphi = \left(1 - \frac{R^2}{L^2}\sin^2\theta\right)^{1/2} \tag{2.41}$$

式（2.38）可重写为

$$x = R\cos\theta + L\cos\varphi = R\cos\theta + L(1-\sin^2\varphi)^{1/2} = R\cos\theta + (L^2 - R^2\sin^2\theta)^{1/2} \tag{2.42}$$

给定旋转曲柄的角速度 $\mathrm{d}\theta/\mathrm{d}t = \Omega$，对式（2.38）的两边取时间导数，有

$$R\cos\theta \frac{\mathrm{d}\theta}{\mathrm{d}t} = -L\cos\varphi \frac{\mathrm{d}\varphi}{\mathrm{d}t} \tag{2.43}$$

或

$$\frac{\mathrm{d}\varphi}{\mathrm{d}t} = -\frac{R\cos\theta}{L\cos\varphi} \cdot \Omega \tag{2.44}$$

因此，连杆的角速度为

$$\frac{\mathrm{d}\varphi}{\mathrm{d}t} = -\frac{R\cos\theta}{(L^2 - R^2\sin^2\theta)^{1/2}} \cdot \Omega \tag{2.45}$$

滑块的平移速度变成：

$$\frac{dx}{dt} = -R \cdot \sin\theta \cdot \Omega - \frac{R^2 \cdot \sin\theta \cdot \cos\theta}{(L^2 - R^2 \cdot \sin^2\theta)^{1/2}} \cdot \Omega \qquad (2.46)$$

连杆的角加速度和滑块的平移加速度分别为

$$\frac{d^2\varphi}{dt^2} = \frac{R \cdot \sin\theta \cdot \Omega^2 + L \cdot \sin\varphi \cdot \left(\frac{d\varphi}{dt}\right)^2}{L \cdot \cos\varphi} \qquad (2.47)$$

和

$$\frac{d^2x}{dt^2} = -R \cdot \cos\theta \cdot \Omega^2 - L \cdot \cos\varphi \cdot \left(\frac{d\varphi}{dt}\right)^2 - L \cdot \sin\varphi \cdot \frac{d^2\varphi}{dt^2} \qquad (2.48)$$

给定 $R = 1.0\text{m}$，$L = 3.0\text{m}$ 和 $\Omega = 2\pi$（rad/s），图 2.5 显示了作为时间函数的活塞位移、速度和加速度的变化情况以及同为时间函数的连杆角、角速度和角加速度的变化情况。

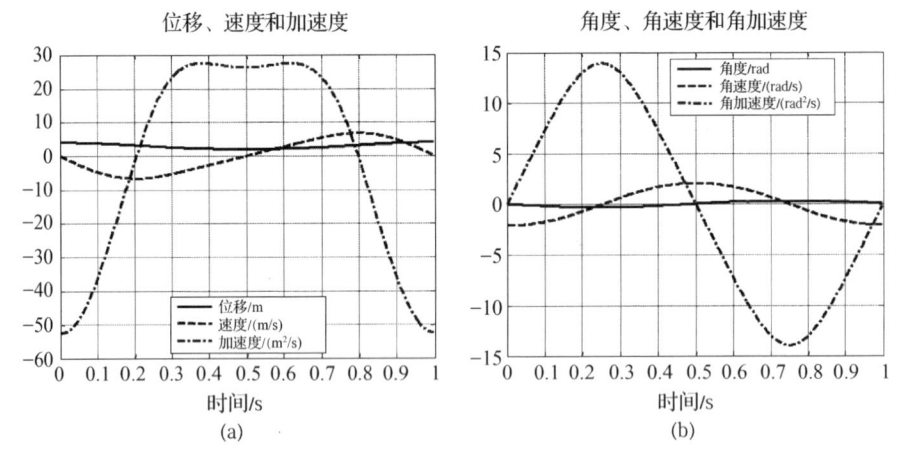

图 2.5 （a）作为时间函数的活塞位移、速度和加速度的变化情况；
（b）同为时间函数的连杆角、角速度和角加速度的变化情况

基于运动学分析，机器人可以用多体系统来建模，以便于仿真互连体段的运动学和动力学行为。类似地，人体也可以用多体系统来建模，并且每个互连体段被当作刚体看待。

2.3 运动物体的电磁散射

在引入雷达微多普勒效应的物理学和计算目标的雷达电磁散射前，应该简

短介绍一下电磁散射的基本知识。

最简单的目标电磁散射模型是点散射模型。目标被定义为一个由点散射特征化的三维反射密度函数项。遮挡效应也可以在点散射模型下实现。与其他电磁散射模型相比，点散射模型可以很容易地在电磁散射中纳入目标运动，并从每个单独的运动分量中把电磁散射给分离出来。

2.3.1 目标的雷达截面积（RCS）

当目标被雷达发射的电磁波照射时会产生电磁散射。入射的电磁波在目标表面和（或）内部会感应出电流和磁流，从而产生散射电磁场。散射电磁波被发射到所有可能的方向。如果目标处于距雷达足够远的位置，入射波前可被看作平面波。散射电磁波的功率用目标的双基地散射截面积来度量。如果散射方向是返回到雷达，双基地散射变成后向散射，并且截面积是后向散射截面积，被称为雷达截面积（RCS）。

根据文献[11]，"IEEE 电气和电子术语词典定义 RCS 为目标反射强度的一种度量，即定义为 4π 乘以指定方向上每单位立体角所散射的功率与从指定方向上入射到散射体平面波的每单位面积的功率的比值。"RCS 用公式表述为 $\sigma = \lim_{r \to \infty} 4\pi r^2 |E_s|^2 / |E_i|^2$，其中 E_s 是远场散射电场的强度，E_i 是远场入射电场的强度，且 r 是从雷达到目标之间的距离。

RCS 被定义来表征目标的特性。它被归一化到目标处入射波的功率密度，而与雷达到目标的距离无关。RCS 取决于目标的尺寸、几何形状和材料、发射机的频率、发射机和接收机的极化方式以及目标相对于雷达发射机和接收机的视角[11-13]。

目标的最大可探测距离正比于其 RCS 的四次根。RCS 通常用平方米为单位来描述。典型 RCS 的范围从昆虫的 $0.0005m^2$、小鸟的 $0.01m^2$、人体的 $0.5m^2$，直到大型船舶的 $100000m^2$。

任何复杂目标都可以被分解为简单形状的基本几何构件，例如球体、圆柱体和平板。图 2.6 显示了用简单三角形表面几何构件去建模的一个人体。

当目标受到电磁波照射时，每个构件会产生一个电压。构件电压的矢量和确定了目标总的 RCS。它被定义为矢量和的幅度的平方根。RCS 的计算精度取决于这些构件及它们之间相互作用的建模精度。如果建模不精确，计算所得的 RCS 可能与 RCS 测量值会有所不同。

目标的电磁散射机理是一个复杂的过程，其中包含了反射、绕射、表面波、传导及它们之间的相互作用。反射来自于表面，在散射机制中具有最高的 RCS 峰值。绕射来自于非连续性（如边缘、边角或顶角），比起反射来说是较

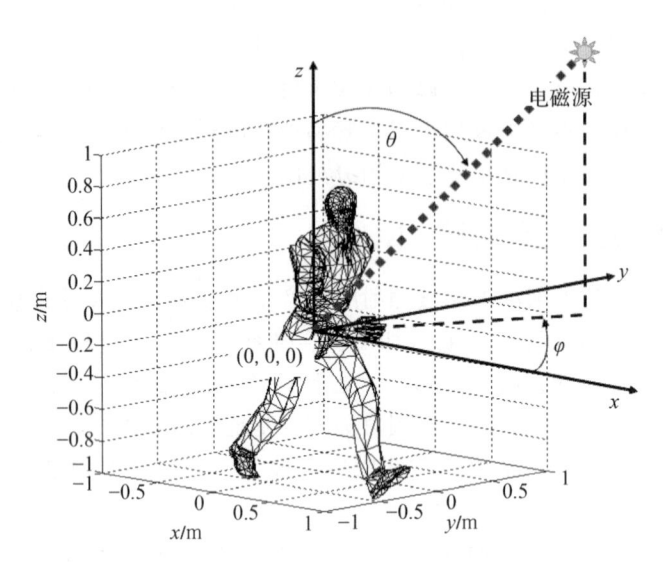

图 2.6　用简单三角形表面构件建模的一个人体

弱的。表面波是沿着目标体表面传输的电流。平坦的表面上会产生泄漏波,弯曲的表面会产生爬行波。当波进入类似波导的结构(如飞机的进气口)时,会产生传导。RCS 上的尖刺特征和副瓣可能与多次反射、绕射和其他散射机制有关。

2.3.2　RCS 预测方法

RCS 预测方法是计算 RCS 的一种解析方法。入射波在目标上引起电流,并因此辐射电磁场。如果电流分布已知,它可以用在辐射积分中来计算散射场和 RCS。常用的 RCS 预测方法有物理光学(PO)、射线跟踪、矩量法和有限差分法[13]。物理光学是估计物体上感应的表面电流的一种高频近似方法。在指定方向上它是精确的,但在远离指定方向的角度上或在阴影区上计算时则不精确。然而,表面波不包括在物理光学法中。为了提高边缘附近的电流分布精度,可以采用绕射物理理论(PTD)。

射线跟踪方法用于分析具有任意形状的大型物体。几何光学(GO)是射线跟踪的经典理论,并提供了计算反射场和折射场的公式。还可以将绕射几何理论(GTD)作为补充。基于 GTD、PDT 及其混合形式的计算机程序码已被开发出来,用来预测复杂良性导体的高频散射。

基于发射和弹跳射线技术以及 PTD 的 XPATCH 码已被广泛用于产生非合作目标识别中的目标 RCS 特征[14]。它可以用于复杂几何体后向散射的计算。

用于 RCS 预测的其他计算机码包括荷兰研发的 RAPPORT 程序码、数值电磁程序码（NEC）、电场积分方程（EFIE）和有限差分时域（FDTD）法[13-15]。

在本书中，对于某些应用，物理光学法将用来估计散射场。可以采用一种基于 PO 的简易 RCS 预测程序码（称为 POFACET）[16-17]；这种方法可以用来计算静态物体的单基地 RCS 和双基地 RCS。双基地 RCS 决定了物体在任意方向上散射的电磁功率通量密度。在使用 POFACET 方法去预测 RCS 时，通常采用大量细分表面（三角形网格，称为面元（facet））来对物体进行近似。物体总的 RCS 是每个独立面元 RCS 值平方根的叠加。假设三角形是分离的且其他三角形都不存在，从而计算出每个三角形的散射场。除了多次反射外，边缘绕射和表面波未加以考虑。仅仅在面元被入射波完全照射或者完全遮蔽时，才会近似考虑遮挡情况。如图 2.7 所示，将标准球坐标系用于 POFACET RCS 预测，以明确入射和散射方向，RCS 是在特定角度 θ 和 φ 上进行计算得到的。

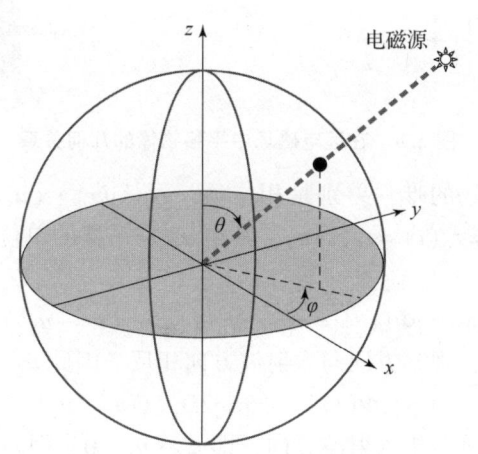

图 2.7　用于 RCS 计算的坐标系

2.3.3　运动物体的电磁散射

对物体电磁散射特性的研究已有几十年。物体的散射场和 RCS 特性常常在物体静止的假设下进行计算。然而，在大多数实际情况中，物体或物体构件很少是静止的，且可能有运动，比如平移、旋转或振荡等。

移动物体或振荡物体的电磁散射场已进行过理论和实验两个方面的研究[18-20]。理论分析表明，物体运动会对散射电磁波的相位函数进行调制。如果物体线性或周期性地振荡，这种调制在多普勒频率（物体平移所引起的）附近会产生边带频率。

对于平移物体，物体的远电场可导出下式[19]：

$$E_T(r') = \exp\{jkr_0 \cdot (u_k - u_r)\} E(r) \tag{2.49}$$

式中：$k = 2\pi/\lambda$ 是波数；u_k 是入射波的单位矢量；u_r 是观察方向的单位矢量；$E(r)$ 是移动前的远电场；$r = (X_0, Y_0, Z_0)$ 是物体在空间固定坐标系 (X, Y, Z) 中的起始坐标；$r' = (X_1, Y_1, Z_1)$ 是平移后物体在空间固定坐标系中的坐标，并且 $r' = r + r_0$，此处 r_0 是平移矢量，如图 2.8 所示。

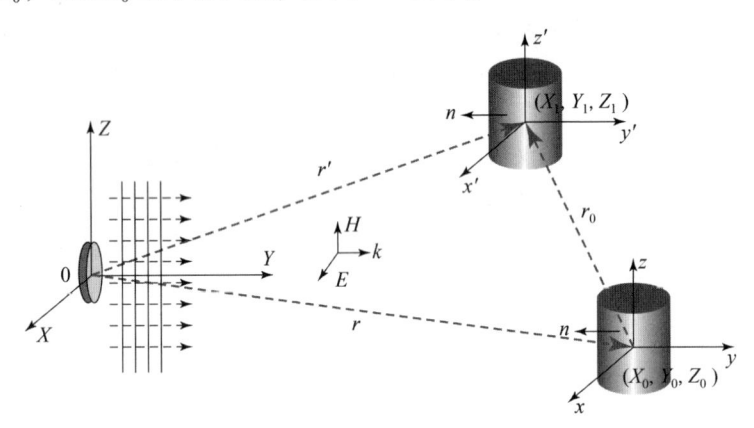

图 2.8 在远电磁场中平移物体的几何关系

平移前后电磁场的唯一差别是相位项，$\exp\{jkr_0 \cdot (u_k - u_r)\}$。如果平移是时间的函数，$r_0 = r_0(t) = r_0(t) u_T$，其中 u_T 是平移的单位矢量，相位函数于是变为

$$\exp\{j\Phi(t)\} = \exp\{jkr_0(t) u_T \cdot (u_k - u_r)\} \tag{2.50}$$

对于后向散射，观察方向与入射波方向相反。因此 $u_k = -u_r$，并且

$$\exp\{j\Phi(t)\} = \exp\{j2kr_0(t) u_T \cdot u_k\} \tag{2.51}$$

如果平移方向垂直于入射波方向，即 $u_T \cdot u_k = 0$，则 $\exp\{j\Phi(t)\} = 1$。

对于一个振动的物体，假定 $r_0(t) = A\cos\Omega t$，相位因子变成了一个具有角频率 Ω 的时间周期函数：

$$\exp\{j\Phi(t)\} = \exp\{j2kA\cos\Omega t u_T \cdot u_k\} \tag{2.52}$$

一般来说，当雷达发射一个载频为 f_0 的电磁波时，雷达接收信号可表示为

$$s(t) = \exp\{jkr_0(t)(u_k - u_r) - j2\pi f_0 t\} |E(r)| \tag{2.53}$$

式中：相位因子 $\exp\{jkr_0(t)(u_k - u_r)\}$ 定义了由时变运动 $r_0(t)$ 引起的微多普勒效应调制。

2.4 计算微多普勒效应的基础数学

计算微多普勒效应的基础数学可以通过将微运动引入到常规多普勒分析中来导出[21]。简便起见,将雷达目标表示为一组点散射,这些点散射就是目标上的主反射点。点散射模型简化了分析,同时也保留了微多普勒特征。在简化模型中,散射体被认为是完全的反射镜,反射所有拦截的能量。

如图 2.9 所示,雷达静止不动,并位于雷达固定坐标系 (X,Y,Z) 的原点 Q。目标通过附属于目标的本地坐标系 (x,y,z) 来进行描述,而且相对雷达坐标具有平移和旋转。为了观察目标的旋转,引入一个参考坐标系 (X',Y',Z'),它与目标的本地坐标系共享坐标原点,因此具有与目标相同的平移,但相对于雷达坐标没有旋转。假设参考坐标系的原点 O 位于距离雷达 R_0 的位置上。

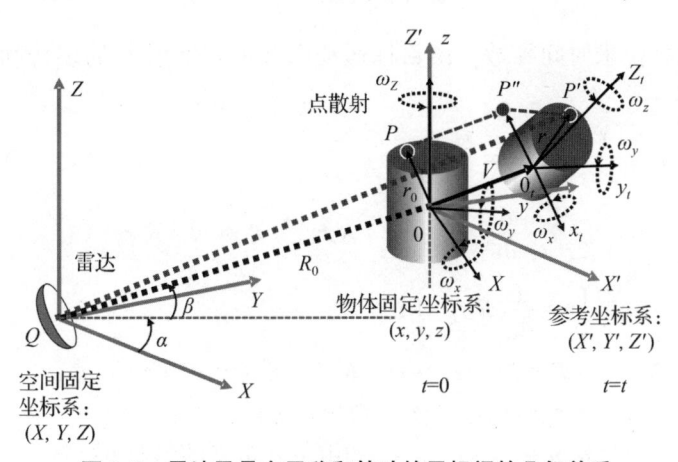

图 2.9 雷达及具有平移和转动的目标间的几何关系

2.4.1 微运动目标引起的微多普勒

假设目标具有相对于雷达的平移速度 $\boldsymbol{v}$ 和角旋转速度 $\boldsymbol{\omega}$,$\boldsymbol{\omega}$ 可以在目标本地坐标系中表示为 $\boldsymbol{\omega}=(\omega_x,\omega_y,\omega_z)^{\mathrm{T}}$ 或在参考坐标系中表示为 $\boldsymbol{\omega}=(\omega_X,\omega_Y,\omega_Z)^{\mathrm{T}}$。因此,在时间 $t=0$ 时的点散射 P 将在时间 t 移动到 P'。这种移动包括两步:(1) 如图 2.9 中所示,以速度 $\boldsymbol{v}$ 从 P 移动到 P'',即 $OO_t=\boldsymbol{v}t$。(2) 以角速度 $\boldsymbol{\omega}$ 从 P'' 旋转到 P'。如果我们在参考坐标系中观察这种运动,点散射 P 位于 $\boldsymbol{r}_0=(X_0,Y_0,Z_0)^{\mathrm{T}}$,而从 P'' 到 P' 的旋转由旋转矩阵 $\boldsymbol{R}_t$ 来描述。然后,在时间 t 时,P' 的位置将在

$$r = O_t P' = \boldsymbol{R}_t O_t P'' = \boldsymbol{R}_t r_0 \tag{2.54}$$

从 Q 处的雷达到 P' 处的点散射的距离矢量可导出为

$$QP' = QO + OO_t + O_t P' = \boldsymbol{R}_0 + vt + \boldsymbol{R}_t r_0 \tag{2.55}$$

标量距离为

$$r(t) = \| \boldsymbol{R}_0 + vt + \boldsymbol{R}_t r_0 \| \tag{2.56}$$

式中：$\| \cdot \|$ 表示 Euclidean 范数。

如果雷达发射了一个载频为 f 的正弦波，从点散射 P 返回的信号基带是 $r(t)$ 的函数：

$$s(t) = \rho(x,y,z) \exp\left\{j2\pi f \frac{2r(t)}{c}\right\} = \rho(x,y,z) \exp\{j\Phi[r(t)]\} \tag{2.57}$$

其中 $\rho(x,y,z)$ 是在目标本地坐标系 (x,y,z) 中所描述点散射 P 的反射率函数，c 是电磁波传播速度，基带信号的相位为

$$\Phi(r) = 2\pi f \frac{2r(t)}{c} \tag{2.58}$$

通过对相位求时间导数，由目标运动引起的点散射 P 的多普勒频移可被导出[21]：

$$\begin{aligned}
f_D &= \frac{1}{2\pi} \frac{d\Phi(t)}{dt} = \frac{2f}{c} \frac{d}{dt} r(t) \\
&= \frac{2f}{c} \frac{1}{2r(t)} \frac{d}{dt} [(\boldsymbol{R}_0 + vt + \boldsymbol{R}_t r_0)^T (\boldsymbol{R}_0 + vt + \boldsymbol{R}_t r_0)] \\
&= \frac{2f}{c} \left[v + \frac{d}{dt}(\boldsymbol{R}_t r_0)\right]^T \boldsymbol{n}
\end{aligned} \tag{2.59}$$

式中：$\boldsymbol{n} = (\boldsymbol{R}_0 + vt + \boldsymbol{R}_t r_0)/\| \boldsymbol{R}_0 + vt + \boldsymbol{R}_t r_0 \|$ 是 QP' 的单位矢量。

在进一步推导由旋转引起的多普勒频移之前，首先介绍一个有用的关系式 $\boldsymbol{u} \times \boldsymbol{r} = \hat{\boldsymbol{u}} \boldsymbol{r}$。给定矢量 $\boldsymbol{u} = [u_x, u_y, u_z]^T$ 和由下式定义的斜对称矩阵

$$\hat{\boldsymbol{u}} = \begin{bmatrix} 0 & -u_z & u_y \\ u_z & 0 & -u_x \\ -u_y & u_x & 0 \end{bmatrix} \tag{2.60}$$

矢量 $\boldsymbol{u}$ 和任何矢量 $\boldsymbol{r}$ 的交叉积可以通过下面的矩阵运算来进行计算：

$$\boldsymbol{u} \times \boldsymbol{r} = \begin{bmatrix} u_y r_z - u_z r_y \\ u_z r_x - u_x r_z \\ u_x r_y - u_y r_x \end{bmatrix} = \begin{bmatrix} 0 & -u_z & u_y \\ u_z & 0 & -u_x \\ -u_y & u_x & 0 \end{bmatrix} \begin{bmatrix} r_x \\ r_y \\ r_z \end{bmatrix} = \hat{\boldsymbol{u}} \boldsymbol{r} \tag{2.61}$$

这个方程在分析专门的正交矩阵组或称为三维旋转矩阵的 $SO(3)$ 组时非常有用[2,21]。

我们现在可以回到式（2.59）中的旋转矩阵。在参考坐标系中，角旋转速度矢量可以用 $\boldsymbol{\omega} = (\omega_X, \omega_Y, \omega_Z)^T$ 来描述，而目标将沿着单位矢量 $\boldsymbol{\omega}' = \boldsymbol{\omega}/\|\boldsymbol{\omega}\|$ 以一个标量速度 $\Omega = \|\boldsymbol{\omega}\|$ 旋转。假设有一个高脉冲重复频率和相对低的角速度，每个时间间隔中的旋转运动被认为是无穷小的，因此（见附录 2A）

$$\boldsymbol{R}_t = \exp\{\hat{\boldsymbol{\omega}}t\} \tag{2.62}$$

其中，$\hat{\boldsymbol{\omega}}$ 是与 $\boldsymbol{\omega}$ 有关的斜对称矩阵。因此，式（2.59）中的多普勒频移变为

$$f_D = \frac{2f}{c}\left[\boldsymbol{v} + \frac{d}{dt}(e^{\hat{\boldsymbol{\omega}}t}\boldsymbol{r}_0)\right]^T \boldsymbol{n} = \frac{2f}{c}(\boldsymbol{v} + \hat{\boldsymbol{\omega}}e^{\hat{\boldsymbol{\omega}}t}\boldsymbol{r}_0)^T \boldsymbol{n}$$

$$= \frac{2f}{c}(\boldsymbol{v} + \hat{\boldsymbol{\omega}}\boldsymbol{r})^T \boldsymbol{n} = \frac{2f}{c}(\boldsymbol{v} + \boldsymbol{\omega} \times \boldsymbol{r})^T \boldsymbol{n} \tag{2.63}$$

如果 $\|\boldsymbol{R}_0\| \gg \|\boldsymbol{v}t + \boldsymbol{R}_t\boldsymbol{r}\|$，$\boldsymbol{n}$ 可近似为 $\boldsymbol{n} = \boldsymbol{R}_0/\|\boldsymbol{R}_0\|$，它是雷达的视线方向。于是多普勒频移可被近似为

$$f_D = \frac{2f}{c}[\boldsymbol{v} + \boldsymbol{\omega} \times \boldsymbol{r}] \cdot \boldsymbol{n} \tag{2.64}$$

式中第一项是由于平移而产生的多普勒频移

$$f_{Trans} = \frac{2f}{c}\boldsymbol{v} \cdot \boldsymbol{n} \tag{2.65}$$

第二项是由于旋转而产生的微多普勒频移

$$f_{mD} = \frac{2f}{c}[\boldsymbol{\omega} \times \boldsymbol{r}] \cdot \boldsymbol{n} \tag{2.66}$$

对于时变旋转，角旋转速度是时间的函数，并且可以用多项式函数表示为

$$\boldsymbol{\Omega}(t) = \boldsymbol{\Omega}_0 + \boldsymbol{\Omega}_1 t + \boldsymbol{\Omega}_2 t^2 + \cdots \tag{2.67}$$

如果不用二次项以上的项，则微多普勒频移可以表示为

$$f_{mD} = \frac{2f}{c}[\boldsymbol{\Omega}(t) \times \boldsymbol{r}] \cdot \boldsymbol{n}$$

$$= \frac{2f}{c}[\boldsymbol{\Omega}_0 \cdot (\boldsymbol{r} \times \boldsymbol{n}) + \boldsymbol{\Omega}_1 \cdot (\boldsymbol{r} \times \boldsymbol{n})t + \boldsymbol{\Omega}_2 \cdot (\boldsymbol{r} \times \boldsymbol{n})t^2] \tag{2.68}$$

式中运用了矢量运算 $(\boldsymbol{a} \times \boldsymbol{b}) \cdot \boldsymbol{c} = \boldsymbol{a} \cdot (\boldsymbol{b} \times \boldsymbol{c})$。

2.4.2 振动引起的微多普勒频移

如图 2.10 所示，雷达位于雷达坐标系 (X, Y, Z) 的原点，点散射 P 在中心点 O 附近振动。这个中心点也是参考坐标系 (X', Y', Z') 的原点，是从 (X, Y, Z) 移动到距离雷达 R_0 的位置上。我们还假设中心点 O 相对于雷达是静止不动的。如果 O 相对于雷达方位和仰角分别为 α 和 β，则中心点 O 在雷达坐标系

(X,Y,Z) 中位于

$$(R_0\cos\beta\cos\alpha, R_0\cos\beta\sin\alpha, R_0\sin\beta) \quad (2.69)$$

则雷达视线（LOS）的单位矢量变为

$$\boldsymbol{n} = [\cos\alpha\cos\beta, \sin\alpha\cos\beta, \sin\beta]^T \quad (2.70)$$

假设散射点 P 以频率 f_v 和幅度 D_v 振动，并且在参考坐标系 (X',Y',Z') 中，振动的方位角和俯仰角分别为 α_P 和 β_P。如图 2.10 所示，从雷达到散射点 P 的矢量变成 $\boldsymbol{R}_t = \boldsymbol{R}_0 + \boldsymbol{D}_t$，从雷达到散射点 P 的距离可表示为

$$\begin{aligned} R_t = |\boldsymbol{R}_t| &= [(R_0\cos\beta\cos\alpha + D_t\cos\beta_P\cos\alpha_P)^2] \\ &+ (R_0\cos\beta\sin\alpha + D_t\cos\beta_P\sin\alpha_P)^2 \\ &+ (R_0\sin\beta + D_t\sin\beta_P)^2 \end{aligned} \quad (2.71)$$

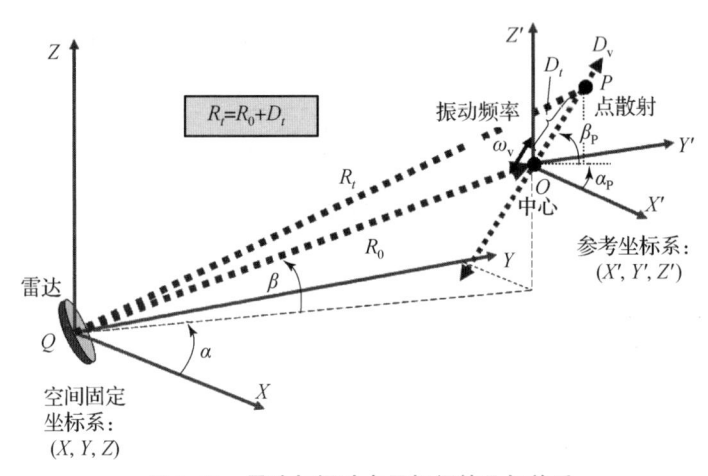

图 2.10 雷达与振动点目标间的几何关系

如果 $R_0 \gg D_t$，则距离近似为

$$\begin{aligned} R_t &= \{R_0^2 + D_t^2 + 2R_0 D_t[\cos\beta\cos\beta_P\cos(\alpha-\alpha_P) + \sin\beta\sin\beta_P]\}^{1/2} \\ &\approx R_0 + D_t[\cos\beta\cos\beta_P\cos(\alpha-\alpha_P) + \sin\beta\sin\beta_P] \end{aligned} \quad (2.72)$$

如果中心点 O 的方位角 α 和散射点 P 的俯仰角 β_P 都为零，且 $R_0 \gg D_t$，则我们有

$$R_t = (R_0^2 + D_t^2 + 2R_0 D_t\cos\beta\cos\alpha_P)^{1/2} \cong R_0 + D_t\cos\beta\cos\alpha_P \quad (2.73)$$

因为振动速率的角频率为 ω_v，振动幅度为 D_v，于是 $D_t = D_v\sin\omega_v t$，所以散射点的距离变为

$$R(t) = R_t = R_0 + D_v\sin\omega_v t\cos\beta\cos\alpha_P \quad (2.74)$$

雷达接收信号变为

$$s_R(t) = \rho\exp\left\{j\left[2\pi f t + 4\pi\frac{R(t)}{\lambda}\right]\right\} = \rho\exp\{j[2\pi f t + \Phi(t)]\} \quad (2.75)$$

式中：ρ 为点散射的反射率；f 为发射信号的载频；λ 为波长；$\Phi(t) = 4\pi R(t)/\lambda$ 为相位函数。

将式（2.74）代入式（2.75）中，并令 $B = (4\pi/\lambda) D_v \cos\beta \cos\alpha_P$，则接收信号可重写为

$$s_R(t) = \rho \exp\left\{j\frac{4\pi}{\lambda}R_0\right\} \exp\{j2\pi ft + B\sin\omega_v t\} \quad (2.76)$$

式（2.76）可以进一步用第一类 k 阶贝塞尔（Bessel）函数表示：

$$J_k(B) = \frac{1}{2\pi}\int_{-\pi}^{\pi} \exp\{j(B\sin u - ku)\mathrm{d}u\} \quad (2.77)$$

因而

$$\begin{aligned}s_R(t) &= \rho\exp\left(j\frac{4\pi}{\lambda}R_0\right)\sum_{k=-\infty}^{\infty} J_k(B)\exp\{j(2\pi f t + k\omega_v)t\} \\ &= \rho\exp\left(j\frac{4\pi}{\lambda}R_0\right)[J_0(B)\exp(j2\pi ft) + J_1(B)\exp[j(2\pi f + \omega_v)t] - \\ &\quad J_1(B)\exp[j(2\pi f - \omega_v)t] + J_2(B)\exp[j(2\pi f + 2\omega_v)t] - \\ &\quad J_2(B)\exp[j(2\pi f - 2\omega_v)t] + J_3(B)\exp[j(2\pi f + 3\omega_v)t] - \\ &\quad J_3(B)\exp[j(2\pi f - 3\omega_v)t] + \cdots\} \end{aligned} \quad (2.78)$$

因此，微多普勒频谱由围绕中心频率 f 且相邻谱线间距离为 $\omega_v/(2\pi)$ 的谱线对组成。

由于振动，起始时间 $t=0$ 时位于 (X', Y', Z') 坐标系中 $[X_0, Y_0, Z_0]^T$ 处的点散射 P 在时间 t 时将移动到

$$\begin{bmatrix} X_1 \\ Y_1 \\ Z_1 \end{bmatrix} = D_v \sin(2\pi f_v t) \begin{bmatrix} \cos\alpha_P\cos\beta_P \\ \sin\alpha_P\cos\beta_P \\ \sin\beta_P \end{bmatrix} + \begin{bmatrix} X_0 \\ Y_0 \\ Z_0 \end{bmatrix} \quad (2.79)$$

散射点 P 由于振动引起的速度变成

$$v = 2\pi D_v f_v \cos(2\pi f_v t)[\cos\alpha_P\cos\beta_P, \sin\alpha_P\cos\beta_P, \sin\beta_P]^T \quad (2.80)$$

基于 2.4.1 节的分析，振动引起的微多普勒频移为

$$f_{mD}(t) = \frac{2f}{c}(\boldsymbol{v}^T \cdot \boldsymbol{n})$$

$$= \frac{4\pi f f_v D_v}{c}[\cos(\alpha - \alpha_P)\cos\beta\cos\beta_P + \sin\beta\sin\beta_P]\cos(2\pi f_v t) \quad (2.81)$$

如果方位 α 和仰角 β_P 均为零，则有

$$f_{mD}(t) = \frac{4\pi f f_v D_v}{c}\cos\beta\cos\alpha_P\cos(2\pi f_v t) \quad (2.82)$$

当振动散射点的取向是沿着雷达视线方向的投影，或 α_P 为零，仰角 β 也

是零时，多普勒频率的变化达到最大值 $4\pi ff_v D_v/c$。

2.4.3 旋转引起的微多普勒频移

雷达和三维旋转目标之间的几何关系示于图 2.11 中。雷达坐标系（空间固定坐标系）是 (X,Y,Z)，目标本地坐标系是 (x,y,z)，参考坐标系 (X',Y',Z') 平行于雷达坐标系并位于目标本地坐标系的原点。假设目标在雷达坐标系 (X,Y,Z) 中的方位角和俯仰角分别是 α 和 β，并且雷达视线的单位矢量与式（2.70）相同。

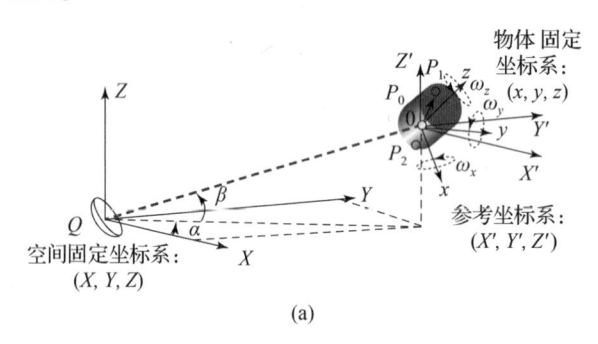

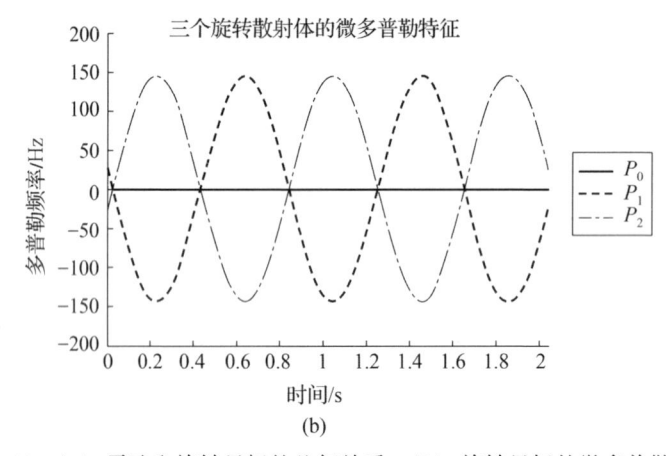

图 2.11 （a）雷达和旋转目标的几何关系；（b）旋转目标的微多普勒特征

由于目标的旋转，在本地坐标系 (x,y,z) 中所描述的目标上的任何点都将移到参考坐标系 (X',Y',Z') 中的新位置。这个新位置可以通过其初始位置矢量乘以 x 约定（$x-y-z$ 顺序）的初始旋转矩阵来进行计算，初始旋转矩阵由角度 $(\phi_0, \theta_0, \psi_0)$ 决定。此处，角 ϕ_0 围绕 z 轴旋转，角 θ_0 围绕 x 轴旋转，角 ψ_0 再次围绕 z 轴旋转。

相应的初始旋转矩阵由下式定义

$$\boldsymbol{R}_{\text{Init}} = \boldsymbol{R}_Z(\varphi_0) \cdot \boldsymbol{R}_X(\theta_0) \cdot \boldsymbol{R}_Z(\psi_0) = \begin{bmatrix} r_{11} & r_{12} & r_{13} \\ r_{21} & r_{22} & r_{23} \\ r_{31} & r_{32} & r_{33} \end{bmatrix} \tag{2.83}$$

其中

$$\begin{cases} r_{11} = -\sin\varphi_0\cos\theta_0\sin\psi_0 + \cos\varphi_0\cos\psi_0 \\ r_{21} = -\cos\varphi_0\cos\theta_0\sin\psi_0 - \sin\varphi_0\cos\psi_0 \\ r_{31} = \sin\theta_0\sin\psi_0 \end{cases} \tag{2.84}$$

$$\begin{cases} r_{12} = \sin\varphi_0\cos\theta_0\cos\psi_0 + \cos\varphi_0\sin\psi_0 \\ r_{22} = \cos\varphi_0\cos\theta_0\cos\psi_0 - \sin\varphi_0\sin\psi_0 \\ r_{32} = -\sin\theta_0\cos\psi_0 \end{cases} \tag{2.85}$$

$$\begin{cases} r_{13} = \sin\varphi_0\sin\theta_0 \\ r_{23} = \cos\varphi_0\sin\theta_0 \\ r_{33} = \cos\theta_0 \end{cases} \tag{2.86}$$

在目标本地坐标系中来观察，当目标围绕 x，y 和 z 轴以角速度 $\boldsymbol{\omega} = (\omega_x, \omega_y, \omega_z)^{\text{T}}$ 进行旋转时，在目标本地坐标系中所表示的位于 $\boldsymbol{r}_P = [x_P, y_P, z_P]^{\text{T}}$ 处的点散射 P 将移动到参考坐标系中的一个新位置上（用 $\boldsymbol{R}_{\text{Init}} \cdot \boldsymbol{r}_P$ 描述），并且旋转单位矢量变为

$$\boldsymbol{\omega} = (\omega'_x, \omega'_y, \omega'_z)^{\text{T}} = \frac{\boldsymbol{R}_{\text{Init}} \cdot \boldsymbol{\omega}}{\|\boldsymbol{\omega}\|} \tag{2.87}$$

具有标量角速度 $\Omega = \|\boldsymbol{\omega}\|$。因此，根据 Rodrigues 公式[2]，在 t 时刻的旋转矩阵变为

$$\boldsymbol{R}_t = \boldsymbol{I} + \hat{\omega}'\sin\Omega t + \hat{\omega}'^2(1 - \cos\Omega t) \tag{2.88}$$

式中：$\hat{\omega}'$ 是斜对称矩阵，

$$\hat{\omega}' = \begin{bmatrix} 0 & -\omega'_z & \omega'_y \\ \omega'_z & 0 & -\omega'_x \\ -\omega'_y & \omega'_x & 0 \end{bmatrix} \tag{2.89}$$

因此，在参考坐标系 (X', Y', Z') 中观察，在时间 t，点散射 P 将从它的初始位置移到它的新位置 $\boldsymbol{r} = \boldsymbol{R}_t \cdot \boldsymbol{R}_{\text{Init}} \cdot \boldsymbol{r}_P$。根据 2.4.1 节的讨论，由旋转引起的微多普勒频移近似为

$$f_{\text{mD}} = \frac{2f}{c}[\Omega\boldsymbol{\omega}' \times \boldsymbol{r}]_{\text{radial}} = \frac{2f}{c}(\Omega\hat{\omega}'\boldsymbol{r})^{\text{T}} \cdot \boldsymbol{n} = \frac{2f}{c}[\Omega\hat{\omega}'\boldsymbol{R}_t \cdot \boldsymbol{R}_{\text{Init}} \cdot \boldsymbol{r}_P]^{\text{T}} \cdot \boldsymbol{n}$$

$$= \frac{2f\Omega}{c}[\hat{\omega}'^2\sin\Omega t - \hat{\omega}'^3\cos\Omega t + \hat{\omega}'(\boldsymbol{I} + \hat{\omega}'^2)]\boldsymbol{R}_{\text{Init}} \cdot \boldsymbol{r}_P]^{\text{T}} \cdot \boldsymbol{n} \tag{2.90}$$

如果斜对称矩阵 $\hat{\omega}'$ 由单位矢量定义，那么 $\hat{\omega}'^3 = -\hat{\omega}'$，则旋转引起的微多

普勒频移变为

$$f_{mD} = \frac{2f\Omega}{c}[\hat{\omega}'(\hat{\omega}'\sin\Omega t + I\cos\Omega t)\boldsymbol{R}_{\text{Init}} \cdot \boldsymbol{r}_{\text{P}}]_{\text{radial}} \qquad (2.91)$$

假设雷达工作在 10GHz，并且位于 ($U=1,000\text{m}, V=5,000\text{m}, W=5,000\text{m}$) 的目标以初始欧拉角 ($\varphi=30°, \theta=20°, \psi=20°$) 和角速度 $\boldsymbol{\omega}=[\pi,2\pi,\pi]^{\text{T}}\text{rad/s}$ 围绕 x、y 和 z 轴进行旋转。假设目标有 3 个强散射中心：散射中心 P_0（旋转中心）位于 ($x=0\text{m}, y=0\text{m}, z=0\text{m}$)，散射中心 P_1 位于 ($x=1.0\text{m}, y=0.6\text{m}, z=0.8\text{m}$)，散射中心 P_2 位于 ($x=-1.0\text{m}, y=-0.6\text{m}, z=-0.8\text{m}$)。通过式（2.91）计算得到的理论微多普勒调制显示在图 2.11（b）中。散射中心 P_0 的微多普勒是在零频上的直线，而点 P_1 和 P_2 的微多普勒调制是零频附近的两根正弦曲线。旋转周期可以从旋转角速度获得，即 $T_0 = 2\pi/\|\boldsymbol{\omega}\| = 0.8165\text{s}$。

2.4.4 圆锥运动引起的微多普勒频移

圆锥运动是围绕与本地坐标系的轴相交的一个轴的旋转。陀螺常常做圆锥运动，在陀螺体围绕具有固定顶点的对称轴自旋的同时，对称轴也围绕与轴相交的另一个轴旋转。如果对称轴不能保持在一个与圆锥轴恒定的角度，它将在两个极限之间上下摆动，称为章动。在这种情况下，欧拉角 ϕ 被称为自旋角，ψ 被称为进动角，θ 被称为章动角。

如果不考虑自旋和章动，假设目标围绕轴 SN 做单纯的圆锥运动，SN 与 z 轴在本地坐标系的点 $S(x=0, y=0, z=z_0)$ 处相交，如图 2.12 所示。参考坐标系 (X', Y', Z') 与雷达坐标系 (X, Y, Z) 平行，而且其原点位于点 S。假设目标中心 O 相对于雷达的方位角和仰角分别为 α 和 β，并且圆锥轴 SN 相对于参考坐标系 (X', Y', Z') 的方位角和仰角分别为 α_N 和 β_N，则雷达视线的单位矢量为

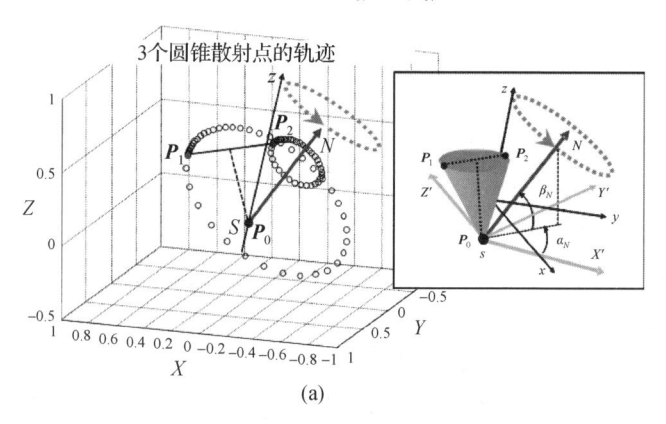

(a)

3个圆锥散射点的微多普勒特征

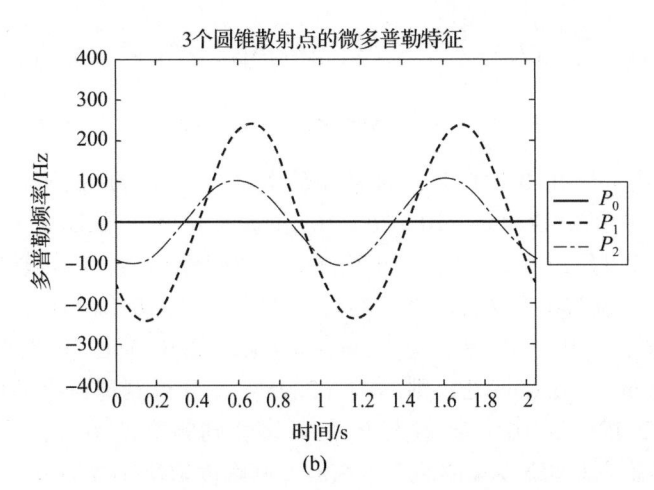

(b)

图 2.12 （a）目标围绕轴做单纯的圆锥运动，该轴在本地坐标系原点上与 z 轴相交；（b）圆锥运动的微多普勒特征

$$\boldsymbol{n} = [\cos\alpha\cos\beta, \sin\alpha\cos\beta, \sin\beta]^T$$

并且在参考坐标系 (X',Y',Z') 中旋转轴的单位矢量为

$$\boldsymbol{e} = [\cos\alpha_N\cos\beta_N, \sin\alpha_N\cos\beta_N, \sin\beta_N]^T$$

假设散射点 P 的初始位置位于目标本地坐标系中的 $\boldsymbol{r} = [x,y,z]^T$ 处，那么散射点 P 在参考坐标系 (X',Y',Z') 中的位置可以通过其本地坐标减去点 S 的坐标再乘以旋转矩阵（$\boldsymbol{R}_{\text{Init}}$）的方法来计算，而旋转矩阵是由初始欧拉角（$\varphi$, θ, ψ）定义的。从参考坐标系 (X',Y',Z') 来观察，散射点 P 的位置是在 $\boldsymbol{R}_{\text{Init}} \cdot [x,y,z-z_0]^T$。假设目标以角速度 $\boldsymbol{\omega}$（单位 rad/s）做圆锥运动，根据 Rodrigues 公式，时间 t 时参考坐标系 (X',Y',Z') 中的旋转矩阵变为

$$\boldsymbol{R}_t = I + \hat{e}\sin\omega t + \hat{e}^2(1-\cos\omega t) \tag{2.92}$$

式中：斜对称矩阵通过下式来定义

$$\hat{e} = \begin{bmatrix} 0 & -\sin\beta_N & \sin\alpha_N\cos\beta_N \\ \sin\beta_N & 0 & -\cos\alpha_N\cos\beta_N \\ -\sin\alpha_N\cos\beta_N & \cos\alpha_N\cos\beta_N & 0 \end{bmatrix} \tag{2.93}$$

因此，时间 t 时，散射点 P 移动到

$$\boldsymbol{r}(t) = \boldsymbol{R}_t \cdot \boldsymbol{R}_{\text{Init}} \cdot [x,y,z-z_0]^T \tag{2.94}$$

如果点 S 离目标质心不太远，雷达视线可以近似为点 S 相对于雷达的径向方向。根据 2.4.1 节中所给出的数学公式，由圆锥运动引起的微多普勒调制近似为

$$f_{\mathrm{mD}} = \frac{2f}{c}\left[\frac{\mathrm{d}}{\mathrm{d}t}\boldsymbol{r}(t)\right]_{\mathrm{radial}} = \frac{2f}{c}\left\{\left[\frac{\mathrm{d}}{\mathrm{d}t}\boldsymbol{R}_t\right]\boldsymbol{R}_{\mathrm{Init}}\cdot[x,y,z-z_0]^{\mathrm{T}}\right\}^{\mathrm{T}}\cdot\boldsymbol{n}$$

$$= \frac{2f\omega}{c}\{(\hat{e}\cos\omega t + \hat{e}^2\sin\omega t)\boldsymbol{R}_{\mathrm{Init}}\cdot[x,y,z-z_0]^{\mathrm{T}}\}^{\mathrm{T}}\cdot\boldsymbol{n} \qquad (2.95)$$

假设雷达工作在 10GHz 且目标初始位置在 ($X = 1,000\mathrm{m}, Y = 5,000\mathrm{m}, Z = 5,000\mathrm{m}$) 处，初始欧拉角 $\varphi = 10°$，$\theta = 10°$ 和 $\psi = -20°$，目标在 $T = 2.048\mathrm{s}$ 期间以 2Hz 或者以角速度 $\omega = (2\times 2\pi/T)\,\mathrm{rad/s}$ 做圆锥运动，旋转轴的方位角和仰角分别是 $\alpha_N = 160°$ 和 $\beta_N = 50°$。给定散射点 P_0 的初始位置在 ($x = 0\mathrm{m}, y = 0\mathrm{m}, z = 0\mathrm{m}$) 处，散射点 P_1 在 ($x = 0.3\mathrm{m}, y = 0\mathrm{m}, z = 0.6\mathrm{m}$) 处，散射点 P_2 在 ($x = -0.3\mathrm{m}, y = 0\mathrm{m}, z = 0.6\mathrm{m}$) 处，则用式（2.95）计算得到理论上的微多普勒调制，示于图 2.12（b）中。散射点 P_0 的微多普勒频率是零，散射点 P_1 和 P_2 的微多普勒调制是围绕零频的两个正弦波，其幅度取决于径向方向。

当圆锥体还围绕其对称轴自旋时，运动变成了进动。进动矩阵 $\boldsymbol{R}_{\mathrm{prec}}$ 是圆锥运动矩阵 $\boldsymbol{R}_{\mathrm{coning}}$ 乘以自旋矩阵 $\boldsymbol{R}_{\mathrm{spinning}}$：

$$\boldsymbol{R}_{\mathrm{prec}} = \boldsymbol{R}_{\mathrm{coning}}\cdot\boldsymbol{R}_{\mathrm{spinning}} \qquad (2.96)$$

式中：圆锥运动矩阵为

$$\boldsymbol{R}_{\mathrm{coning}} = I + \hat{\omega}_{\mathrm{coning}}\sin(\Omega_{\mathrm{coning}}t) + \hat{\omega}_{\mathrm{coning}}^2[1-\cos(\Omega_{\mathrm{coning}}t)] \qquad (2.97)$$

自旋矩阵为

$$\boldsymbol{R}_{\mathrm{spinning}} = I + \hat{\omega}_{\mathrm{spinning}}\sin(\Omega_{\mathrm{spinning}}t) + \hat{\omega}_{\mathrm{spinning}}^2[1-\cos(\Omega_{\mathrm{spinning}}t)] \qquad (2.98)$$

Ω_{coning} 和 $\Omega_{\mathrm{spinning}}$ 是圆锥运动和自转的角速度。圆锥运动的斜对称矩阵被定义为

$$\hat{\omega}_{\mathrm{coning}} = \begin{bmatrix} 0 & -\omega_{\mathrm{coning}\,z} & \omega_{\mathrm{coning}\,y} \\ \omega_{\mathrm{coning}\,z} & 0 & -\omega_{\mathrm{coning}\,x} \\ -\omega_{\mathrm{coning}\,y} & \omega_{\mathrm{coning}\,x} & 0 \end{bmatrix} \qquad (2.99)$$

自旋的斜对称矩阵被定义为

$$\hat{\omega}_{\mathrm{spinning}} = \begin{bmatrix} 0 & -\omega_{\mathrm{spinning}\,z} & \omega_{\mathrm{spinning}\,y} \\ \omega_{\mathrm{spinning}\,z} & 0 & -\omega_{\mathrm{spinning}\,x} \\ -\omega_{\mathrm{spinning}\,y} & \omega_{\mathrm{spinning}\,x} & 0 \end{bmatrix} \qquad (2.100)$$

目标本地坐标系 (x,y,z) 中 $\boldsymbol{r}_{\mathrm{P}} = [x_{\mathrm{P}}, y_{\mathrm{P}}, z_{\mathrm{P}}]^{\mathrm{T}}$ 处的一个给定点散射 P，将移动到参考坐标系中的一个新位置，用 $\boldsymbol{R}_{\mathrm{Init}}\cdot\boldsymbol{r}_{\mathrm{P}}$ 来描述。从参考坐标系 (X', Y', Z') 来观察，在时间 t，散射点 P 将从其初始位置移到新位置 $\boldsymbol{r} = \boldsymbol{R}_t\cdot\boldsymbol{R}_{\mathrm{Init}}\cdot\boldsymbol{r}_{\mathrm{P}}$。

因此，由于进动，散射点 P 的微多普勒调制可用公式表示为

$$f_{\mathrm{mD}}|_{\mathrm{P}} = \frac{2f}{c}\left[\frac{\mathrm{d}}{\mathrm{d}t}r\right]_{\mathrm{radial}} = \frac{2f}{c}\left[\frac{\mathrm{d}}{\mathrm{d}t}(\boldsymbol{R}_{\mathrm{prec}}\cdot\boldsymbol{R}_{\mathrm{Init}}\cdot\boldsymbol{r}_{\mathrm{P}})\right]_{\mathrm{radial}}$$

$$= \frac{2f}{c}\left[\frac{\mathrm{d}}{\mathrm{d}t}(\boldsymbol{R}_{\mathrm{coning}} \cdot \boldsymbol{R}_{\mathrm{spinning}}) \cdot \boldsymbol{R}_{\mathrm{Init}} \cdot \boldsymbol{r}_{\mathrm{P}}\right]_{\mathrm{radial}}$$

$$= \frac{2f}{c}\left[\left(\frac{\mathrm{d}}{\mathrm{d}t}\boldsymbol{R}_{\mathrm{coning}} \cdot \boldsymbol{R}_{\mathrm{spinning}} + \boldsymbol{R}_{\mathrm{coning}} \cdot \frac{\mathrm{d}}{\mathrm{d}t}\boldsymbol{R}_{\mathrm{spinning}}\right) \cdot \boldsymbol{R}_{\mathrm{Init}} \cdot \boldsymbol{r}_{\mathrm{P}}\right] \quad (2.101)$$

假设雷达工作在 10GHz 且目标初始位置在 $(X=1,000\mathrm{m}, Y=5,000\mathrm{m}, Z=5,000\mathrm{m})$ 处，初始欧拉角 $\varphi=30°$，$\theta=30°$ 和 $\psi=20°$，目标在 $T=2.048\mathrm{s}$ 期间以 8Hz 或者以角速度 $\Omega_{\mathrm{spinning}}=(8\times2\pi/T)\mathrm{rad/s}$ 做自旋。给定散射点 P_0 的初始位置在 $(x=0\mathrm{m}, y=0\mathrm{m}, z=0\mathrm{m})$ 处，散射点 P_1 在 $(x=0.3\mathrm{m}, y=0\mathrm{m}, z=0.6\mathrm{m})$ 处，散射点 P_2 在 $(x=-0.3\mathrm{m}, y=0\mathrm{m}, z=0.6\mathrm{m})$ 处，则旋转目标理论上的微多普勒特征示于图 2.13 中。

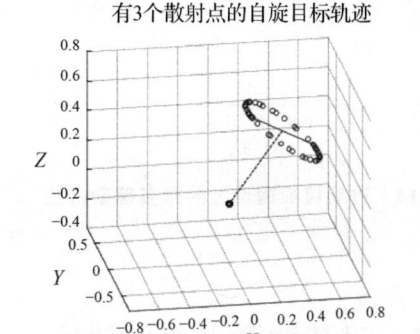

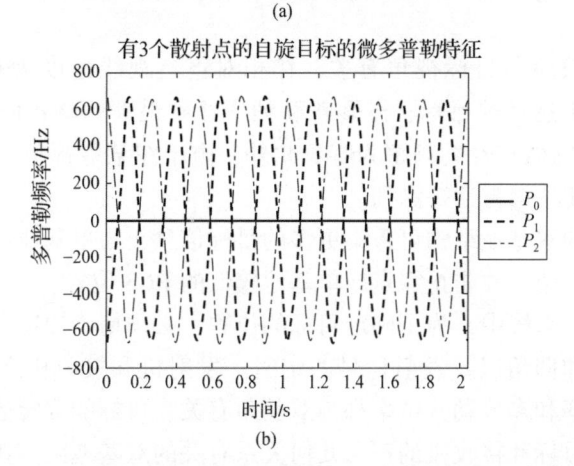

图 2.13 (a) 一个自旋运动的目标；(b) 自旋目标的微多普勒特征

基于式（2.101），进动目标理论上的微多普勒特征示于图 2.14。正如前面所讨论的圆锥运动和章动目标那样，此处目标具有相同的初始条件。然而，目标以角速度 $\Omega_{\mathrm{spinning}}=3.906\mathrm{rad/s}$ 做自旋或者在 $T=2.048$ 时间区间内自旋

8周。目标也可以以角速度 $\Omega_{\text{coning}} = 0.977\text{rad/s}$ 做圆锥运动或者在 $T = 2.048$ 内做2圈圆锥运动。进动微多普勒特征显示了由2圈圆锥运动所调制的8周自旋。

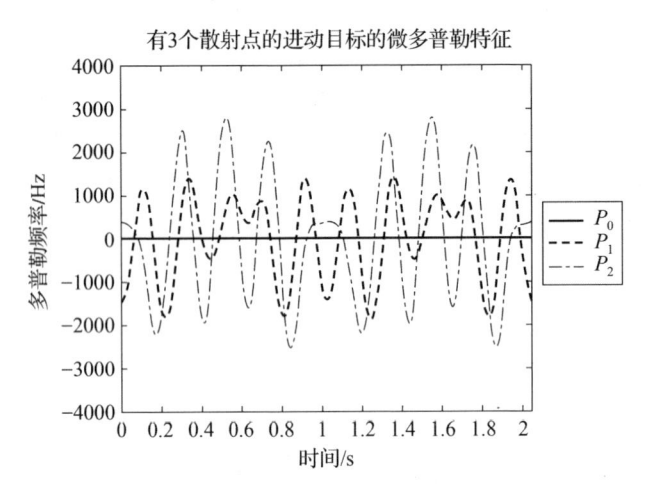

图 2.14 进动目标理论上的微多普勒特征

2.5 双基地微多普勒效应

微多普勒效应与目标视角有关。在相对雷达视线角度为 0°（迎头）和 180°（尾随）上运动的目标，微多普勒频率达到最大频移；而在相对雷达视线角度 ±90°上的微多普勒频率为零。此外，由于在某些视角上存在遮挡，目标的某些部分无法被雷达探测到。

收发分离的双基地结构可采集更多的目标信息，与单基地雷达信息形成互补，从而避免盲速，并防止零点或单基地较低的 RCS 位置。

在双基雷达系统中，为了确定目标的位置，必须精确知道在发射机处所看到的目标方位和仰角以及发射信号的定时。发射机和接收机之间必须保持同步。距离分辨率和多普勒分辨率都与双基角有关。目标的旋转运动也可能影响到与发射机、目标和接收机的三角几何关系有关的双基地微多普勒效应。

在双基地雷达中，发射机和接收机分开放置一个基线距离，而基线距离与目标相对于发射机和接收机的最大距离相当。收发分置带来了两地间的同步问题，要求发射机和接收机的本地振荡器之间的相位实现同步，以便精确测量目标的位置及基线距离和多普勒处理。

坐标系统包括全局空间固定坐标系、参考坐标系和目标本地的物体固定坐标系，正如图 2.15 中以三维方式所示的那样。双基平面是发射机、接收机和目标所处的平面。基线（L）是发射机和接收机间的距离。从发射机到目标的距离是矢量 $\boldsymbol{r}_T$，从接收机到目标的距离是矢量 $\boldsymbol{r}_R$，双基角 β 是发射机到目标连线与接收机到目标连线之间的夹角。假设发射机视角（方位和仰角）是 (α_T, β_T)，接收机视角 (α_R, β_R) 可以从基线距离、目标距离以及与发射机有关的视角来获得。正角度定义为逆时针方向。因此，从接收机到目标的距离变为

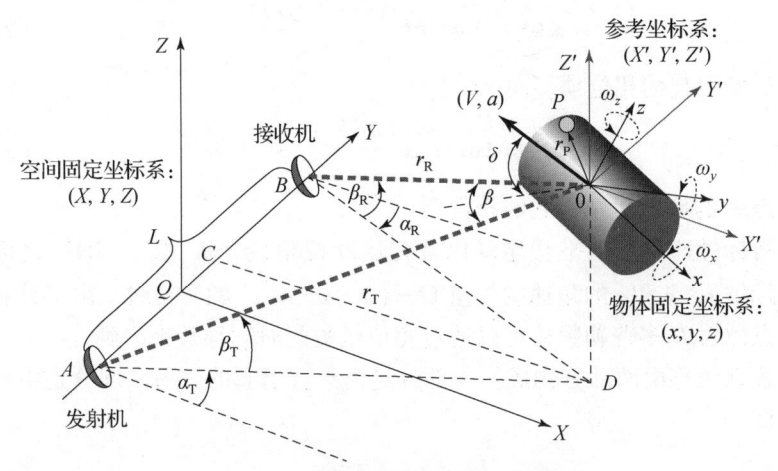

$$r_R = |\boldsymbol{r}_R| = (L^2 + r_T^2\cos^2\beta_T - 2r_T L\cos\beta_T\sin\alpha_T)^{1/2} \tag{2.102}$$

图 2.15 双基地雷达系统的三维构成

接收机视角为

$$\alpha_R = \tan^{-1}\left(\frac{L - r_T\cos\beta_T\sin\alpha_T}{r_T\cos\beta_T\cos\alpha_T}\right) \tag{2.103}$$

$$\beta_R = \tan^{-1}\left[\frac{r_T\sin\beta_T}{(L^2 + r_T^2\cos^2\beta_T - 2r_T L\cos\beta_T\sin\alpha_T)^{1/2}}\right] \tag{2.104}$$

从点目标 P 返回的接收信号可建模为

$$s_r^P(t) = \rho(\boldsymbol{r}_P)\exp\left\{j2\pi f\frac{|\boldsymbol{r}_T(t) + \boldsymbol{r}_P(t)| + |\boldsymbol{r}_R(t) + \boldsymbol{r}_P(t)|}{c}\right\} \tag{2.105}$$

式中：c 为电磁波传播速度。那么体目标的接收信号是整个目标点回波的体积分：

$$s_r(t) = \iiint_{\text{Target}} \rho(\boldsymbol{r}_P)\exp\left\{j2\pi f\frac{|\boldsymbol{r}_T(t) + \boldsymbol{r}_P(t)| + |\boldsymbol{r}_R(t) + \boldsymbol{r}_P(t)|}{c}\right\}d\boldsymbol{r}_P \tag{2.106}$$

接收信号中的相位项为

$$\Phi_P(t) = 2\pi f \frac{|\mathbf{r}_T(t) + \mathbf{r}_P(t)| + |\mathbf{r}_R(t) + \mathbf{r}_P(t)|}{c}$$

$$= 2\pi f \frac{r_T(t) + r_R(t) + [\mathbf{r}_T(t) + \mathbf{r}_R(t)] \cdot \mathbf{r}_P(t)}{c}$$

$$= 2\pi f \frac{r_T(t) + r_R(t)}{c} \cdot 2\pi f \frac{[\mathbf{r}_T(t) + \mathbf{r}_R(t)] \cdot \mathbf{r}_P(t)}{c}$$

$$= \Phi_V(t) \cdot \Phi_{\Omega,P}(t) \tag{2.107}$$

式中

$$\Phi_V(t) = 2\pi f \frac{r_T(t) + r_R(t)}{c} \tag{2.108}$$

是平移运动引起的相位项，而

$$\Phi_{\Omega,P}(t) = 2\pi f \frac{[\mathbf{r}_T(t) + \mathbf{r}_R(t)] \cdot \mathbf{r}_P(t)}{c} \tag{2.109}$$

是散射点 P 的旋转运动引起的相位项。

当目标做速度 V 的平移运动以及初始欧拉角 $(\varphi_0, \theta_0, \psi_0)$、围绕目标本地固定坐标轴 x，y 和 z 的角速度矢量 $\boldsymbol{\Omega} = (\omega_x, \omega_y, \omega_z)^T$ 的旋转时，由平移和旋转引起的点散射 P 多普勒频移可以通过相位函数的时间导数来得到。

多普勒频移由两部分构成：一部分是由平移引起的，另一部分是由旋转引起的，即

$$f_{D_{Bi}} = f_{D_{Trans}} + f_{D_{Rot}} \tag{2.110}$$

式中

$$f_{D_{Trans}} = \frac{f}{c} \frac{d}{dt}[r_T(t) + r_R(t)] \tag{2.111}$$

是平移引起的多普勒频移，而

$$f_{D_{Rot}} = \frac{2f}{c}[\boldsymbol{\Omega} \times \mathbf{r}_P(t)] \tag{2.112}$$

是旋转引起的多普勒频移，它通常是一个周期性的、时间的频率函数，分布在平移多普勒频率周围。

如果目标以速度 V 和加速度 a 移动，则沿着发射机到目标方向上的分量是

$$V_T = \mathbf{V} \cdot \frac{\mathbf{r}_T}{|\mathbf{r}_T|}; a_T = \mathbf{a} \cdot \frac{\mathbf{r}_T}{|\mathbf{r}_T|} \tag{2.113}$$

沿着接收机到目标方向上的分量为

$$V_R = \mathbf{V} \cdot \frac{\mathbf{r}_R}{|\mathbf{r}_R|}; a_R = \mathbf{a} \cdot \frac{\mathbf{r}_R}{|\mathbf{r}_R|} \tag{2.114}$$

于是，从发射机到移动目标的距离变为

$$r_{\mathrm{T}} = r_{\mathrm{T}_0} + V_{\mathrm{T}}t + \frac{1}{2}a_{\mathrm{T}}t^2 + \cdots \tag{2.115}$$

接收机到目标的距离为

$$r_{\mathrm{R}} = r_{\mathrm{R}_0} + V_{\mathrm{R}}t + \frac{1}{2}a_{\mathrm{R}}t^2 + \cdots \tag{2.116}$$

当目标有旋转时,其转角由初始角 θ_0 和旋转速率 Ω 决定:

$$\boldsymbol{\theta} = \boldsymbol{\theta}_0 + \boldsymbol{\Omega}t + \cdots \tag{2.117}$$

式中

$$\boldsymbol{\Omega} = (\omega_x, \omega_y, \omega_z) \tag{2.118}$$

因此,由平移运动引起的多普勒频移为

$$f_{D_{\mathrm{Tran}}} = \frac{f}{c}\frac{\mathrm{d}}{\mathrm{d}t}[r_{\mathrm{T}}(t) + r_{\mathrm{R}}(t)] = \frac{f}{c}[V_{\mathrm{T}} + V_{\mathrm{R}} + (a_{\mathrm{T}} + a_{\mathrm{R}})t] \tag{2.119}$$

由旋转引起的多普勒频移变成

$$f_{D_{\mathrm{Rot}}} = \frac{2\pi f}{c}\frac{\mathrm{d}}{\mathrm{d}t}\{[\mathbf{r}_{\mathrm{T}}(t) + \mathbf{r}_{\mathrm{R}}(t)] \cdot \mathbf{r}_{\mathrm{P}}(t)\} \tag{2.120}$$

所以双基地雷达的平移多普勒频移取决于3个因素[22-23]。第一个因素是当目标以速度 V 移动时的最大多普勒频移:

$$f_{D_{\mathrm{Max}}} = \frac{2f}{c}|V| \tag{2.121}$$

第二个因素与双基三角因子有关:

$$D = \cos\left(\frac{\alpha_{\mathrm{R}} - \alpha_{\mathrm{T}}}{2}\right) = \cos\left(\frac{\beta}{2}\right) \tag{2.122}$$

式中: $\beta = \alpha_{\mathrm{R}} - \alpha_{\mathrm{T}}$ 是双基角。

第三个因素与目标运动方向和二等分线方向之间的夹角 δ 有关:

$$C = \cos\delta \tag{2.123}$$

因此,双基多普勒频移变成

$$f_{D_{\mathrm{Bi}}} = f_{D_{\mathrm{Max}}}D \cdot C = \frac{2f}{c}|V|\cos\left(\frac{\beta}{2}\right)\cos\delta \tag{2.124}$$

类似于单基雷达情况下由径向速度引起的多普勒频移,双基雷达情况下,多普勒频移由目标的二等分速度引起。因为 $\cos(\beta/2)$ 总是小于1,所以多基地多普勒频移总是小于最大的单基地多普勒频移。

如果目标相对于发射机的径向速度很小或者等于零,则单基地雷达不能测量目标径向速度。根据式(2.124),相对于接收机的目标速度未必是零,所以双基地雷达能够测量运动目标的二等分速度。

正如单基地雷达中所定义的那样,双基地雷达情况下,两个目标可以在距离、多普勒频移和角度上分开。单基地雷达中的距离分辨率是 Δr_{Mono}，多普勒分辨率是 $\Delta f D_{\text{Mono}}$。对于双基地雷达来说，距离分辨率和多普勒分辨率二者都与双基角 β 有关。距离分辨率变为

$$\Delta r_{\text{Bi}} = \frac{1}{\cos(\beta/2)} \Delta r_{\text{Mono}} \tag{2.125}$$

多普勒分辨率为

$$\Delta f_{D_{\text{Bi}}} = \cos\left(\frac{\beta}{2}\right) \Delta f_{D_{\text{Mono}}} \tag{2.126}$$

如果双基角接近180°，这是前向散射雷达的情况。Cherniakov 讨论了前向散射雷达的优势和缺点[24]。对于双基角超过150°~160°的情况，双基 RCS 急剧增加。然而对于双基角接近180°的情况，$\cos(\beta/2) \to 0$。因此，双基距离分辨率丢失，也没有多普勒频率分辨率。

类似于由二等分速度产生的双基地多普勒频移，对于目标上的散射点 P，由于目标的旋转运动引起的双基地微多普勒频率也由其二等分分量确定[22]：

$$f_{\text{mD}_{\text{Bi}}}(t,P) = f_{D_{\text{Rot}}}(t,P) = \frac{2f}{c}[\boldsymbol{\Omega} \times \boldsymbol{r}_P(t)]_{\text{Bisector}} \tag{2.127}$$

初始欧拉角 $(\varphi_0, \theta_0, \psi_0)$、角速度矢量 $\boldsymbol{\Omega} = (\omega_x, \omega_y, \omega_z)^T$ 和散射点的位置 P 决定了总的微多普勒频移。

根据式（2.127），旋转目标的双站微多普勒频移可以表示为

$$f_{\text{mD}_{\text{Bi}}} = f_{\text{mD}_{\text{Max}}} \cos\left(\frac{\beta}{2}\right) \tag{2.128}$$

式中

$$f_{\text{mD}_{\text{Max}}} = \frac{2f}{c} \| \boldsymbol{\Omega} \times \boldsymbol{r}_P(t) \| \tag{2.129}$$

是单基地雷达所获得的最大微多普勒频率。

2.6 多基地微多普勒效应

多基地雷达结构具有多个发射机和接收机，分布在称为节点的多个位置上。它组合了在不同视角观察目标所得的多次测量结果来提取相关目标信息。多基地系统的任何一个独立节点可以同时具有发射机和接收机[24]。

在多基地雷达系统中，目标距离由一对发射机和接收机来决定，并通过发射和接收信号 ($r_{\text{bistatic}} = r_T + r_R = c \cdot \Delta t$) 间的时间延迟 Δt 来进行测量。然而，由双基地雷达测得的目标位置是不确定的，而且被约束在一个以发射机和接收机

为焦点的椭圆上。

多基地系统可以被看作多个双基地系统的组合。图 2.16 显示了具有 4 个发射机和 4 个接收机的多基地雷达系统。存在有总数为 $N_{\text{Channel}} = N_{\text{Trans}} \times N_{\text{Receiv}} = 16$ 的可能通道来形成多基地系统：4 个单基地系统和 12 个双基地系统。因为每个双基地系统提供了不同的目标视角，所以双基地系统将提供同时多视角的微多普勒效应[25]。

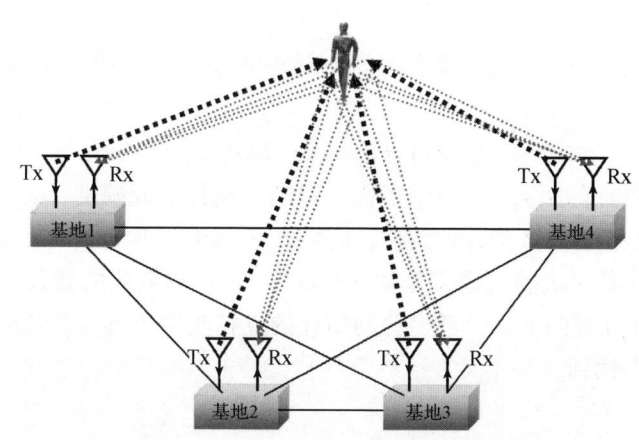

图 2.16 具有 4 个发射机和 4 个接收机的多基雷达系统

多基地系统的处理就是相参组合每一个双基地系统的接收信号，对随时间变化的目标位置建模，以及计算每个双基地系统中的相位变化 $\Phi_n(t)$。于是，所接收的基带信号可表示为

$$s_r(t) = \sum_{n=1}^{N} A_n \exp\{-j\Phi_n(t)\} = \sum_{n=1}^{N} A_n \exp\left\{-j\frac{2\pi f[r_{T,n}(t) + r_{R,n}(t)]}{c}\right\}$$

(2.130)

式中：A_n 为幅度，$\Phi_n(t)$ 为第 n 个通道中信号的相位函数；$r_{T,n}(t) = \| r_{T,n}(t) \|$ 为从第 n 个发射机到目标的距离；$r_{R,n}(t) = \| r_{R,n}(t) \|$ 为从目标到第 n 个接收机的距离。

如果目标上的散射点 P 有旋转，则如式（2.127）导出的一样，旋转引起的微多普勒频率给出如下：

$$f_{\text{mD}_{\text{Bi}}}(t,P) = f_{\text{D}_{\text{Ror}}}(t,P) = \frac{2f}{c}[\boldsymbol{\Omega} \times \boldsymbol{r}_P(t)]_{\text{Bisector}} \quad (2.131)$$

因此，散射点 P 的多基地雷达的微多普勒频率可以通过取组合基带信号的时间导数来得到

$$f_{\text{mD}_{\text{Multi}}}(t,P) = \sum_{n=1}^{N} A_n f_{\text{mD}_{\text{Bi}}}(t,P) \quad (2.132)$$

在多基地结构中，每个节点具有其自己的目标视角。多基地拓扑结构决定了多基地微多普勒特性。节点数量和这些节点间的角度分离决定了 P 点总的微多普勒特征。

2.7 微多普勒估计的 Cramer – Rao（克拉美罗）界

在相参雷达系统中，微多普勒调制被嵌在雷达回波中。距离轮廓可以表示为

$$r(t) = R_0 + d \cdot \cos\omega_{mD} t \tag{2.133}$$

式中：R_0 为目标的距离；d 为微多普勒调制的偏移量或幅度；ω_{mD} 为微多普勒调制频率。为了估计微多普勒频移，信噪比（SNR）、时间样本总数（N）、微多普勒调制频率（ω_{mD}）、微多普勒调制偏移（d）和载频的波长（λ）决定了微多普勒估计处理的下界。微多普勒估计的克拉美罗下界（CRLB）可以在文献[26–27]中找到。

参考文献

[1] Goldstein, H., *Classical Mechanics*, 2nd ed., Reading, MA: Addison-Wesley, 1980.

[2] Murray, R. M., Z. Li, and S. S. Sastry, *A Mathematical Introduction to Robotic Manipulation*, Boca Raton, FL: CRC Press, 1994.

[3] Wittenburg, J., *Dynamics of Systems of Rigid Bodies*, Stuttgart: Teubner, 1977.

[4] Kuipers, J. B., *Quaternions and Rotation Sequences*, Princeton, NJ: Princeton University Press, 1999.

[5] Mukundand, R., "Quaternions: From Classical Mechanics to Computer Graphics, and Beyond," *Proc. of 7th Asian Technology Conference in Mathematics (ATCM)*, 2002, pp. 97–106.

[6] Shoemake, K., "Animating Rotation with Quaternion Curves," *ACM Computer Graphics*, Vol. 19, No. 3, 1985, pp. 245–254.

[7] Klumpp, A. R., "Singularity-Free Extraction of a Quaternion from a Direction-Cosine Matrix," *Journal of Spacecraft and Rockets*, Vol. 13, 1976, pp. 754–755.

[8] Géradin, M., and A. Cardona, *Flexible Multibody Dynamics: A Finite Element Approach*, New York: John Wiley & Sons, 2001.

[9] Shabana, A. A., *Dynamics of Multibody Systems*, 3rd ed., Cambridge, U.K.: Cambridge University Press, 2005.

[10] Magnus, K., *Dynamics of Multibody Systems*, New York: Springer-Verlag, 1978.

[11] Knott, E. F., J. F. Schaffer, and M. T. Tuley, *Radar Cross Section*, 2nd ed., Norwood, MA: Artech House, 1993.

[12] Ruck, G. T., et al., *Radar Cross Section Handbook*, New York: Plenum Press, 1970.

[13] Jenn, D., "Radar Cross-Section," in *Encyclopedia of RF and Microwave Engineering*, K. Chang, (ed.), New York: John Wiley & Sons, 2005.

[14] Ling, H., K. Chou, and S. Lee, "Shooting and Bouncing Rays: Calculating the RCS of an Arbitrarily Shaped Cavity," *IEEE Transactions on Antennas and Propagation*, Vol. 37, No. 2, 1989, pp. 194–205.

[15] Kunz, K., and R. Luebbers, *The Finite-Difference Time Domain Method for Electromagnetics*, Boca Raton, FL: CRC Press, 1993.

[16] Chatzigeorgiadis, F., and D. Jenn, "A MATLAB Physical-Optics RCS Prediction Code," *IEEE Antennas and Propagation Magazine*, Vol. 46, No. 4, 2004, pp. 137–139.

[17] Chatzigeorgiadis, F., "Development of Code for Physical Optics Radar Cross Section Prediction and Analysis Application," Master's Thesis, Naval Postgraduate School, Monterey, CA, September 2004.

[18] Cooper, J., "Scattering by Moving Bodies: The Quasi-Stationary Approximation," *Mathematical Methods in the Applied Sciences*, Vol. 2, No. 2, 1980, pp. 131–148.

[19] Kleinman, R. E., and R. B. Mack, "Scattering by Linearly Vibrating Objects," *IEEE Transactions on Antennas and Propagation*, Vol. 27, No. 3, 1979, pp. 344–352.

[20] Van Bladel, J., "Electromagnetic Fields in the Presence of Rotating Bodies," *Proc. of the IEEE*, Vol. 64, No. 3, 1976, pp. 301–318.

[21] Chen, V. C., et al., "Micro-Doppler Effect in Radar: Phenomenon, Model, and Simulation Study," *IEEE Transactions on Aerospace and Electronics Systems*, Vol. 42, No. 1, 2006, pp. 2–21.

[22] Chen, V. C., A. des Rosiers, and R. Lipps, "Bi-Static ISAR Range-Doppler Imaging and Resolution Analysis," *IEEE Radar Conference*, Pasadena, CA, May 2009.

[23] Willis, N. J., *Bistatic Radar*, 2nd ed., Raleigh, NC: SciTech Publishing, 2005.

[24] Chernyak, V. S., *Fundamentals of Multisite Radar Systems: Multistatic Radars and Multiradar Systems*, Amsterdam, the Netherlands: Gordon and Breach Scientific Publishers, 1998.

[25] Chen, V. C., et al., "Radar Micro-Doppler Signatures for Characterization of Human Motion," Chapter 15 in *Through-the-Wall Radar Imaging*, M. Amin, (ed.), Boca Raton, FL: CRC Press, 2010.

[26] Rao, C. R., "Information and Accuracy Attainable in the Estimation of Statistical Parameters," *Bull. Calcutta Math. Soc.*, No. 37, 1945, pp. 81–91.

[27] Setlur, P., M. Amin, and F. Ahmad, "Optimal and Suboptimal Micro-Doppler Estimation Schemes Using Carrier Diverse Doppler Radars," *Proc. of the IEEE International Conference on Acoustics, Speech and Signal Processing*, Taipei, Taiwan, 2009.

附录 2A

对于任何矢量 $\boldsymbol{u} = [u_x, u_y, u_z]^T$，斜对称矩阵定义为

$$\hat{u} = \begin{bmatrix} 0 & -u_z & u_y \\ u_z & 0 & -u_x \\ -u_y & u_x & 0 \end{bmatrix} \tag{2A.1}$$

两个矢量 $\boldsymbol{u}$ 和 $\boldsymbol{r}$ 的交叉积可以通过矩阵计算来获得

$$\boldsymbol{p} = \boldsymbol{u} \times \boldsymbol{r} = \begin{bmatrix} u_y r_z - u_z r_y \\ u_z r_x - u_x r_z \\ u_x r_y - u_y r_x \end{bmatrix} = \begin{bmatrix} 0 & -u_z & u_y \\ u_z & 0 & -u_x \\ -u_y & u_x & 0 \end{bmatrix} \cdot \begin{bmatrix} r_x \\ r_y \\ r_z \end{bmatrix} = \hat{u} \cdot \boldsymbol{r} \tag{2A.2}$$

交叉积的定义在分析特殊正交矩阵组（称为 $SO(3)$ 组或三维旋转矩阵）时非常有用，具体定义为

$$SO(3) = \{R \in \boldsymbol{R}^{3 \times 3} \mid R^T R = I, \det(R) = +1\} \tag{2A.3}$$

计算约束 $R(t)R^T(t) = I$ 对时间 t 的导数，得到微分方程如下：

$$\dot{R}(t)R^T(t) + R(t)\dot{R}^T(t) = 0 \tag{2A.4}$$

或

$$\dot{R}(t)R^T(t) = -[\dot{R}(t)R^T(t)]^T \tag{2A.5}$$

结果反映了矩阵 $\dot{R}(t)R^T(t) \in \boldsymbol{R}^{3 \times 3}$ 是斜对称矩阵的事实。因此，必然存在一个矢量 $\boldsymbol{\omega} \in \boldsymbol{R}^3$，有

$$\hat{\omega} = \dot{R}(t)R^T(t) \tag{2A.6}$$

用 $R(t)$ 乘以上式两边正好得到

$$\dot{R}(t) = \hat{\omega} R(t) \tag{2A.7}$$

假设矢量 $\boldsymbol{\omega} \in \boldsymbol{R}^3$ 是常数，根据线性常微分方程（ODE），方程的解变为

$$R(t) = \exp\{\hat{\omega}t\} R(0) \tag{2A.8}$$

式中 $\exp\{\hat{\omega}t\}$ 是矩阵指数，

$$\exp\{\hat{\omega}t\} = I + \hat{\omega}t + \frac{(\hat{\omega}t)^2}{2!} + \cdots + \frac{(\hat{\omega}t)^n}{n!} + \cdots$$

假设初始条件：$R(0) = I$，则式（2A.8）变为

$$R(t) = \exp\{\hat{\omega}t\} \tag{2A.9}$$

因此，可以确认矩阵 $\exp\{\hat{\omega}t\}$ 的确是一个旋转矩阵。由于

$$[\exp(\omega t)]^{-1} = \exp(-\hat{\omega}t) = \exp(\hat{\omega}^T t) = [\exp(-\hat{\omega}t)]^T \tag{2A.10}$$

因此，$[\exp(\hat{\boldsymbol{\omega}}t)]^T \cdot \exp(\hat{\boldsymbol{\omega}}t) = I$，据此我们得出 $\det\{\exp(\hat{\boldsymbol{\omega}}t)\} = \pm 1$。

更进一步，有

$$\det\{\exp(\hat{\boldsymbol{\omega}}t)\} = \det\left\{\exp\left(\frac{\hat{\boldsymbol{\omega}}t}{2}\right) \cdot \exp\left(\frac{\hat{\boldsymbol{\omega}}t}{2}\right)\right\} = \left[\det\left\{\exp\left(\frac{\hat{\boldsymbol{\omega}}t}{2}\right)\right\}\right]^2 \geq 0 \quad (2A.11)$$

它表明 $\det\{\exp(\hat{\boldsymbol{\omega}}t)\} = \pm 1$。因此，矩阵 $R(t) = \exp\{\hat{\boldsymbol{\omega}}t\}$ 是三维旋转矩阵。令 $\Omega = \|\boldsymbol{\omega}\|$，式 $R(t) = \exp\{\hat{\boldsymbol{\omega}}t\}$ 的物理解释简单来说就是围绕轴 $\boldsymbol{\omega} \in \boldsymbol{R}^3$ 以 $\Omega \cdot t$ 弧度的速率进行旋转。如果旋转轴和标量角速度由矢量 $\boldsymbol{\omega} \in \boldsymbol{R}^3$ 给定，则旋转矩阵可以计算得出：在时间 t，$R(t) = \exp\{\hat{\boldsymbol{\omega}}t\}$。

Rodrigues 公式是计算旋转矩阵 $R(t) = \exp\{\hat{\boldsymbol{\omega}}t\}$ 的一种有效途径。给定 $\boldsymbol{\omega}' \in \boldsymbol{R}^3$，且 $\|\boldsymbol{\omega}'\| = 1$ 和 $\boldsymbol{\omega} = \Omega \cdot \boldsymbol{\omega}'$，易证可以采用下式来降低$\hat{\boldsymbol{\omega}}'$的幂：

$$\hat{\boldsymbol{\omega}}'^3 = -\hat{\boldsymbol{\omega}}' \quad (2A.12)$$

于是指数级数

$$\exp(\hat{\boldsymbol{\omega}}t) = I + \hat{\boldsymbol{\omega}}t + \frac{(\hat{\boldsymbol{\omega}}t)^2}{2!} + \cdots + \frac{(\hat{\boldsymbol{\omega}}t)^n}{n!} + \cdots \quad (2A.13)$$

可以简化为

$$\exp(\hat{\boldsymbol{\omega}}t) = I + \left(\Omega t - \frac{(\Omega t)^3}{3!} + \frac{(\Omega t)^5}{5!} - \cdots\right)\hat{\boldsymbol{\omega}}' + \left(\frac{(\Omega t)^2}{2!} - \frac{(\Omega t)^4}{4!} + \frac{(\Omega t)^6}{6!} - \cdots\right)\hat{\boldsymbol{\omega}}'^2$$
$$= I + \hat{\boldsymbol{\omega}}'\sin\Omega t + \hat{\boldsymbol{\omega}}'^2(1 - \cos\Omega t) \quad (2A.14)$$

因此

$$R(t) = \exp(\hat{\boldsymbol{\omega}}t) = I + \hat{\boldsymbol{\omega}}'\sin\Omega t + \hat{\boldsymbol{\omega}}'^2(1 - \cos\Omega t) \quad (2A.15)$$

第 3 章 刚体运动的微多普勒效应

刚体是一种不会形变（即物体内任意两个颗粒间的距离在运动时保持不变）的理想固体。物体的几何形状通常用它的位置和方向来描述。位置由物体内的参考点（例如，质心或形心）的位置确定。方向由物体的角位置决定。因此，刚体的运动用它的运动学和动力学量描述，例如，线性的和角度的速度、线性的和角度的加速度、线性的和角度的动量以及物体的动能。如第 2 章所述，刚体的方向可以用三维（3D）欧几里得空间中的一组欧拉角，或一个旋转矩阵（称为方向余弦矩阵），或一个四元数来表示。

刚体运动时，它的位置和方向都会随时间变化。物体的平移和旋转是相对于参考坐标系测量的。在刚体中，物体的所有颗粒都以相同的平移速度运动。然而，当旋转时，物体的所有颗粒（位于旋转轴上的颗粒除外）都会改变它们的位置。因此，物体内任意两个颗粒的线性速度可能不同，所有颗粒的角速度均相同。

当物体发生平移和（或）旋转运动时，物体产生的雷达散射会在幅度和相位上受到调制。理论分析表明，物体运动可以调制散射电磁（EM）波的相位函数。如果物体周期性振荡，这种调制会在入射波频率附近生成边带频率。

为了将任意物体的运动纳入电磁仿真中，首先，必须使用物体的运动微分方程和旋转矩阵来确定物体的轨迹和方向；然后，使用准静态方法，将物体的运动视为在各时刻拍摄的一系列快照；最后，利用适合的 RCS 预测方法来估算散射电磁场。

最简单的电磁散射机理模型是点散射模型。使用这个模型，物体被定义为用点散射体表征的 3D 反射密度函数。这是一种相当直接的将物体运动纳入点散射体模型仿真的方法。

另一种简单的雷达横截面（RCS）建模方法是将物体分解为典型的几何构件，例如，球体、椭球体或圆柱体。每个典型构件的 RCS 可以用数学公式来表示。

一种更加准确的 RCS 建模方法是物理光学（PO）模型。这是一种简单又方便的 RCS 预测方法，适用于任何三维物体。

第3章 刚体运动的微多普勒效应

本章将介绍振荡钟摆、旋转的旋翼叶片、自旋对称陀螺和风力涡轮机等典型例子。钟摆振荡是理解非线性运动动力学基本原理的常用例子。旋转的直升机旋翼叶片是雷达目标特征分析中最流行的主题之一。自旋对称陀螺具有更复杂的非线性运动，表现出了比其他刚体运动更有趣的特征。风力涡轮机已对当前的雷达系统构成了挑战，大量的风电场和涡轮叶片的大 RCS 会对雷达性能产生显著影响。在本章中，将介绍非线性运动动力学建模、刚体 RCS 建模、旋转刚体的雷达散射数学模型和典型刚体的微多普勒特征，并提供 MATLAB 模拟非线性运动和雷达后向散射的细节。

3.1 钟摆振荡

钟摆振荡是帮助理解非线性运动动力学基本原理的常见例子。将一个加重的小摆锤系在无重量细绳的一端，细绳的另一端固定在轴点上，这样就构成了一个简单的摆锤模型，如图 3.1 所示。在重力 $g = 9.80665 \text{m/s}^2$ 的作用下，小摆锤围绕一个固定的水平轴周期性地来回摆动。这个固定水平轴沿 y 轴方向并位于 $(x=0, z=0)$ 上。在一种稳定的平衡状态下，钟摆的质心正好位于旋转轴下方 $(x=0, y=0, z=L)$，其中，L 是细绳的长度。

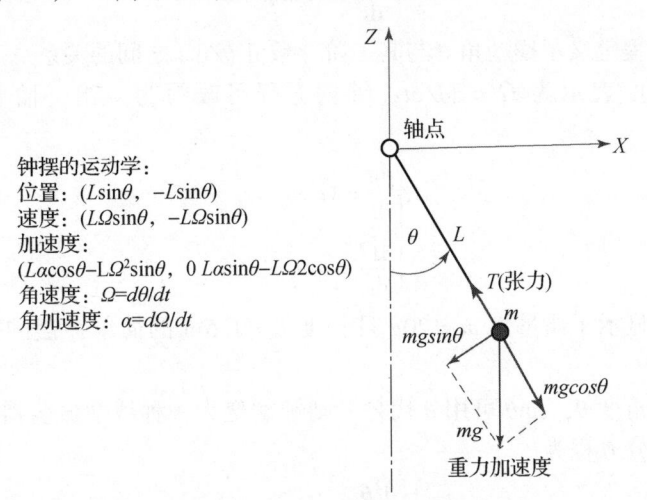

钟摆的运动学：
位置：$(L\sin\theta, -L\sin\theta)$
速度：$(L\Omega\sin\theta, -L\Omega\sin\theta)$
加速度：
$(L\alpha\cos\theta - L\Omega^2\sin\theta,\ 0\ L\alpha\sin\theta - L\Omega2\cos\theta)$
角速度：$\Omega = d\theta/dt$
角加速度：$\alpha = d\Omega/dt$

图 3.1 一个简单的钟摆

3.1.1 建模钟摆的非线性运动动态

牛顿第二定律指出作用于钟摆上的总力等于钟摆的质量与其加速度的乘

积。如果钟摆最初与其稳定位置偏离了一个摆动角 θ，则有两个力作用于钟摆的质心：向下的重力 mg 和绳子的张力 T，其中，m 是钟摆的质量，g 是重力加速度。然而，由于张力的作用线通过轴点，因此张力对扭矩无贡献。根据简单的三角学关系，重力的作用线从距离轴点 $L\sin\theta$ 处通过。因此，重力扭矩的大小为 $mgL\sin\theta$。重力扭矩是一种复原力矩（即如果钟摆的质心稍微偏离其在 $\theta = 0$ 处的平衡状态，那么重力就会将钟摆拉回到它的平衡状态）。

根据牛顿第二运动定律，净力矩是 $I(\mathrm{d}^2\theta/\mathrm{d}^2 t)$，其中，$I$ 是惯性力矩，$(\mathrm{d}^2\theta/\mathrm{d}^2 t)$ 是角加速度。如果作用于系统上的力矩是 τ，则 $\tau = I(\mathrm{d}^2\theta/\mathrm{d}^2 t)$ 就是角运动方程。给定绳长为 L 且钟摆质量为 m，则绕轴的惯性力矩为

$$I = mL^2 \tag{3.1}$$

矢量扭矩 $\boldsymbol{\tau}$ 是位置矢量 $\boldsymbol{L}$ 和重力矢量 $m\boldsymbol{g}$ 的积（即 $\boldsymbol{\tau} = \boldsymbol{L} \times m\boldsymbol{g}$）。扭矩大小为

$$\tau = Lmg\sin\theta \tag{3.2}$$

且钟摆上的净扭矩为

$$-Lmg\sin\theta = I\frac{\mathrm{d}^2\theta}{\mathrm{d}t^2} = mL^2\frac{\mathrm{d}^2\theta}{\mathrm{d}t^2} \tag{3.3}$$

最后，钟摆方程变为

$$mL\frac{\mathrm{d}^2\theta}{\mathrm{d}t^2} = -mg\sin\theta \tag{3.4}$$

这个方程定义了摆动角 θ 与其二阶导数 $\mathrm{d}^2\theta/\mathrm{d}^2 t$ 之间的关系。

将角速度表示为 $\Omega = \mathrm{d}\theta/\mathrm{d}t$，钟摆方程可改写为一组一阶常微分方程 (ODE)：

$$\begin{cases} \dfrac{\mathrm{d}\theta}{\mathrm{d}t} = \Omega \\ \dfrac{\mathrm{d}\Omega}{\mathrm{d}t} = -\dfrac{g}{L}\sin\theta \end{cases} \tag{3.5}$$

图 3.2 显示了质量为 $m = 20\mathrm{g}$ 且长度 $L = 1.5\mathrm{m}$ 的简单钟摆的摆动角和角速度。

对于小角度 θ，$\sin\theta$ 可用 θ 代替，则钟摆变为一种线性振荡器。因此，钟摆运动的微分方程为

$$\frac{\mathrm{d}^2\theta}{\mathrm{d}t^2} + \omega_0^2\theta \cong 0 \tag{3.6}$$

式中：$\omega_0 = (g/L)^{1/2}$ 是钟摆振荡的角频率。式（3-6）是一个谐波方程且摆动角的解为

$$\theta(t) = \theta_0\sin\omega_0 t \tag{3.7}$$

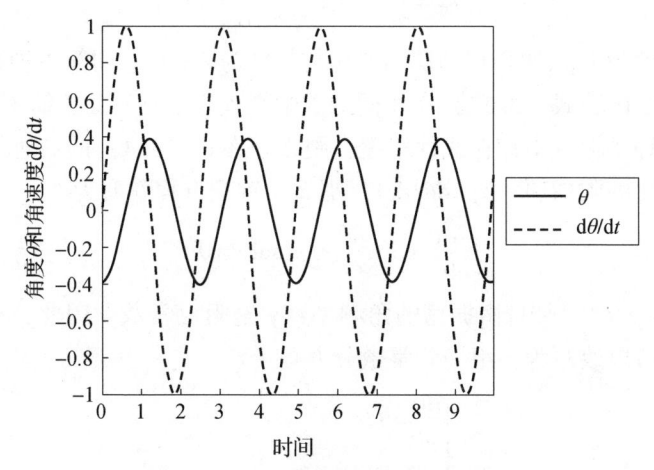

图 3.2 简单钟摆的振荡角和角速度

且它的角速度为

$$\Omega(t) = \frac{d\theta(t)}{dt} = \theta_0 \omega_0 \cos\omega_0 t \qquad (3.8)$$

式中：θ_0 是钟摆的初始摆动角，称为初始振幅。

对于给定的初始振幅 θ_0，钟摆振荡的周期为

$$T_0 = 2\pi \frac{1}{\omega_0} = 2\pi \sqrt{\frac{L}{g}} \left(1 + \frac{1}{4}\sin^2\frac{\theta_0}{2} + \frac{9}{64}\sin^4\frac{\theta_0}{2} + \cdots \right) \qquad (3.9)$$

对于小的初始振幅 θ_0，振荡周期为

$$T_0 = 2\pi \sqrt{\frac{L}{g}} \qquad (3.10)$$

或振荡频率是 $f_0 = 1/T_0$。

假定钟摆系绳无重量且摆锤很小，因而角动量可忽略不计。然而，物理上的钟摆可能有较大的尺寸和质量。因此，它可能具有显著的惯性力矩 I。

根据式（3.3），物钟钟摆方程可以写为

$$I \frac{d^2\theta}{dt^2} = -mgL_{\text{effect}} \sin\theta \qquad (3.11)$$

式中：L_{effect} 是物理钟摆的有效长度；公式右边是重力的净力矩。物钟钟摆方程可以简单表示为

$$\frac{d^2\theta}{dt^2} + \omega_0^2 \sin\theta = 0 \qquad (3.12)$$

式中：$\omega_0^2 = mgL_{\text{effect}}/I$ 是物理钟摆的角频率。因此，物理钟摆的摆动周期变为

$$T_0 = \frac{2\pi}{\omega_0} = 2\pi\sqrt{\frac{I}{mgL_{\text{effect}}}} \tag{3.13}$$

有效长度为 L_{effect} 的物理钟摆的方程与长度为 $L = L_{\text{effect}}$ 的简单钟摆的方程相同。物理钟摆的公式（3.12）用相同的数学方程表示且等效于简单钟摆。

如果在钟摆振荡中存在线性摩擦，则必须在式（3.4）的右边加上一个与角速度成正比的附加项 $-2\gamma(\mathrm{d}\theta/\mathrm{d}t)$。那么，钟摆方程就变为

$$\frac{\mathrm{d}^2\theta}{\mathrm{d}t^2} + 2\gamma\frac{\mathrm{d}\theta}{\mathrm{d}t} + \omega_0^2\sin\theta = 0 \tag{3.14}$$

式中：$\omega_0 = (g/L)^{1/2}$ 是自由振荡的角频率；γ 是阻尼常数。因此，有线性摩擦的钟摆方程可以改写为一组一阶常微分方程

$$\begin{cases} \dfrac{\mathrm{d}\theta}{\mathrm{d}t} = \Omega \\ \dfrac{\mathrm{d}\Omega}{\mathrm{d}t} + 2\gamma\Omega = -\dfrac{g}{L}\sin\theta \end{cases} \tag{3.15}$$

对于小角度 θ，$\sin\theta \approx \theta$，且钟摆方程近似为

$$\frac{\mathrm{d}^2\theta}{\mathrm{d}t^2} + 2\gamma\frac{\mathrm{d}\theta}{\mathrm{d}t} + \omega_0^2\sin\theta = 0 \tag{3.16}$$

如果摩擦弱，$\gamma < \omega_0$，则式（3.16）的解为

$$\theta(t) = \theta_0 \mathrm{e}^{-\gamma t}\cos(\omega t + \varphi_0) \tag{3.17}$$

式中：θ_0 是初始振幅；φ_0 是初始相位，取决于初始激励；指数项 $\theta_0\exp(-\gamma t)$ 是衰减因子。振荡的角频率 ω 表示为：$\omega = \sqrt{\omega_0^2 - \gamma^2} = \omega_0\sqrt{1 - (\gamma/\omega_0)^2}$。当 $\gamma < \omega_0$ 时，角振荡的频率和周期变为

$$\omega \approx \omega_0 - \gamma^2/(2\omega_0)$$
$$T \approx T_0[1 + \gamma^2/(2\omega_0^2)] \tag{3.18}$$

接近于自由振荡的频率 ω_0 和周期 T_0。

图 3.3（a）显示了阻尼常数 $\gamma = 0.07$ 且 $\omega_0 = (g/L)^{1/2} = 2.56$ 的阻尼钟摆的摆动角和角速度。

如果钟摆振荡中存在阻尼效应以及驱动力，则钟摆方程必须修正为

$$\frac{\mathrm{d}^2\theta}{\mathrm{d}t^2} + 2\gamma\frac{\mathrm{d}\theta}{\mathrm{d}t} + \frac{g}{L}\sin\theta = \frac{A_{\text{Dr}}}{mL}\cos(2\pi f_{\text{Dr}}t) \tag{3.19}$$

式中：γ 为阻尼常数；A_{Dr} 为驱动振幅；f_{Dr} 为驱动频率。

如果假设角速度为 $\Omega = \mathrm{d}\theta/\mathrm{d}t$，则存在摩擦和驱动力的钟摆方程可改写成一组一阶常微分方程

$$\begin{cases} \dfrac{\mathrm{d}\theta}{\mathrm{d}t} = \Omega \\ \dfrac{\mathrm{d}\Omega}{\mathrm{d}t} + 2\gamma\Omega = -\dfrac{g}{L}\sin\theta + \dfrac{A_{\mathrm{Dr}}}{mL}\cos(2\pi f_{\mathrm{Dr}}t) \end{cases} \qquad (3.20)$$

图 3.3（b）显示了阻尼驱动钟摆的摆动角和角速度，在此，阻尼常数 $\gamma = 0.07$，驱动振幅 $A_{\mathrm{Dr}} = 15$，且归一化驱动频率 $f_{\mathrm{Dr}} = 0.2$。

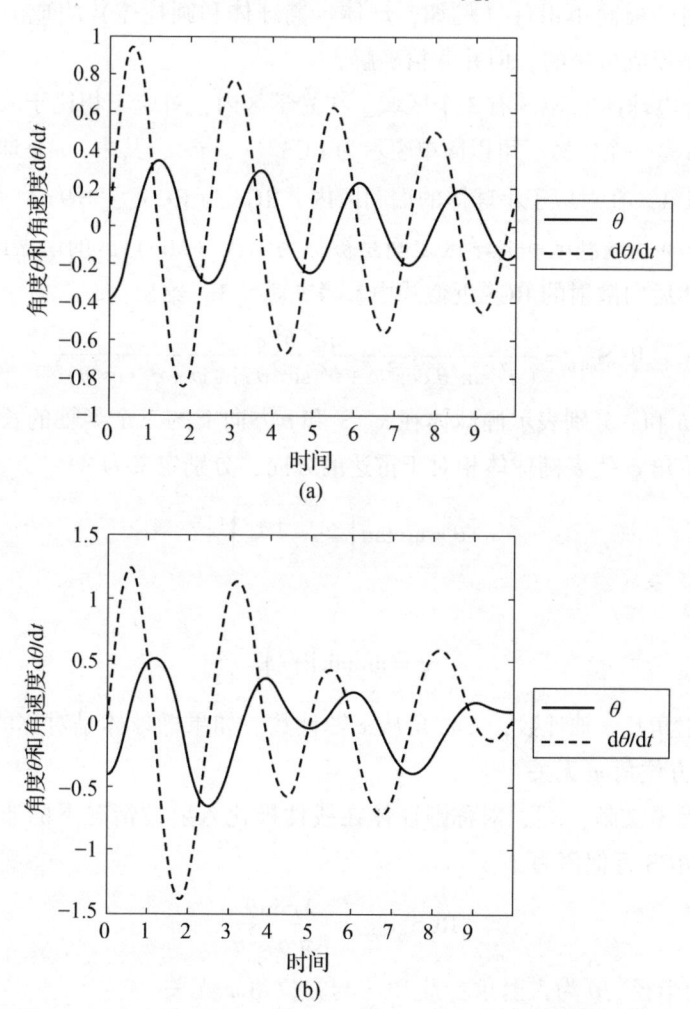

图 3.3 （a）阻尼钟摆的摆动角和角速度；（b）阻尼驱动钟摆的摆动角和角速度

3.1.2 建模钟摆的 RCS

RCS 衡量了物体的反射强度，它是物体方向和雷达发射频率的函数。钟摆的小摆锤具有简单的几何形状（例如，球体、椭球体或圆柱体），而简单几何形状的 RCS 可以用数学公式来表示。

高频 RCS 预测方法和准确的 RCS 预测公式可以参见 Knott、Shaeffer 和 Tuley 编写的著作[1]。本书所用的雷达后向散射计算机模拟并不是准确的 RCS 预测，而是基于近似的和简化的复散射解[2]，采用了最简组件法，即物体是由有限数目的最简单组件（例如，球体、椭球体和圆柱体）组成的。最简组件的公式是现成可用的，但并非精确解。

完美导电球体的 RCS 有 3 个区域。在光学区内，对应于相比于波长较大的球体，RCS 是一个常数，可以简单表示为 $RCS_{sphere} = \pi r^2$，其中，r 是球体半径且远大于波长 λ。在对应于小球体的瑞利区内，RCS 为 $RCS_{sphere} = 9\pi r^2 (kr)^4$，其中，$k = 2\pi/\lambda$。瑞利区和光学区之间是被称为米氏（Mie）区的谐振区[1,3]。

椭球体后向散射的 RCS 近似式由参考文献 [3] 给出：

$$RCS_{ellip} = \frac{\pi a^2 b^2 c^2}{(a^2 \sin^2\theta \cos^2\varphi + b^2 \sin^2\theta \sin^2\varphi + c^2 \cos^2\theta)^2} \qquad (3.21)$$

式中：a、b 和 c 分别表示椭球体在 x、y 和 z 方向上的三个半轴的长度。入射角 θ 和方位角 φ 代表椭球体相对于雷达的方向，分别定义为

$$\theta = \arctan\left(\frac{\sqrt{x^2 + y^2}}{z}\right) \qquad (3.22)$$

和

$$\varphi = \arctan\left(\frac{y}{x}\right) \qquad (3.23)$$

式中：入射角从 z 轴计数；方位角从 x 轴计数。如果椭球体是对称的（$a = b$），则 RCS 与方位角 φ 无关。

根据参考文献 [3]，对称圆柱体在线性极化入射波情况下的非正态入射后向散射 RCS 近似值为

$$RCS_{cylinder} = \frac{\lambda r \sin\theta}{8\pi \cos^2\theta} \qquad (3.24)$$

式中：r 为半径；θ 为入射角；且 RCS 与方位角 φ 无关。

这些 RCS 公式可用于模拟振荡钟摆的雷达后向散射。

3.1.3　振荡钟摆的雷达后向散射

为了计算振荡钟摆的雷达后向散射，常微分方程被用于求解摆动角和角速

度。因此，在雷达观测时间间隔内的各个时刻上都可以确定钟摆的位置。基于钟摆的位置和方向，可以计算出钟摆的 RCS 和雷达接收信号。

如果雷达发射一串矩形窄脉冲，该脉冲串的发射频率为 f_c、脉宽为 Δ 且脉冲重复间隔为 ΔT，那么，雷达接收到的基带信号为

$$s_B(t) = \sum_{k=1}^{n_P} \sqrt{\sigma_P(t)} \mathrm{rect}\left\{t - k\Delta T - \frac{2R_P(t)}{c}\right\}\exp\left\{-\mathrm{j}2\pi f_c \frac{2R_P(t)}{c}\right\} \tag{3.25}$$

式中：$\sigma_P(t)$ 是小摆锤在时间 t 上的 RCS；n_P 是接收到的脉冲总数；$R_P(t)$ 是在时间 t 上雷达到小摆锤的距离；且矩形函数 rect 定义为

$$\mathrm{rect}(t) = \begin{cases} 1 & 0 \leq t \leq \Delta \\ 0 & \text{其他} \end{cases} \tag{3.26}$$

在雷达位置给定为 $(x=10\mathrm{m}, y=0\mathrm{m}, z=0\mathrm{m})$ 时，钟摆轴点假设为 $(x=0\mathrm{m}, y=0\mathrm{m}, z=2\mathrm{m})$。系绳长度为 $L=1.5\mathrm{m}$，小摆锤的质量为 20g。存在阻尼和驱动的情况下，假设阻尼常数为 $\gamma=0.07$，驱动振幅 $A_{\mathrm{Dr}}=15$，且归一化驱动频率为 $f_{\mathrm{Dr}}=0.2$。雷达和钟摆的几何关系见图 3.4。

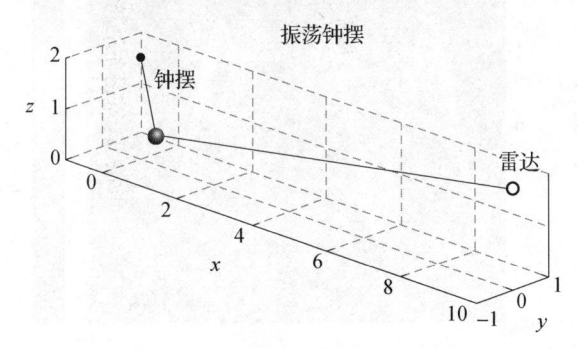

图 3.4 雷达和钟摆的几何关系

式（3.5）、式（3.15）和式（3.20）分别用于计算简单钟摆、阻尼钟摆以及阻尼和驱动钟摆的摆动角和角速度。在钟摆的旋转矩阵中，仅有俯仰角会变化，而横滚角和偏航角始终为零。因为小摆锤可以被看作是一个点散射体，所以它的 RCS 用点散射体模型进行模拟。在排列了 n_P 个距离像之后，可以得到二维（2D）脉冲-距离像。图 3.5（a）显示了简单的振荡钟摆的二维距离像，其中，雷达波长在 X 波段为 0.03m。在距离雷达约 10m 处可以看到振荡的小摆锤。

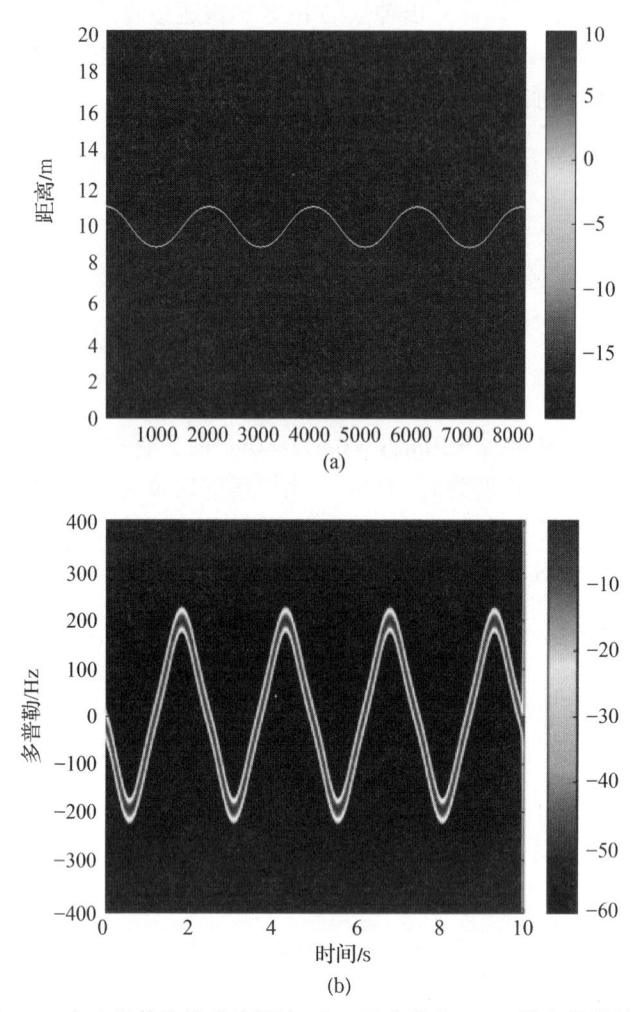

图 3.5 自由振荡的简单钟摆的 (a) 距离像和 (b) 微多普勒特征

3.1.4 振荡钟摆产生的微多普勒特征

图 3.5 (b) 所示的简单振荡钟摆的微多普勒特征是将约 10m 的距离波门内的所有距离像进行求和而得到的,此时,小摆锤在雷达观测区间内。用来生成该特征的联合时-频变换是简单的短时傅里叶变换(STFT),也可使用其他更高分辨率的时-频变换,例如,平滑的伪 Wigner – Ville 分布。

为了与简单钟摆的微多普勒特征做对比,图 3.6 显示了阻尼钟摆及阻尼和驱动钟摆的微多普勒特征,在此,$L = 1.5\text{m}$,$m = 20\text{g}$,$\gamma = 0.07$,$A_{\text{Dr}} = 15$,且 $f_{\text{Dr}} = 0.2$。

根据图 3.6(a)中的微多普勒特征,可测得振荡频率为 0.4Hz。阻尼常数 γ 根据 10s 观测时间内多普勒调制振幅的变化测得。在 10s 时间区间内测出的多普勒调制振幅变化为 101Hz/202Hz,因此阻尼常数估算为

$$\gamma = -\log_e(101/202)/10 = 0.069$$

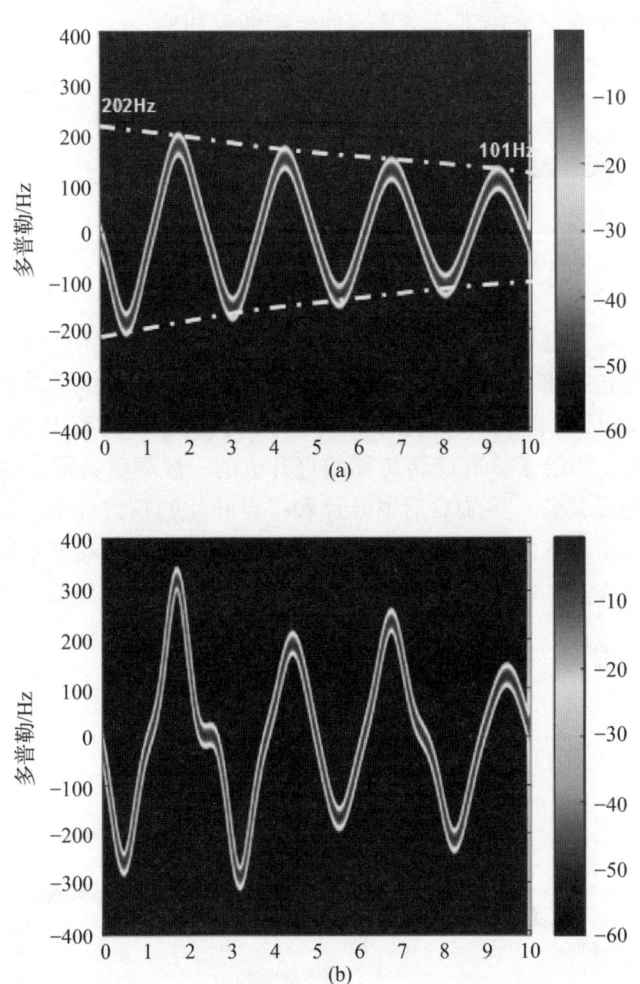

图 3.6 (a)阻尼振荡钟摆的微多普勒特征;(b)阻尼和驱动钟摆的微多普勒特征

这与模拟中使用的阻尼常数 0.07 是一致的。本书提供了用于计算振荡钟摆的雷达后向散射的 MATLAB 代码。

3.2 直升机旋翼叶片

直升机旋翼叶片的翼形件及其横截剖面如图3.7所示。不同类型的翼形件具有不同的形状和尺寸。旋转翼形件总是有弯曲、挠曲和扭曲。然而，在直升机旋翼叶片的仿真研究中不会考虑弯曲、挠曲和扭曲。

图 3.7 直升机旋翼叶片的翼形物示例

直升机的叶片通常为金属或复合材料，可产生强烈的雷达反射。翼形件的电磁散射主要包括来自其表面和前缘的镜面反射、来自后缘的绕射、前缘周围的爬行波，以及来自后缘的行波。直升机的雷达回波有其独特的频谱特征[4-6]。图3.8描绘了具有旋转旋翼的直升机的一般频谱特征。频谱特征含有来自机身、旋翼桨毂、主旋翼后退叶片和接近叶片的频谱分量。最强的频谱幅度来自机身。由于前缘和后缘存在差异，后退叶片的频谱幅度不同于接近叶片的频谱幅度。在这些频谱特征中，后退叶片和接近叶片尤其引人注意。

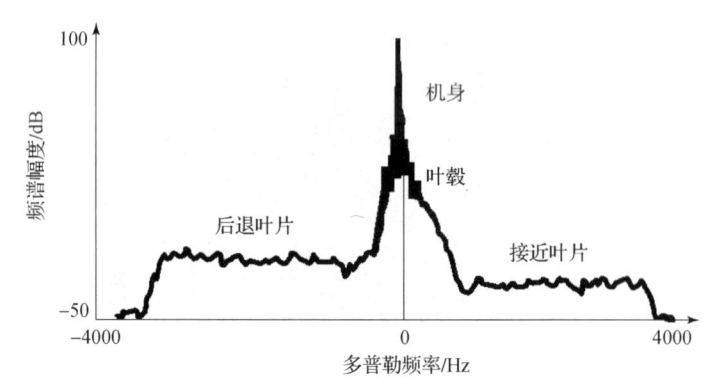

图 3.8 直升机雷达后向散射的一般频谱特征

3.2.1 旋转旋翼叶片的数学模型

雷达和旋转旋翼叶片的几何关系如图3.9所示。雷达位于空间固定坐标系

(X,Y,Z) 的原点上；旋翼叶片的中心位于物体固定坐标系的原点上，并且在 $(x,y,z=0)$ 平面上以角速度 Ω 绕 z 轴旋转。参考坐标系 (X',Y',Z') 平行于空间固定坐标系，并且是从与物体固定坐标系处于相同原点的空间固定坐标系平移而来的。雷达到参考坐标系原点的距离为 R_0。雷达观测到的参考坐标系原点的方位角和仰角分别为 α 和 β。

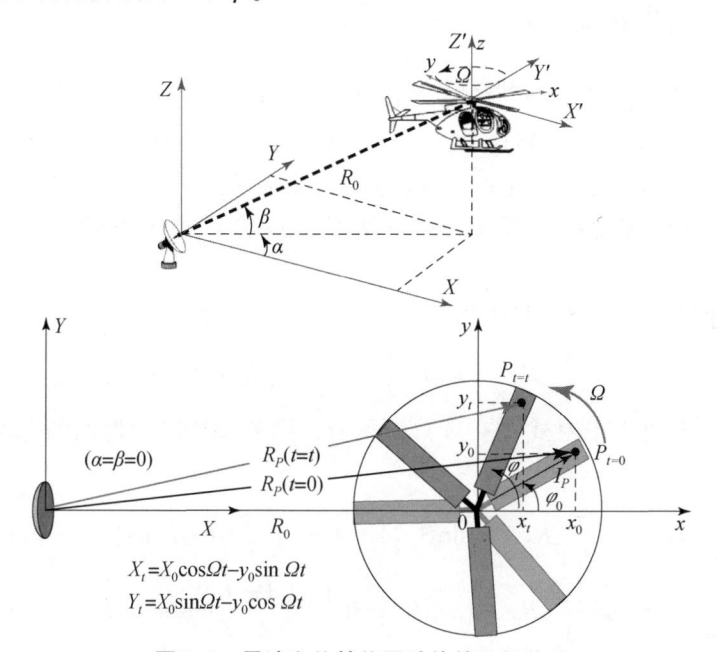

图 3.9 雷达和旋转旋翼叶片的几何关系

从电磁散射的角度来看，旋翼的每个叶片都是由散射体中心组成的。每个散射体中心被视为具有一定反射率的点。为简单起见，所有散射体中心都被指定为具有相同的反射率。设 $\alpha = \beta = 0$，如果在 $(x_0, y_0, z_0 = 0)$ 处的点散射体 P 以恒定的角旋转速率 Ω 在物体固定坐标系中绕 z 轴旋转，则从物体固定坐标系原点到点散射体 P 的距离为 $l_P = (x_0^2 + y_0^2)^{1/2}$。如果 $t=0$ 时 P 点的初始旋转角是 φ_0，那么在时间 t 时旋转角就变成 $\varphi_t = \varphi_0 + \Omega t$，且 P 点旋转到了 $(x_t, y_t, z_t = 0)$ 处，如图 3.9 所示。因此，雷达到点散射体 P 的距离变为

$$R_P(t) = [R_0^2 + l_P^2 + 2l_P R_0 \cos(\varphi_0 + \Omega t)]^{1/2}$$
$$\cong R_0 + l_P \cos\varphi_0 \cos\Omega t - l_P \sin\varphi_0 \sin\Omega t \tag{3.27}$$

在此，假定在远场内 $(l_P/R_0)^2 \to 0$。那么，雷达接收到的点散射体 P 的回波信号为

$$s_R(t) = \exp\left\{-j\left[2\pi f t + \frac{4\pi}{\lambda} R_P(t)\right]\right\} = \exp\left\{-j\left[2\pi f t + \Phi_P(t)\right]\right\} \tag{3.28}$$

式中：$\Phi_P(t) = 4\pi R_P(t)/\lambda$ 是点散射体的相位函数；并且假设点散射体的 RCS 为 $\sigma_P = 1$。

如果旋翼叶片的仰角 β 和高度 z_0 不为零，则相位函数可修改为

$$\Phi_P(t) = \frac{4\pi}{\lambda}[R_0 + \cos\beta(l_P\cos\varphi_0\cos\Omega t - l_P\sin\varphi_0\sin\Omega t) + z_0\sin\beta] \quad (3.29)$$

因此，点散射体 P 的回波信号变为

$$s_R(t) = \exp\left[j\frac{4\pi}{\lambda}[R_0 + z_0\sin\beta]\right]\exp\left[-j2\pi ft - \frac{4\pi}{\lambda}l_P\cos\beta\cos(\Omega t + \varphi_0)\right] \quad (3.30)$$

与第 2 章中的式 (2.76)、式 (2.77) 和式 (2.78) 类似，标记 $B = (4\pi/\lambda)l_P\cos\beta$ 可以用第一类 k 阶贝塞尔函数 $J_k(B)$ 来表示式 (3.30)。因此，点散射体 P 的频谱由围绕中心频率 f 的频谱线对组成且相邻谱线之间的间距为 $\Omega/(2\pi)$[7]。

从点散射体 P 返回的基带信号是一个单分量信号：

$$s_B(t) = \exp\left[-j\frac{4\pi}{\lambda}[R_0 + z_0\sin\beta]\right]\exp\left[-j\frac{4\pi}{\lambda}l_P\cos\beta\cos(\Omega t + \varphi_0)\right] \quad (3.31)$$

在叶片长度 L 上对式 (3.31) 做积分，则从一个叶片返回的总基带信号变为[8-9]

$$\begin{aligned}s_L(t) &= \exp\left\{-j\frac{4\pi}{\lambda}[R_0 + z_0\sin\beta]\right\}\int_0^L \exp\left\{-j\frac{4\pi}{\lambda}l_P\cos\beta\cos(\Omega t + \varphi_0)\right\}dl_P \\ &= L\exp\left\{-j\frac{4\pi}{\lambda}[R_0 + z_0\sin\beta]\right\}\exp\left\{-j\frac{4\pi}{\lambda}\frac{L}{2}\cos\beta\cos(\Omega t + \varphi_0)\right\} \\ &\quad \text{sinc}\left\{\frac{4\pi}{\lambda}\frac{L}{2}\cos\beta\cos(\Omega t + \varphi_0)\right\}\end{aligned} \quad (3.32)$$

式中：$\text{sinc}(\cdot)$ 是 sinc 函数，当 $x = 0$ 时，$\text{sinc}(x) = 1$；当 $x \neq 0$ 时，$\text{sinc}(x) = \sin(x)/x$。

对于具有 N 个叶片的旋翼，N 个叶片有 N 个不同的初始旋转角：

$$\theta_k = \theta_0 + k2\pi/N, (k = 0, 1, 2, \cdots, N-1)$$

且从旋翼返回的总接收基带信号为

$$\begin{aligned}s_\Sigma(t) &= \sum_{k=0}^{N-1} s_{lk}(t) = L\exp\left\{-j\frac{4\pi}{\lambda}[R_0 + z_0\sin\beta]\right\} \\ &\quad \sum_{k=0}^{N-1}\text{sinc}\left\{\frac{4\pi}{\lambda}\frac{L}{2}\cos\beta\cos\left(\Omega t + \varphi_0 + k\frac{2\pi}{N}\right)\right\}\exp\{-j\Phi_k(t)\}\end{aligned} \quad (3.33)$$

式中：相位函数为

$$\Phi_k(t) = \frac{4\pi}{\lambda}\frac{L}{2}\cos\beta\cos(\Omega t + \varphi_0 + k2\pi/N)(k = 0, 1, 2, \cdots, N-1) \quad (3.34)$$

旋翼叶片的时域特征用式（3.33）的幅度确定：

$$|s_\Sigma(t)| = \left| L\exp\left\{-j\frac{4\pi}{\lambda}[R_0 + z_0\sin\beta]\right\} \sum_{k=0}^{N-1} \mathrm{sinc}\left\{\frac{4\pi}{\lambda}\frac{L}{2}\cos\beta\cos\left(\Omega t + \varphi_0 + k\frac{2\pi}{N}\right)\right\}\exp\{-j\Phi_k(t)\}\right| \tag{3.35}$$

在式（3.33）中，从旋翼返回的总接收基带信号是一个多分量信号。如第1.8节所述，瞬时频率分析并不适用于多分量信号。要处理多分量信号，可以先对从各点散射体返回的每个单分量信号计算时频分布，然后将这些单独的时频分布合并在一起，从而得到完整的时频分布。

如此一来，基于点散射体模型并在不调用sinc函数的情况下，首先，可以将每个叶片简化为多个点散射体的组合。然后，用来自所有点散射体的回波和建模从一个叶片返回的基带信号：

$$s_\Sigma(t) = \sum_{k=0}^{N-1}\exp\left\{-j\frac{4\pi}{\lambda}[R_0 + z_0\sin\beta]\right\}\sum_{p=1}^{N_P}\exp\{-j\Phi_{k,P}(t)\} \tag{3.36}$$

式中：N_P是每个叶片中的散射体总数，且相位函数是

$$\Phi_{k,P}(t) = \frac{4\pi}{\lambda}l(p)\cos\beta\cos\left(\Omega t + \varphi_0 + \frac{k2\pi}{N}\right)(k=0,1,\cdots,N-1;p=1,\cdots,N_P)$$

根据式（3.33）~式（3.36），可以估算出旋转旋翼叶片的频谱。在式（3.33）和式（3.36）中的叶片长度上的积分用sinc函数表示。

假设雷达工作在C波段，波长$\lambda = 0.06\mathrm{m}$，且目标为直升机。直升机的主旋翼有两个叶片，以恒定的转速$\Omega = 4$转/秒(r/s)（或$4\times 2\pi\mathrm{rad/s}$）旋转。从旋翼中心到叶尖的叶片长度为$L = 6.5\mathrm{m}$。从雷达到旋翼中心的仰角为$\beta = 45°$时，直升机主旋翼距离雷达700m。因此，旋转叶尖的切向速度由旋转速率Ω和叶尖长度L决定：$V_{\mathrm{tip}} = 2\pi L\Omega = 163.4\mathrm{m/s}$。最大多普勒频移变成$\{f_D\}_{\max} = (2V_{\mathrm{tip}}/\lambda)\cos\beta = 3.85\mathrm{kHz}$且奈奎斯特速率为最大多普勒频移的2倍，即$2\times\{f_D\}_{\max} = 7.7\mathrm{kHz}$。如果数字采样频率为10kHz，则不会出现频率混叠。计算出的旋翼叶片时域特征如图3.10（a）所示，同一信号的频谱如图3.10（b）所示。

当叶片在接近前进点以及后退点上有镜面反射时，来自旋翼叶片的雷达回波信号会出现短暂闪烁[9]。两次连续闪烁之间的时间间隔与旋翼的转速有关。闪烁的持续时间取决于叶片长度L、波长λ、仰角β和转速Ω，正如式（3.33）中的sinc函数所述。对于较长的叶片和较短的波长，闪烁持续时间较短。由于叶片数量为$N = 2$且转速为$\Omega = 4\mathrm{r/s}$，因此每个叶片在1.0s内有

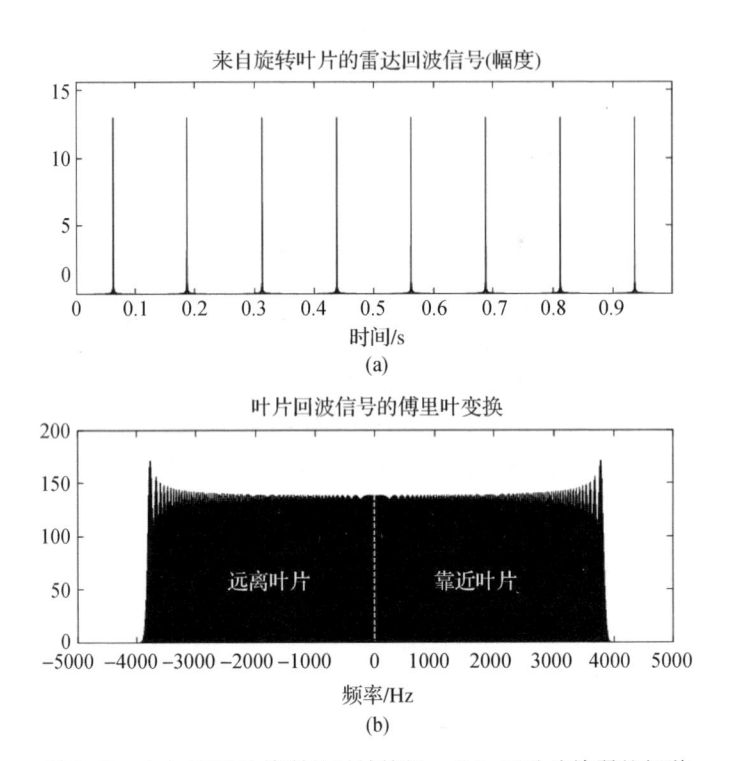

图 3.10 (a) 双叶片旋翼的时域特征；(b) 双叶片旋翼的频谱

8 次闪烁，闪烁之间的间隔为 $T_{\text{flash}} = 1/8 = 0.125\text{s}$，如图 3.10（a）所示。

由于旋转的旋翼叶片会对雷达回波信号施加周期性调制，相对于机身的多普勒频移，旋转引起的多普勒频移会在频域中占据独特的位置。图 3.10（b）显示了没有机身和旋翼叶毂的双叶片旋翼的频谱分量（远离叶片和靠近叶片）。如果直升机没有平移运动，那么机身和叶毂的多普勒频移约为零。多普勒频谱的总宽度是最大多普勒频率的 2 倍，即 $2\{f_D\}_{\max} = 7.7\text{kHz}$。频率采样间隔是叶片数量乘以转速，即 $N \times \Omega = 8\text{Hz}$。

旋翼叶片的旋转特征是识别感兴趣的直升机的重要特性[9-10]。旋翼叶片旋转引起的多普勒调制是直升机的一个独特特征。在联合时-频域中重新表示这种多普勒调制，可以看见旋翼叶片的微多普勒特征。图 3.11 是基于式（3.33）的旋转的双叶片旋翼的微多普勒特征，在图中可以看见叶片 1 的 8 次闪烁和叶片 2 的 8 次闪烁。由于在双叶片情况下相位 180° 对消，因此在这些闪烁处没有强烈的零多普勒点。

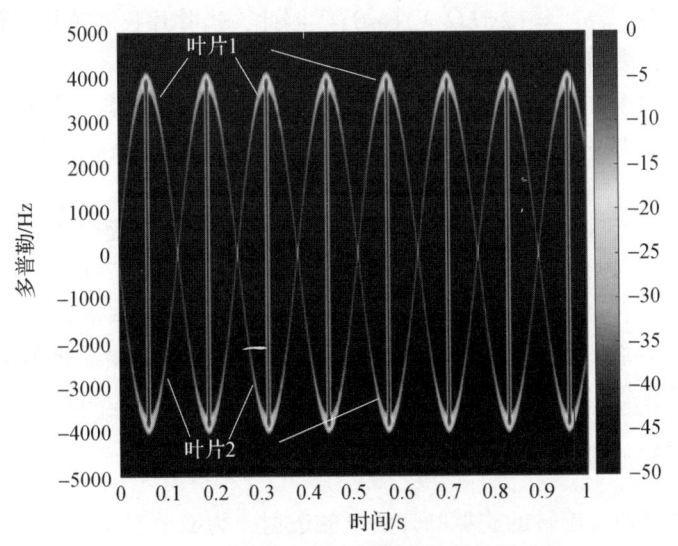

图 3.11　旋转的双叶片旋翼的微多普勒特征

为了进行比较，图 3.12 显示了旋转的三叶片旋翼的微多普勒特征，在此，每个叶片有 8 次闪烁且总闪烁次数为 24。旋翼叶片为三叶片时可以看到一个很强的零多普勒区。当旋翼叶片数为偶数时，微多普勒特征中的零多普勒区会消失。这是因为成对的叶片在旋转角度上相差 180°，抵消了零多普勒分量。

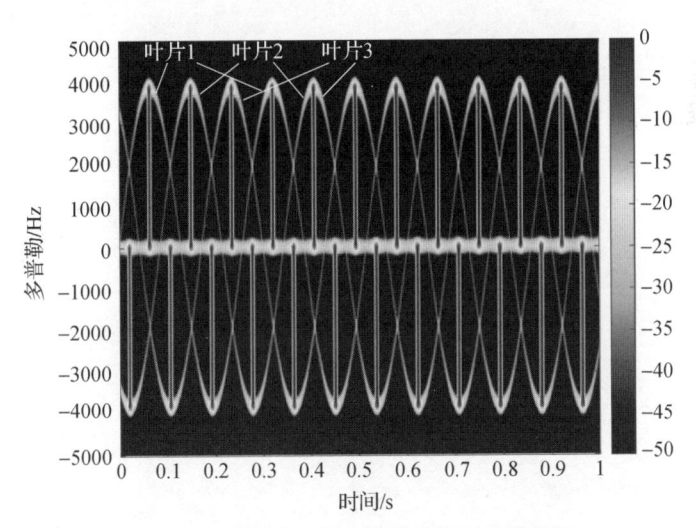

图 3.12　旋转的三叶片旋翼的微多普勒特征

根据上述模拟研究，旋转叶片的微多普勒特征表现出以下特点：
1. 多普勒频谱宽度，即 $2\{f_D\}_{max}$，是转速 Ω、叶片长度 L、仰角 β 和波长

λ 的函数（即 $\{f_\mathrm{D}\}_\mathrm{max} = (2\pi L\Omega/\lambda)\cos\beta$）。因此，当叶片长度越长，转速越快且波长越短时，多普勒频谱会变宽。

2. 每个叶片的微多普勒特征都是在旋转速率 Ω 的频率上的正弦函数（即 $\{f_\mathrm{D}\}_\mathrm{max} \cdot \sin(\Omega t + k2\pi/N), (k = 1, 2, \cdots, N)$），并且初始相位与其他叶片都不同。

3. 当叶片与雷达视线方向（LOS）垂直时，由于镜面散射，会出现闪烁并显示为一系列具有最大多普勒频移的强散射场。这些闪烁线位于时刻 $t = kT_\mathrm{flash}/2$，其中，k 是奇整数（$k = 1, 3, 5, 7, 9, \cdots$），且 $T_\mathrm{flash} = \pi/\Omega$。

4. 微多普勒特征中有一个很强的零多普勒区，它是由靠近旋转中心的叶片部分的散射产生的。

3.2.2 旋转旋翼叶片的 RCS 模型

为了计算来自旋转的旋翼叶片的电磁散射，为简单起见，图 3.7 中的叶片简化为一块刚性的、均匀的、线性的矩形平板，以恒定的旋转速率绕固定轴旋转，并且不考虑前缘和后缘。在矩形平板内不考虑拍动、护板和加强筋。旋翼叶片和雷达的几何关系如图 3.13 所示。对于一块完全导电的矩形平板，RCS 的数学公式可在参考文献 [3,11] 中找到。参考文献 [3] 中给出了一种矩形平板 RCS 的近似值公式。RCS 公式中有两个项：RCS 峰值 σ_Peak 和方位因子 σ_Aspect：

$$\sigma = \sigma_\mathrm{Peak}\sigma_\mathrm{Aspect} = \frac{4\pi a^2 b^2}{\lambda^2}\left(\cos\theta\frac{\sin x_k}{x_k}\frac{\sin y_k}{y_k}\right)^2 \tag{3.37}$$

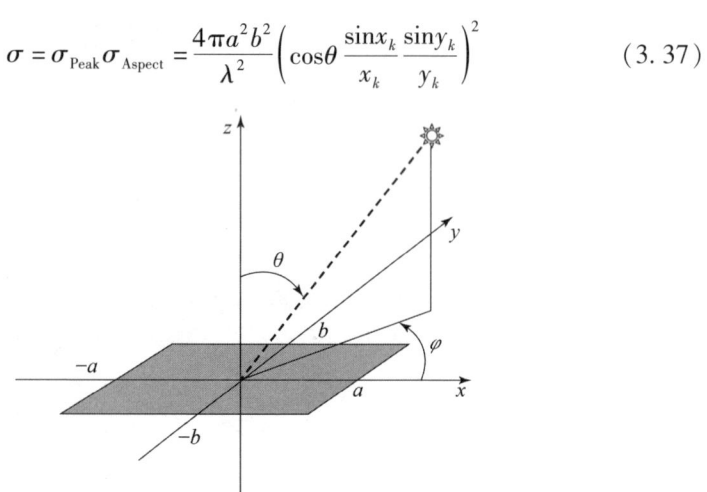

图 3.13 矩形平板

式中：$\sigma_\mathrm{Peak} = 4\pi a^2 b^2/\lambda^2$；$\sigma_\mathrm{Aspect} = (\cos\theta(\sin x_k/x_k)(\sin y_k/y_k))^2$；$x_k = a\sin\theta\sin\varphi$；$y_k = kb\sin\theta\cos\varphi$，且 $k = 2\pi/\lambda$。式（3.37）与极化无关并且仅在视角较小

($\theta \leq 20°$)时才准确。

3.2.3 物理光学面元（POFACET）预测模型

物理光学（PO）是一种用于预测任何三维物体 RCS 的便捷方法。它是一种高频区（或光学区）预测，可以为尺寸远大于波长的物体提供最好的预测结果。物理光学方法适用于被照射的表面，但并不适用于边缘绕射、多次反射或表面波。

任何较大的复杂表面都可以划分为多个微小表面，称为面元。物理光学面元模型中使用的面元是一个三角形平板。在计算每个面元的散射场时，可将其视为孤立的面元，不考虑其他面元的影响。这样一来，对于一个被入射场照射的面元，就可以计算出它的表面电流和散射场。对于被遮挡的表面，其表面电流设为零。

基于入射场和散射场，表面的 RCS 用下式确定：$\sigma = \lim_{R \to \infty} 4\pi R^2 (|E_s|^2/|E_i|^2)$，式中，$R$ 是从雷达到表面的距离，$|E_s|$ 和 $|E_i|$ 分别是散射电场和入射电场的幅度。

如图 3.14 所示，入射波用球坐标角 θ 和 φ 描述。入射波的极化可以根据角度 θ 和 φ 分解成两个正交分量，用以表示球坐标系中的入射场。这样一来，入射场可以表示为 $E_i = E_\theta n_\theta + E_\varphi n_\varphi$，其中，$n_\theta$ 和 n_φ 是球坐标系内的单位矢量。

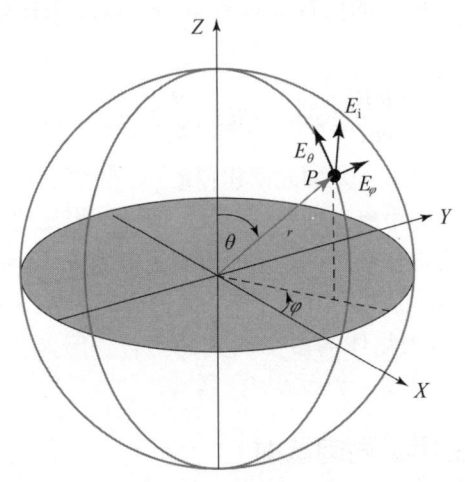

图 3.14 在 POFACET 计算中使用的球坐标系

为了计算任意方向的由三个顶点（给定为点 P_1、P_2 和 P_3）定义的面元的电磁散射，选择了物体固定坐标系，因此三角形面元位于平面 (x, y) 上，它的

单元法向矢量 **n** 的方向与 z 轴相同，如图 3.15 所示。

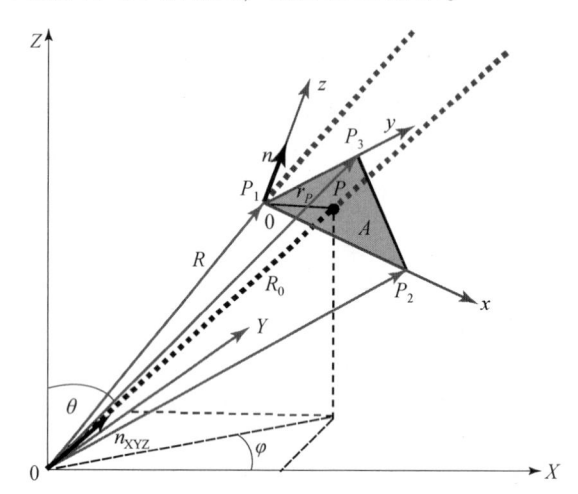

图 3.15　在空间固定坐标系(X,Y,Z)和物体固定坐标系
(x,y,z)中定义的任意方向的三角形面元

由于雷达位于远区并且物体的尺寸远小于从雷达到物体的距离 R_0，因此从雷达到物体固定坐标(x,y,z)的原点的距离矢量 **R** 可以被认为与矢量 R_0 平行。在空间固定坐标系中，雷达 LOS 的单位矢量为 $n_{XYZ}=[u,v,w]$，其中，$u=\sin\theta\cos\varphi$，$v=\sin\theta\sin\varphi$，$w=\cos\theta$。在物体固定坐标系中，面元上位于 (x_P,y_P,z_P)的任意点 P 用它的位置矢量 $r_P=[x_P,y_P,z_P]$ 来表示。因此，面元的散射场表示如下[12]

$$E_S(R,\theta,\varphi)=\frac{-jkR_{imp}}{4\pi R}\exp(-jkR)\iint_A J_S\exp[jk(r_P\cdot n_{XYZ})]ds_P \quad (3.38)$$

式中：J_S 是表面电流；A 是面元面积；R_{imp} 是自由空间的阻抗；R 是从雷达到物体固定坐标系原点的距离，且 $k=2\pi/\lambda$。因此，面元的散射场可以通过在面元的面积上对表面电流积分来计算，从而得到了作为 R、θ 和 φ 的函数的面元的 RCS。参考文献[12 - 14]提供了用于计算三角形面元的 RCS 的 MATLAB 代码。

同样的程序也可用于物体的多个面元的集合。因此，物体的总 RCS 是所有面元的 RCS 的叠加。

3.2.4　旋翼叶片的雷达后向散射

即使不使用常微分方程，旋翼叶片的旋转也可以很容易地获得。使用横滚角和俯仰角为零的旋转矩阵计算随时间变化的位置和方向。其偏航角的变化由转速和给定的初始角决定。根据叶片的位置和方向，可以计算出 RCS 和叶

反射的雷达信号。所有叶片的雷达反射信号可以通过相参叠加各叶片的反射信号获得。

如果相参雷达系统发射一串脉冲宽度为 Δ、脉冲重复间隔为 ΔT 的矩形窄脉冲,则接收机内的基带信号为

$$s_B(t) = \sum_{k=1}^{n_p} \sum_{n=1}^{N_B} \sqrt{\sigma_n(t)} \cdot \mathrm{rect}\left\{t - k \cdot \Delta T - \frac{2R_n(t)}{c}\right\} \cdot \exp\left\{-\mathrm{j}2\pi f_c \frac{2R_n(t)}{c}\right\}$$

(3.39)

式中:N_B 是叶片总数;n_p 是观测区间内接收到的脉冲总数;f_c 是雷达发射频率;$R_n(t)$ 是在时间 t 时雷达与第 n 个叶片之间的距离;$\sigma_n(t)$ 是在时间 t 时第 n 个旋翼叶片的 RCS,且 rect 是矩形函数,定义为 $\mathrm{rect}(t) = 1(0 < t \leq \Delta)$。

在式 (3.39) 中,必须计算两个变量 $\sigma_n(t)$ 和 $R_n(t)$。式 (3.37) 给出的完全导体矩形平板的 RCS 可用于计算 $\sigma_n(t)$。式 (3.37) 很简单,但仅在视角 $\theta \leq 20°$ 时才准确。距离变量 $R_n(t)$ 是从雷达到矩形平板的散射中心(例如,形心)的距离。如果矩形平板相对较大,它的形心可能会离叶尖很远。因此,如果形心被指定为散射中心,根据式 (3.37) 计算出的雷达接收信号不包含来自叶尖的返回信号。在矩形平板相对较大的情况下,散射中心可以直接指定为矩形叶片的尖端。

雷达和旋翼叶片的几何关系如图 3.16 所示。图中:雷达位于 $(X_1 = 500\mathrm{m}, Y_1 = 0\mathrm{m}, Z_1 = 500\mathrm{m})$,其波长在 C 波段为 $0.06\mathrm{m}$;旋翼中心位于 $(X_0 = 0\mathrm{m}, Y_0 = 0\mathrm{m}, Z_0 = 0\mathrm{m})$,叶片长度 $L = 6\mathrm{m}$ 并且根部在 $L_1 = 0.5\mathrm{m}$ 且叶尖在 $L_2 = 6.5\mathrm{m}$,叶片宽度 $W = 1\mathrm{m}$,并且转速为 $\Omega = 4\mathrm{r/s}$。方位角 φ 和视角 θ 可以通过雷达位置、旋翼

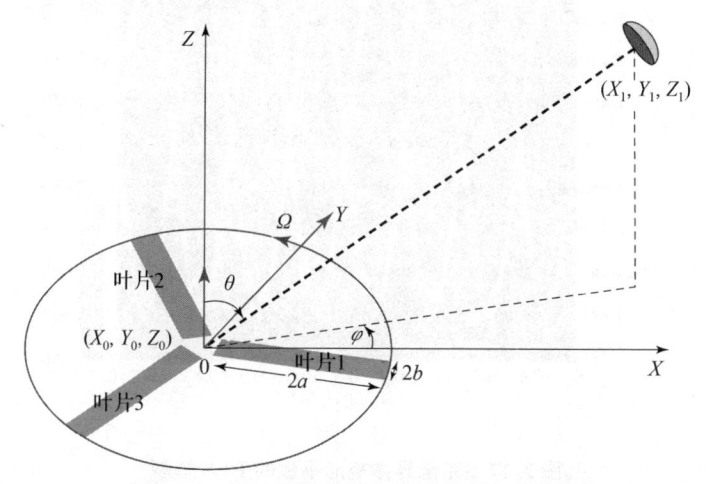

图 3.16 雷达和旋转的旋翼叶片的几何关系

位置和叶片的几何形状计算得到。将每个叶片的散射中心指定到叶尖，雷达接收机内的基带信号可以用式（3.39）获得，而 RCS 只需通过式（3.37）简单计算即可（并不准确）。RCS 计算的精度只决定了微多普勒特征的幅度分布，不会影响特征的形状。在重新排列 n_p 个距离像后，双叶片旋翼的二维脉冲–距离像如图 3.17（a）所示，其微多普勒特征如图 3.17（b）所示。本书提供了用于计算旋翼叶片雷达后向散射的 MATLAB 代码。

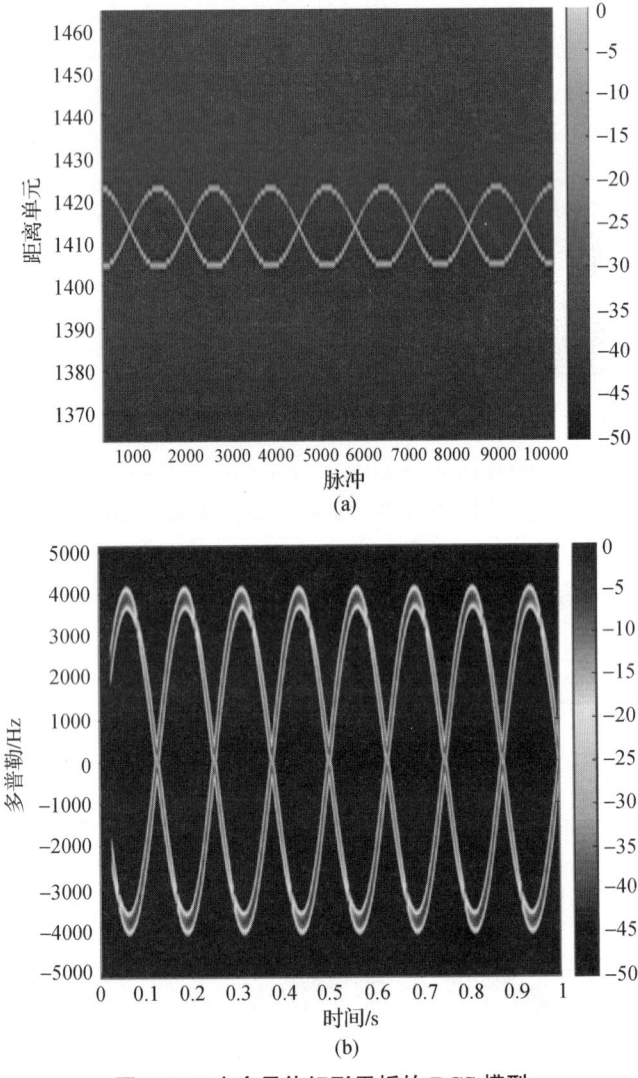

图 3.17　完全导体矩形平板的 RCS 模型

（a）旋转的双叶片旋翼的距离像；（b）旋转的双叶片的微多普勒特征。

从距离像可以看到，旋转的叶片位于 1412 号距离单元附近或距离雷达约 700m 处。然而，因为 RCS 只能被指定到一个散射体中心，所以无法看到闪烁。为了在仿真中看到闪烁，需要更加准确的 RCS 模型。

物理光学面元（POFACET）模型是一种简单但更为准确的用于计算旋转的旋翼叶片雷达后向散射的模型。矩形叶片用三角形面元阵列表示，如图 3.18 所示。每个三角形的散射中心被假定为三角形顶点的几何形心。采用 POFACET 模型，雷达接收机中的基带信号被修改为

$$s_B(t) = \sum_{k=1}^{n_P} \sum_{n=1}^{N_B} \sum_{m=1}^{N_F} \sqrt{\sigma_{n,m}(t)} \operatorname{rect}\left\{t - k\Delta T - \frac{2R_{n,m}(t)}{c}\right\} \exp\left\{-j2\pi f_c \frac{2R_{n,m}(t)}{c}\right\}$$

(3.40)

式中：N_B 是叶片数量；N_F 是每个叶片内的面元总数；n_P 是雷达观测时间间隔内的脉冲总数；每个面元的 RCS，$\sigma_{n,m}(t)$ 使用 POFACET[12-14] 中提供的源代码进行计算。

根据图 3.18 所示的旋转的三叶片旋翼的几何关系，采用旋转的双叶片旋翼中所用的相同参数，三叶片旋翼的基于 POFACET 模型的雷达距离像及其微多普勒特征如图 3.19 所示，在图中可以清晰地看见旋转叶片的闪烁。

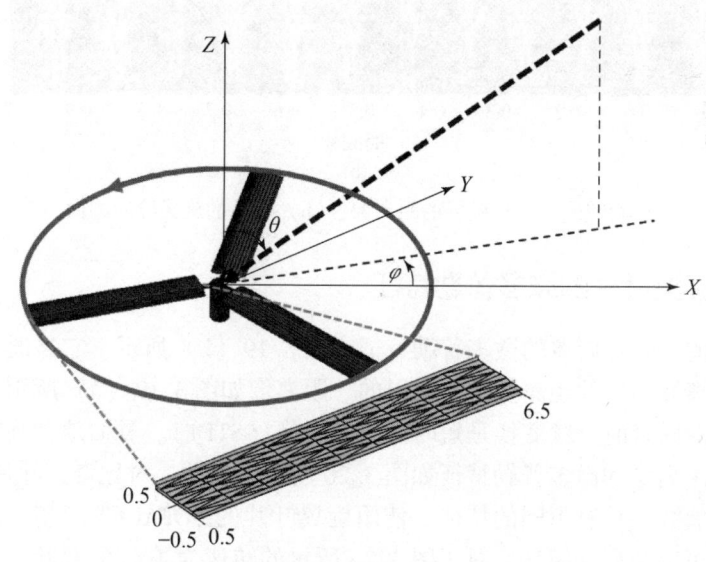

图 3.18 用三角形面元阵列表示的矩形叶片

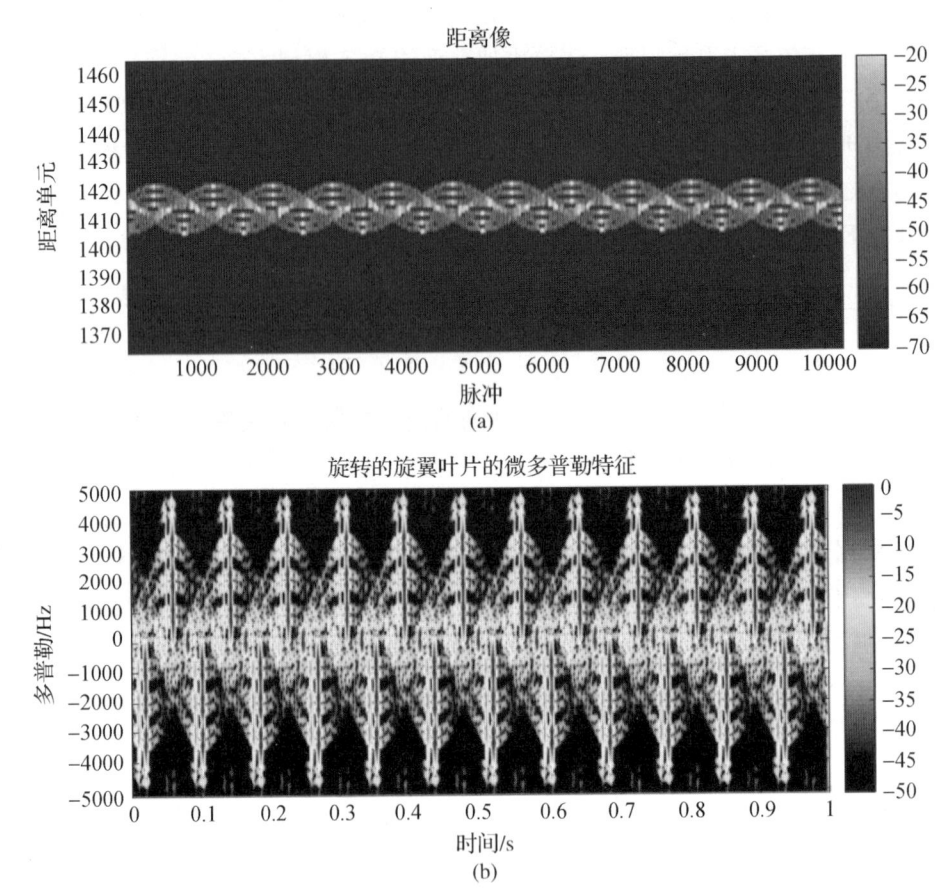

图 3.19 (a) 旋转的三叶片旋翼的距离像；(b) 旋转的旋翼叶片的微多普勒特征。

3.2.5 旋翼叶片的微多普勒特征

旋转的三叶片旋翼的微多普勒特征如图 3.19 (b) 所示，它是通过对叶片所在的距离波门内的距离像求和获得的。距离像如图 3.19 (a) 所示。用于生成该特征的联合时-频变换是短时傅里叶变换（STFT）。类似地，旋转的双叶片旋翼的距离像和微多普勒特征如图 3.20 所示，在此，对比奇数叶片的特征，可以看见偶数叶片有不同的特征。使用旋翼叶片的 POFACET 模型，在微多普勒特征中可以观察到闪烁。对于图 3.20 所示的转速为 4r/s 的双叶片旋翼，每个叶片在 1.0s 内有 8 次闪烁，且闪烁间隔为 0.125s。对于图 3.19 所示的三叶片旋翼，1.0s 内共有 24 次闪烁，并且两次连续闪烁之间的间隔为 0.0417s。

第3章 刚体运动的微多普勒效应

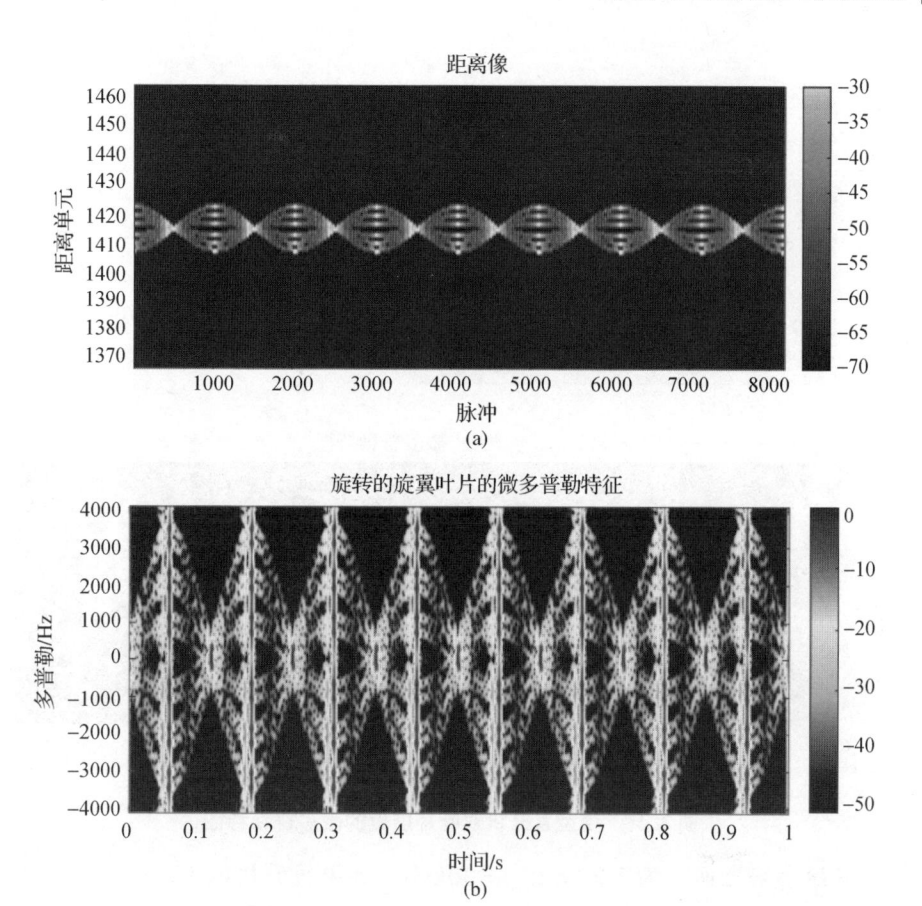

图 3.20 （a）旋转双叶旋翼的距离像；（b）旋转的旋翼叶片的微多普勒特征

对比 POFACET 模型预测，图 3.21 显示了使用波长为 $\lambda = 0.03\text{m}$ 的 X 波段 FMCW 雷达测得的缩比模型直升机上的双叶片旋翼的微多普勒特征。旋翼的转速约为 $\Omega = 2.33\text{r/s}$，叶片长度为 $L = 0.2\text{m}$。因此，叶尖的速度为 $V_{\text{tip}} = 2\pi L\Omega = 2.93\text{m/s}$ 且最大多普勒频移为 $\{f_D\}_{\max} = 195\text{Hz}$，如图 3.21 所示。该特征与具有闪烁的 POFACET 模型预测的特征相似。根据微多普勒特征，可以估算出叶片的数量、叶片的长度，以及旋翼的旋转速率。

3.2.6 所需的最小脉冲重复频率

对于脉冲多普勒雷达，它的脉冲重复频率（PRF）决定了采样速率。所需的最小采样速率必须满足奈奎斯特速率，以避免频率混叠。对于实际的直升机，其叶尖的速度范围约为 $200 \sim 230\text{m/s}$。对于 X 波段雷达，叶尖速度 $V_{\text{tip}} = 230\text{m/s}$ 可以产生 $\{f_D\}_{\max} = 15\text{kHz}$ 的多普勒频移。因此，对于悬停的直升机，

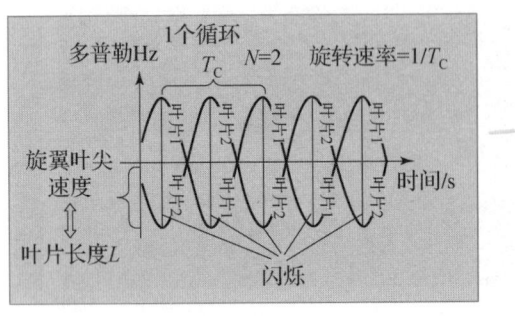

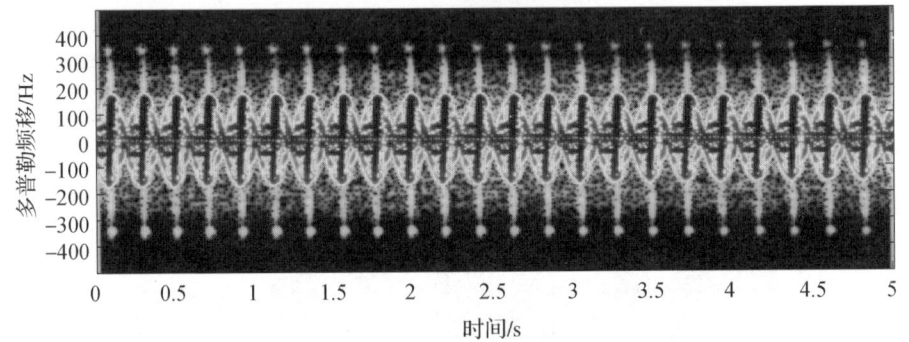

图 3.21 模型直升机双叶片旋翼的微多普勒特征

所需的最小采样速率为 $2 \times \{f_D\}_{max} = 30 kHz$。如果直升机以 100m/s 的径向速度平移，则直升机的最大多普勒频移为 22kHz，所需的最小采样频率为 44kHz[8]。

图 3.22 演示了采样速率对旋翼叶片的微多普勒特征的影响。在演示中，双叶片旋翼的参数与前面所述相同，但转速较低，$\Omega = 1r/s$。在这种情况下，叶尖的速度为 $V_{tip} = 40.84m/s$ 或叶尖的多普勒频移为 $\{f_D\}_{max} = 1.36kHz$。图 3.22（a）是采样速率为每秒 512 个采样点时旋翼叶片的微多普勒特征，在此情况下无法看到叶片的周期性运动。图 3.22（b）是采样速率比每秒 512 个采样点高 2 倍时，相同旋翼叶片的微多普勒特征，叶片的周期性运动开始显现，但并不完整。图 3.22（c）是采样频率为每秒 512 个采样点的 4 倍时，旋翼叶片的微多普勒特征，叶片的周期性运动清晰可见且几乎是完整的。在这个例子中，所需的最小采样速率应为 $2 \times \{f_D\}_{max} = 2.72kHz$。所以，为了显示出完整的微多普勒特征，采样速率应高于 2.72kHz。

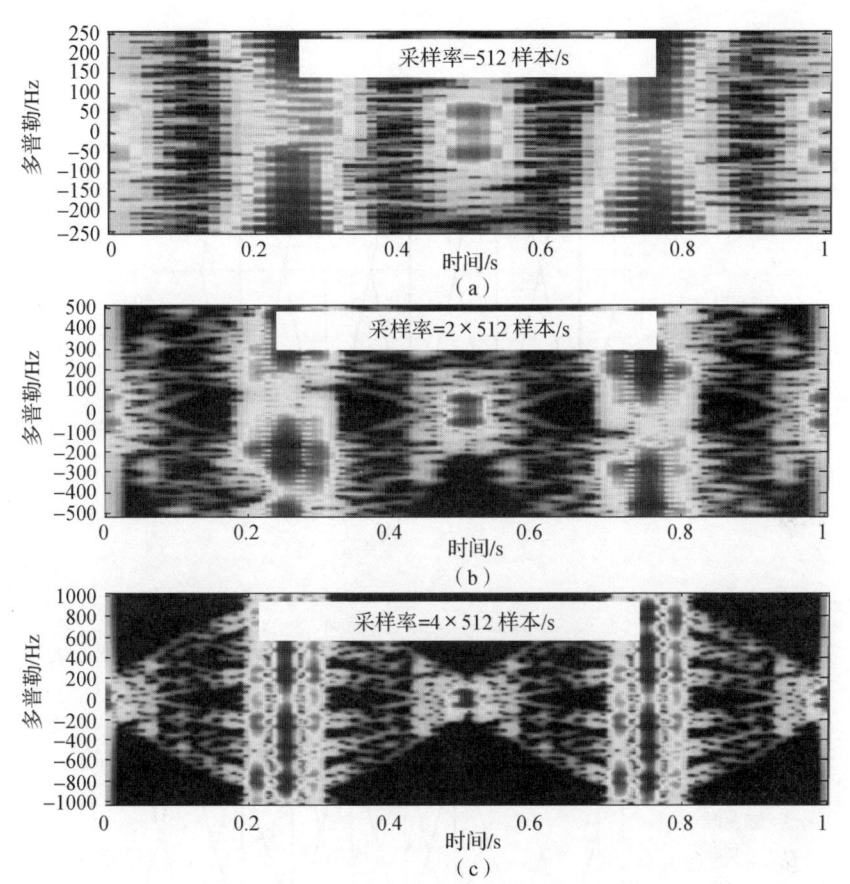

图 3.22　旋转的双叶片旋翼在不同采样速率下的微多普勒特征
(a) 每秒 512 个采样；(b) 每秒 1024 个采样；(c) 每秒 2048 个采样。

3.2.7　旋翼叶片微多普勒特征的分析和说明

与图 3.8 所示的直升机旋翼的多普勒频谱特征相比，旋转的旋翼叶片的微多普勒特征是在联合时－频域中表示的，以便更好地探索多普勒的时变特征。旋转的双叶片和三叶片旋翼的微多普勒特征分别如图 3.23（a）、图 3.23（b）所示。显然，偶数叶片和奇数叶片的多普勒图形是不同的。偶数叶片在平均多普勒频率周围生成了对称的多普勒图形，而奇数叶片在平均多普勒频率周围的多普勒图形是不对称的。根据旋翼叶片在联合时－频域中的微多普勒特征，可以估算出叶片的数量、叶片的长度、叶片的旋转速率以及叶尖的速度。这些特征对于识别未知直升机非常重要。

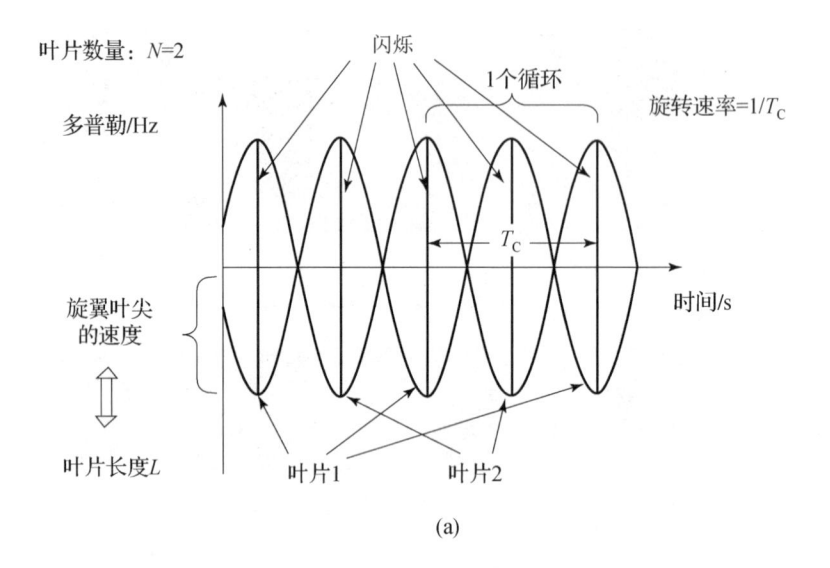

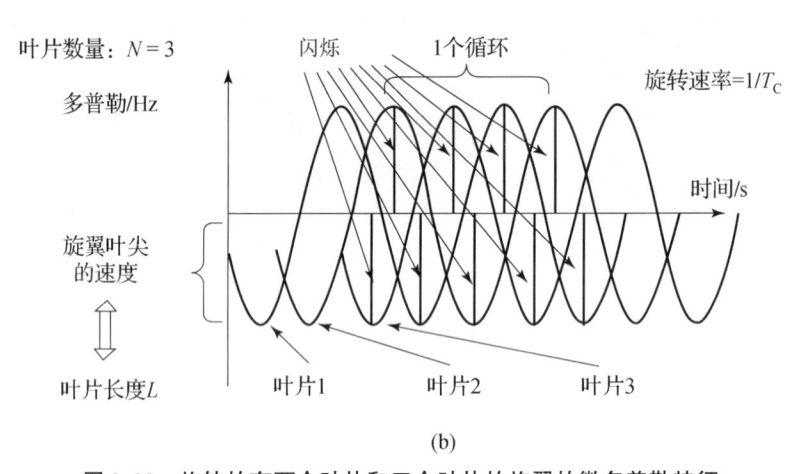

图 3.23 旋转的有两个叶片和三个叶片的旋翼的微多普勒特征

图 3.24 是使用 X 波段雷达获得的缩比模型直升机的微多普勒特征。从其对称的多普勒图形可知,直升机有两个叶片。基于估算出的叶片旋转周期 $T_C = 0.43\text{s}$ 和多普勒峰值 $\{f_D\}_{max} = 195\text{Hz}$,可以估算出旋转速率 Ω、叶片直径 $2 \times L$ 和叶尖速度 V_{tip}。

表 3.1 列出了不同直升机的一些特征。这些估算出的特性参数对于分类未知直升机的类型非常重要。

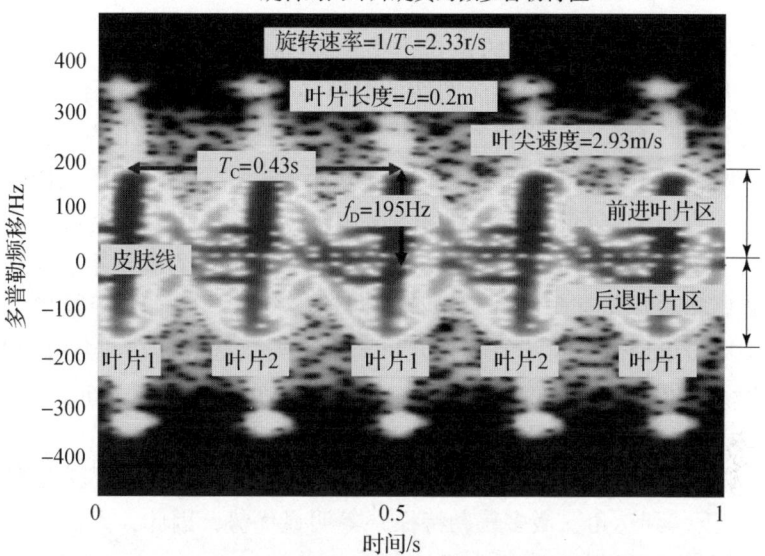

图 3.24 使用 X 波段雷达获得的比例模型直升机的微多普勒特征

表 3.1 典型直升机的主旋翼的特征

典型直升机	叶片数量	直径/m	旋转速率/(r/s)	叶尖速度/(m/s)
AH-1 "休伊眼镜蛇"（HUEYCOBRA）	2	14.63	4.9	227
AH-64 "阿帕奇"（APACHE）	4	14.63	4.8	221
UH-60 "黑鹰"（BLACK HAWK）	4	16.36	4.3	221
CH-53 "种马"（STALLON）	7	24.08	2.9	223
MD 500E "防御者"（DEFENDER）	5	8.05	8.2	207
A 109 "阿古斯塔"（AGUSTA）	4	11.0	6.4	222
AS 332 "超级美洲豹"（SUPERPUMA）	4	15.6	4.4	217
SA 365 "海豚"（DAUPHIN）	4	11.94	5.8	218

3.2.8 四旋翼和多旋翼无人驾驶飞行器

无人飞行器（UAV）指的是机上无人类驾驶员的飞行器。"无人机"（Drone）是指代常用于拍摄视频图像的 UAV 的流行同义词。因此，UAV 通常是指更为先进的无人驾驶飞行器，用"无人机"一词予以指代并不适宜。

具有两个以上旋翼的旋翼机被称为多旋翼直升机，它使用的是俯仰角固定的叶片（即它们的攻角在起飞、爬升和巡航时是固定的）。旋翼机运动的控制方式是改变单个旋翼的相对速度，从而调节其产生的推力和扭矩。通常，四旋翼、六旋翼和八旋翼直升机分别被称为四轴飞行器、六轴飞行器和八轴飞行器。大多数用于拍摄视频图像的无人机属于 1 类微型 UAV。1 类微型 UAV 的重量在 2kg 以下，并且有效载荷较小。它们的飞行高度小于 90m，速度多变，最高可达 10m/s，任务半径在 5km 以下。

与其他传感器相比，雷达具有全天候、全光照条件以及可获取多种信息（距离、速度、到达角、微多普勒特征）等明显优势，因此，人们提出了多种使用雷达探测、跟踪和分类无人机的方法[15-25]。

相比于其他的空中目标，无人机通常体积小、飞行速度相对较慢且飞行高度较低。无人机主体的 RCS 约为 $0.01m^2$，其旋翼叶片的 RCS 甚至更小（约 $0.001m^2$）[26]。鸟类也是飞行速度相对较慢且高度较低的小型目标。飞鸟有可能导致探测 UAV 的雷达出现虚警。

早在近半个世纪前，飞鸟扑翼的多普勒扩展就已经被用于识别飞鸟。EricEastwood 爵士在其 1967 年出版的《雷达鸟类学》一书中首次记录了使用雷达观测鸟类。鸟类的运动，尤其是它们的翅膀的升降，会产生特殊的微多普勒特征。因此，微多普勒特征已被用于辨别不同的飞行物体，将飞鸟与 UAV 和其他空中目标区分开来。

3.2.8.1 四旋翼 UAV 建模

雷达和四旋翼 UAV 的几何关系如图 3.25 所示。雷达位于空间固定坐标系 (X,Y,Z) 的原点上，四旋翼 UAV 位于平面 $(x,y,z=0)$ 上的物体固定坐标系的原点上，四个旋翼绕 z 轴旋转。假设旋翼 1 和 2 逆时针旋转，旋翼 3 和 4 顺时针旋转，如图 3.25（a）所示。参考坐标系 (X',Y',Z') 平行于空间固定坐标系，并且是从与物体固定坐标系处于相同原点的空间固定坐标系平移而来的。从雷达到参考坐标系原点的距离为 R_0，雷达观测到的参考坐标系原点的方位角和仰角分别为 α 和 β。

(a)

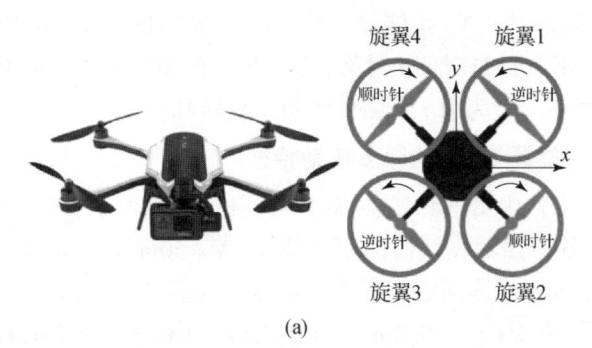

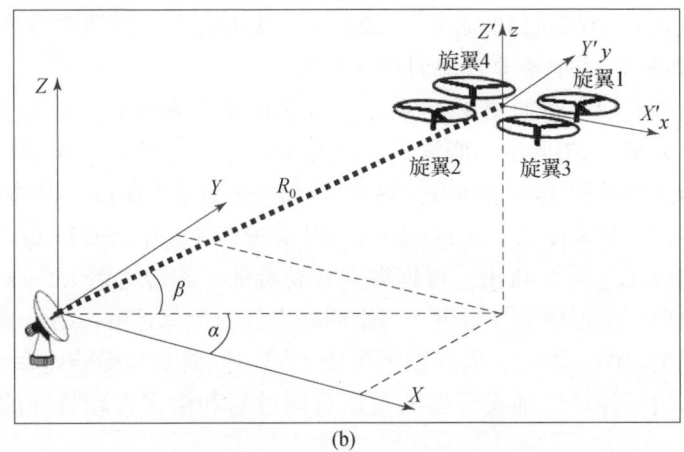

(b)

图3.25 （a）四轴飞行器和四个旋翼；（b）雷达和四旋翼的几何关系

如第3.2节所述，四旋翼飞行器可以用一组四个旋翼来建模，其中，每个旋翼有 N_B 个叶片。为简单起见，叶片可以建模成刚性的、均匀的、线性的矩形平板，用于计算 $4 \times N_B$ 个旋转叶片的电磁散射。对于完全导体的矩形平板，其RCS的数学公式见式（3.37）。为简单起见，每个叶片的RCS可以被指定在叶尖处。

每个旋转叶片的雷达回波信号可以用式（3.39）计算得出。从四轴飞行器返回的基带信号是来自 N_R 个旋翼的返回信号的和，且每个旋翼有 N_B 个旋转叶片：

$$s_\Sigma(t) = \sum_{j=1}^{N_R} \sum_{k=0}^{N_B-1} \sigma_{j,k}(t) \exp\left\{-j\frac{4\pi}{\lambda}R_j(t)\right\} \exp\{-j\Phi_k(t)\} \quad (3.41)$$

式中：相位函数为

$$\Phi_k(t) = \frac{4\pi}{\lambda} L_2 \cos\beta \cos\left(\Omega_j t + \varphi_j + \frac{k2\pi}{N_B}\right), (j=1,2,\cdots,N_R; k=0,1,2,\cdots,N_B-1)$$

(3.42)

且 N_B 是叶片总数；N_R 是旋翼总数；$R_j(t)$ 是时间 t 时从雷达到第 j 个旋翼的中心的距离；$\sigma_{j,k}(t)$ 是时间 t 时第 j 个旋翼上的第 k 个叶片的 RCS；Ω_j 是第 j 个旋翼的旋转速率；φ_j 为第 j 个旋翼的初始旋转相位。

3.2.8.2　四旋翼 UAV 的微多普勒特征

如图 3.25（b）中雷达和四轴飞行器的几何关系所示，雷达位于 ($X=0$m, $Y=0$m, $Z=0$m) 处，四轴飞行器的中心位于 ($X=50$m, $Y=0$m, $Z=20$m) 处。四轴飞行器的中心位于物体固定坐标系的原点上并且在平面 $(x,y,z=0)$ 上。四个旋翼的中心分别位于 ($x_1=0.2$m, $y_1=0.2$m)、($x_2=-0.2$m, $y_2=-0.2$m)、($x_3=0.2$m, $y_3=-0.2$m) 和 ($x_4=-0.2$m, $y_4=0.2$m) 上。旋翼在悬停时的旋转速率约为 100r/s，并且在全功率时约为 150r/s。

基带信号的功率谱如图 3.26 所示，旋翼的微多普勒特征根据式（3.41）计算得出，如图 3.27 所示。假设雷达在 C 波段工作，波长为 0.0517m。每个旋翼的旋转速率被假定为 150r/s，每个叶片的长度为 7.0cm（根部在 0.0cm，尖端在 7.0cm）且宽度为 2.5cm。因此，叶尖速度 V_{tip} 为 $2\pi L\Omega=66$m/s，最大多普勒频移 $\{f_D\}_{max}$ 为 2.4kHz。根据微多普勒特征，旋转速率 150r/s 可以从如图所示的周期性图形中估算得出。每个周期内的图形都是由初始旋转角度随机的四个旋翼生成的。因此，周期图形可能不同，但周期与旋转速率密切相关。本书提供了用于计算四轴飞行器的雷达后向散射和微多普勒特征的 MATLAB 代码。

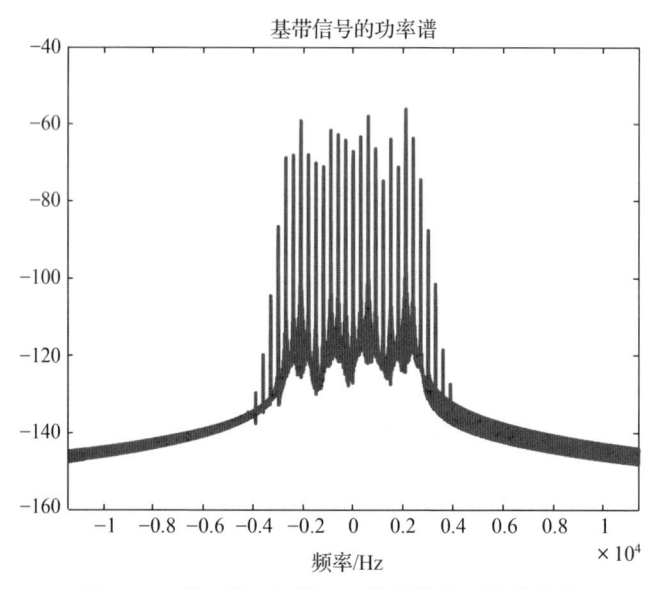

图 3.26　从四轴飞行器返回的基带信号的功率谱

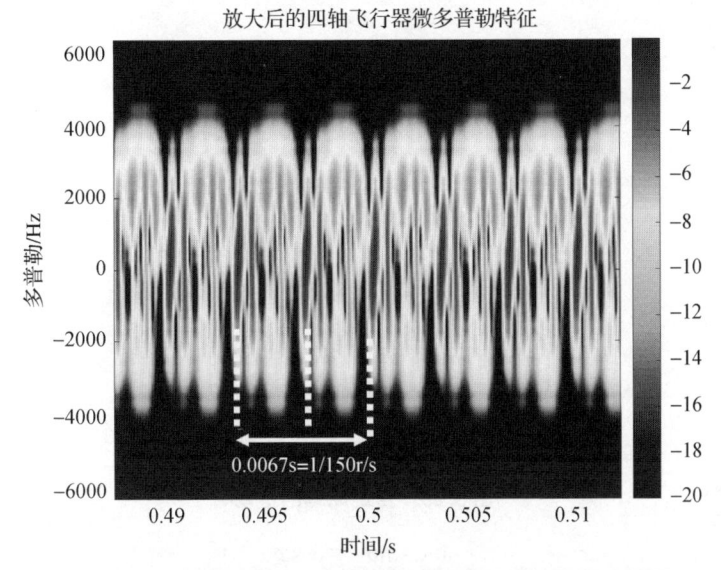

图 3.27 旋转中的四轴飞行器旋翼的微多普勒特征的放大图

有一些独特的微多普勒特征可能有助于探测和识别多旋翼 UAV。径向速度引起的微多普勒特征对于多旋翼 UAV 来说是最有用的特征。然而，对于雷达和 UAV 之间的某些几何关系，径向速度引起的微多普勒特征可能并不明显。因此，如第 1 章第 1.10 节所述，角速度引起的微多普勒调制特征是径向速度引起的微多普勒特征的良好补充。特别是对于小型 UAV，角度的微多普勒特征总是很明显。

3.3 自旋对称陀螺

陀螺稳定地站立在其对称轴的固定尖点上并快速地绕轴旋转。如果自转轴是倾斜的，它旋转时就会在三维空间中扫描出一个垂直的圆锥体，如图 3.28 所示。这种运动称为扭矩引起的进动。对称轴和垂直轴之间的夹角称为进动轴角，通常随时间变化。对称轴会上下摆动，称为章动。在力学中，章动是指由施加于陀螺上的扭矩引起的进动中的不规则变化。

自旋陀螺的运动动力学信息可以用欧拉运动微分方程求解。当一个刚性陀螺绕着物体固定坐标系内具有欧拉角 ψ、θ 和 φ 的任意轴旋转时，用欧拉角导数矢量 $\dot{\boldsymbol{\Theta}} = [\dot{\psi}, \dot{\theta}, \dot{\varphi}]^T$ 描述的这些角度的变化率通过 3×3 欧拉角变换矩阵与角速度矢量 $\boldsymbol{\Omega} = [\Omega_1, \Omega_2, \Omega_3]^T$ 相关联[27]。

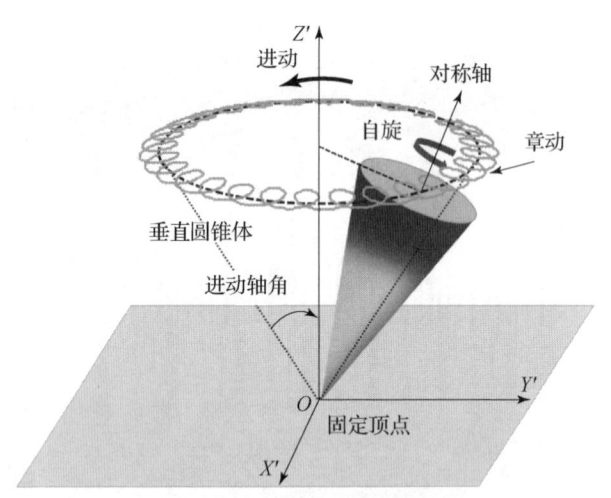

图中标注：Z'、进动、对称轴、自旋、章动、垂直圆锥体、进动轴角、Y'、O 固定顶点、X'

图 3.28　自旋陀螺的进动

$$T = \begin{bmatrix} \sin\varphi\sin\theta & \cos\varphi & 0 \\ \cos\varphi\sin\theta & -\sin\varphi & 0 \\ \cos\theta & 0 & 1 \end{bmatrix} \quad (3.43)$$

式中：Ω_1、Ω_2 和 Ω_3 是相对于物体固定坐标系的角速度瞬时分量；T 表示转置的矢量，因此

$$\boldsymbol{\Omega} = T\dot{\boldsymbol{\Theta}} \quad (3.44)$$

或

$$\begin{bmatrix} \Omega_1 \\ \Omega_2 \\ \Omega_3 \end{bmatrix} = \begin{bmatrix} \sin\varphi\sin\theta\,\dot{\psi} + \cos\varphi\dot{\theta} \\ \cos\varphi\sin\theta\,\dot{\psi} - \sin\varphi\dot{\theta} \\ \cos\theta\,\dot{\psi} + \dot{\varphi} \end{bmatrix} \quad (3.45)$$

逆欧拉角变换矩阵 T^{-1} 为[15]

$$T^{-1} = \begin{bmatrix} \dfrac{\sin\varphi}{\sin\theta} & \dfrac{\cos\varphi}{\sin\theta} & 0 \\ \cos\varphi & -\sin\varphi & 0 \\ -\dfrac{\sin\varphi\cos\theta}{\sin\theta} & -\dfrac{\cos\varphi\cos\theta}{\sin\theta} & 1 \end{bmatrix} \quad (3.46)$$

和

$$\dot{\boldsymbol{\Theta}} = T^{-1}\boldsymbol{\Omega} \quad (3.47)$$

如果存在外部扭矩，角动量将发生变化，其变化率等于扭矩。对于绕着自己的对称轴自旋的对称陀螺和施加在轴上的扭矩，角动量为 $\boldsymbol{L} = \boldsymbol{I} \cdot \boldsymbol{\Omega}$。扭矩 τ 等于角动量的变化率：

$$\boldsymbol{\tau} = \frac{\mathrm{d}L}{\mathrm{d}t} = \boldsymbol{I} \cdot \frac{\mathrm{d}\boldsymbol{\Omega}}{\mathrm{d}t} \tag{3.48}$$

式中：$\boldsymbol{\tau} = [\tau_1, \tau_2, \tau_3]^\mathrm{T}$；如果主轴被用作坐标轴，那么惯性张量 $\boldsymbol{I}$ 有可能是一个对角矩阵

$$\boldsymbol{I} = \begin{bmatrix} I_1 & 0 & 0 \\ 0 & I_2 & 0 \\ 0 & 0 & I_3 \end{bmatrix} \tag{3.49}$$

如果仅施加了外部扭矩分量 τ_3 使欧拉角 φ 增加，那么，根据拉格朗日力学[28]，拉格朗日方程为

$$\frac{\mathrm{d}}{\mathrm{d}t}\left(\frac{\partial E_\mathrm{Rot}}{\partial \dot{\varphi}}\right) - \frac{\partial E_\mathrm{Rot}}{\partial \varphi} = \tau_3 \tag{3.50}$$

式中：$E_\mathrm{Rot} = \frac{1}{2}(I_1\Omega_1^2 + I_2\Omega_2^2 + I_3\Omega_3^2)$ 是由式（2.33）给出的旋转陀螺的动能。

基于式（3.45），式（3.48）变为 $I_3\dot{\Omega}_3 - (I_1 - I_2)\Omega_1\Omega_2 = \tau_3$，这是主轴之一的欧拉方程。正如式（2.37）中的微分方程那样，可推导出所有主轴的完整欧拉方程：

$$I_1\frac{\mathrm{d}\Omega_1}{\mathrm{d}t} + (I_3 - I_2)\Omega_2\Omega_3 = \tau_1$$

$$I_2\frac{\mathrm{d}\Omega_2}{\mathrm{d}t} + (I_1 - I_3)\Omega_3\Omega_1 = \tau_2$$

$$I_3\frac{\mathrm{d}\Omega_3}{\mathrm{d}t} + (I_2 - I_1)\Omega_1\Omega_2 = \tau_3$$

3.3.1 对称陀螺的无外力旋转

对于一个对称陀螺，主力矩 I_1 等于 I_2。如果在陀螺上没有外部扭矩，对称陀螺将会绕任意轴旋转，角速度矢量为 $\boldsymbol{\Omega} = [\Omega_1, \Omega_2, \Omega_3]^\mathrm{T}$，其中，$\Omega_1$、$\Omega_2$ 和 Ω_3 是相对于主轴的角速度瞬时分量。那么，欧拉方程就变成

$$\begin{aligned} I_1\frac{\mathrm{d}\Omega_1}{\mathrm{d}t} + (I_3 - I_2)\Omega_2\Omega_3 &= 0 \\ I_2\frac{\mathrm{d}\Omega_2}{\mathrm{d}t} + (I_1 - I_3)\Omega_3\Omega_1 &= 0 \\ I_3\frac{\mathrm{d}\Omega_3}{\mathrm{d}t} &= 0 \end{aligned} \tag{3.51}$$

它们可以改写成

$$\frac{\mathrm{d}\Omega_1}{\mathrm{d}t} = -\left[\frac{(I_3 - I_1)}{I_1}\Omega_3\right]\Omega_2$$

$$\frac{\mathrm{d}\Omega_2}{\mathrm{d}t} = \left[\frac{(I_3 - I_1)}{I_1}\Omega_3\right]\Omega_1 \quad (3.52)$$

$$\frac{\mathrm{d}\Omega_3}{\mathrm{d}t} = 0$$

根据第三个方程，Ω_3 必须是一个常数：$\Omega_3 = C$。对第一个方程求导并从第二个方程代入，再对第二个方程求导并把第一个方程代入，即可得出两个简谐运动方程：

$$\frac{\mathrm{d}^2\Omega_1}{\mathrm{d}t^2} = -\left[\frac{(I_3 - I_1)}{I_1}\Omega_3\right]^2\Omega_1$$

$$\frac{\mathrm{d}^2\Omega_2}{\mathrm{d}t^2} = -\left[\frac{(I_3 - I_1)}{I_1}\Omega_3\right]^2\Omega_2 \quad (3.53)$$

这些简谐运动方程的解为

$$\Omega_1 = \Omega_{\mathrm{ini}}\cos(\Psi t + \Psi_{\mathrm{ini}})$$
$$\Omega_2 = \Omega_{\mathrm{ini}}\sin(\Psi t + \Psi_{\mathrm{ini}})$$
$$\Omega_3 = C \quad (3.54)$$

式中：$\Omega_{\mathrm{ini}} = (\Omega_1^2 + \Omega_2^2)^{1/2}$ 是初始幅度；Ψ_{ini} 是 $t = 0$ 时的初始相位角；Ψ 是进动角速度，定义为 $\Psi = \Omega_3(I_3 - I_1)/I_1$。式（3.54）表明不受力的对称陀螺将以角速度矢量 $\boldsymbol{\Omega} = [\Omega_1, \Omega_2, \Omega_3]^\mathrm{T}$ 绕主轴旋转，其中，Ω_3 是常数，$(\Omega_1^2 + \Omega_2^2)^{1/2}$ 也是常数。

3.3.2 扭矩引起的对称陀螺旋转

图 3.29 描述了稳定站立在陀螺固定顶点上的自旋对称陀螺的系统模型。陀螺的质量为 m，相对于物体固定坐标系的主惯性矩为 I_1、I_2 和 I_3。如果质心到固定顶点的距离为 L，那么，在重力作用下，欧拉微分方程变为[27]

$$(I_1 + mL^2)\frac{\mathrm{d}\Omega_1}{\mathrm{d}t} = (I_2 - I_3 + mL^2)\Omega_2\Omega_3 + mgL\cos\varphi\sin\theta$$

$$(I_2 + mL^2)\frac{\mathrm{d}\Omega_2}{\mathrm{d}t} = (I_3 - I_1 - mL^2)\Omega_1\Omega_3 - mgL\sin\varphi\sin\theta$$

$$I_3\frac{\mathrm{d}\Omega_3}{\mathrm{d}t} = (I_1 - I_2)\Omega_1\Omega_2 \quad (3.55)$$

式中：φ 为自旋角；θ 为章动角。图 3.29 中的角度 ψ 为进动角。

第3章
刚体运动的微多普勒效应

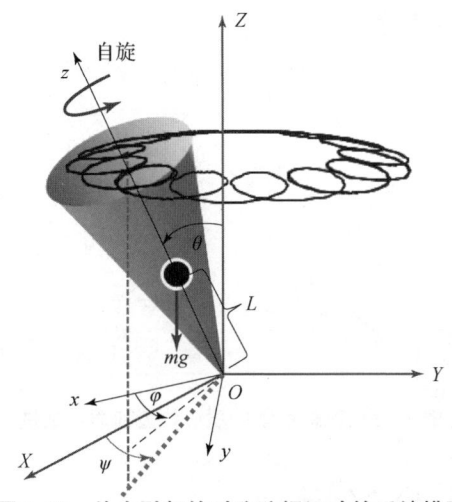

图 3.29 外力引起的对称陀螺运动的系统模型

为了将陀螺运动纳入电磁仿真，必须求解欧拉方程组（3.55）。因此，可以得到陀螺运动的非线性动力学信息。在重力的作用下，有固定站立点的自旋陀螺应当有围绕某个轴的进动。设定陀螺的质量为 $m=25\text{kg}$，质心（CM）和固定站立点之间的距离为 $L=0.563\text{m}$，惯性矩 $I_1=I_2=0.117\text{kg}\cdot\text{m}^2$ 且 $I_3=8.5\text{kg}\cdot\text{m}^2$，初始角 $\theta_0=20°$，初始自旋速度 $\text{d}\varphi_0/\text{d}t=3\times2\pi\text{ rad/s}$，初始进动速度 $\text{d}\psi_0/\text{d}t=0.5\times2\pi\text{ rad/s}$，初始章动速度 $\text{d}\theta_0/\text{d}t=0$，角速度和动态欧拉角如图 3.30 所示。图 3.31 显示了陀螺运动的质心位置和质心轨迹。

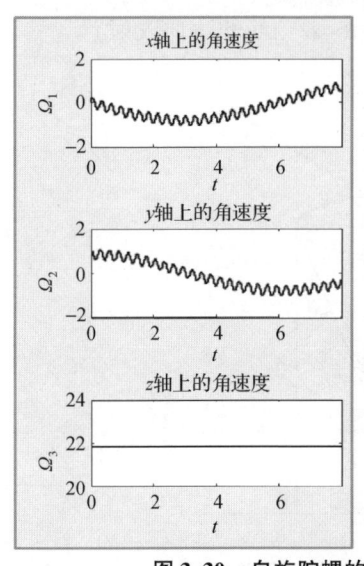

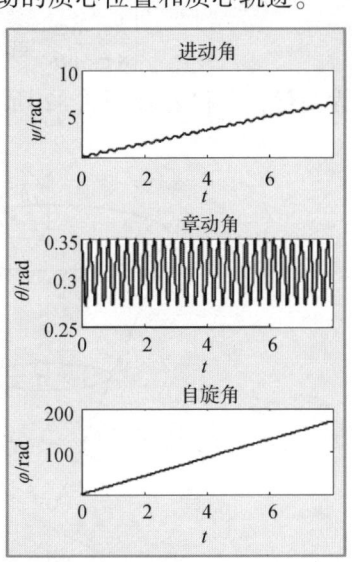

图 3.30 自旋陀螺的角速度和动态欧拉角

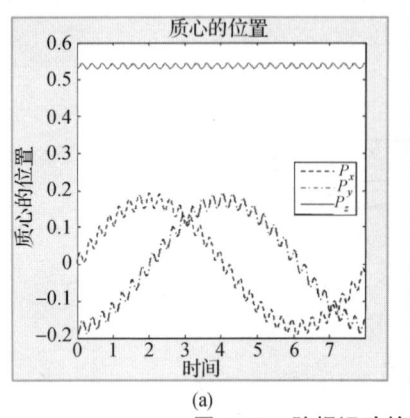

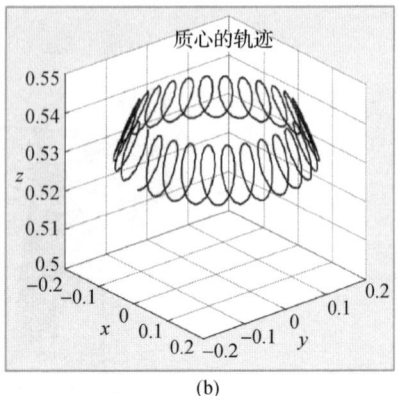

图 3.31 陀螺运动的质心位置和质心轨迹

3.3.3 对称陀螺的 RCS 模型

对称陀螺可以是任何的对称形状,例如,圆锥体、截锥体(截头锥体)、圆柱体、球体或椭球体。计算这些简单几何形状的 RCS 的数学公式可以在参考文献 [3] 中找到。

对于图 3.32 所示的截锥体,半锥角 α 用 $\tan\alpha = (r_2 - r_1)/h$ 确定,其中,h 是截锥体或截头锥体的高度。截头锥体的单基 RCS 为[3]

$$\mathrm{RCS}_{\mathrm{frustum}} = \begin{cases} \dfrac{8\pi(z_2^{3/2} - z_1^{3/2})^2}{9\lambda(\cos\alpha)^4} & (\text{法向入射}) \\ \dfrac{\lambda z \tan\alpha}{8\pi\sin\theta}[\tan(\theta-\alpha)]^2 & (\text{非法向入射}) \end{cases} \quad (3.56)$$

式中:λ 为波长;z_1 和 z_2 如图 3.32 所示。

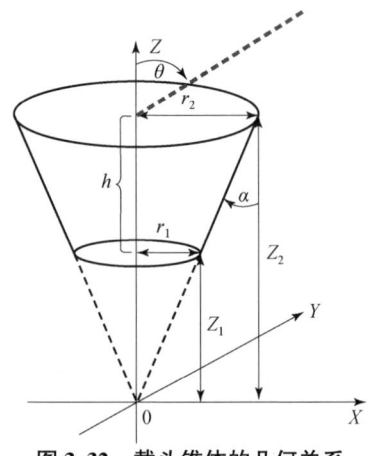

图 3.32 截头锥体的几何关系

3.3.4 对称陀螺的雷达后向散射

旋转的对称陀螺内的任意点的位置和方向可以用旋转矩阵进行计算并且会随时间变化。根据计算得到的每个时刻上的位置和方向，可以使用 RCS 模型计算陀螺的 RCS。然后，在给定的雷达参数和信号波形下，可以计算出来自自旋陀螺的回波信号。如果相参雷达系统发射一串矩形窄脉冲，其发射频率为 f_c，脉冲宽度为 Δ，且脉冲重复间隔为 ΔT，则雷达接收机内的基带信号为

$$s_B(t) = \sum_{k=1}^{n_P} \sqrt{\sigma(t)} \text{rect}\left\{t - k\Delta T - \frac{2R(t)}{c}\right\} \exp\left\{-\mathrm{j}2\pi f_c \frac{2R(t)}{c}\right\} \quad (3.57)$$

式中：$\sigma(t)$ 是陀螺的 RCS；n_P 是观测时间内接收到的脉冲总数；$R(t)$ 是时间 t 时雷达与陀螺之间的距离。

截锥体的 RCS 公式（3.56）用于计算 $\sigma(t)$，并且距离 $R(t)$ 被计算为从雷达到陀螺质心的距离。

3.3.5 进动陀螺产生的微多普勒特征

设定雷达位于 $(X=20\text{m}, Y=0\text{m}, Z=0\text{m})$ 且陀螺顶点位于 $(X=0\text{m}, Y=0\text{m}, Z=0\text{m})$，雷达和陀螺的几何关系如图 3.33 所示。

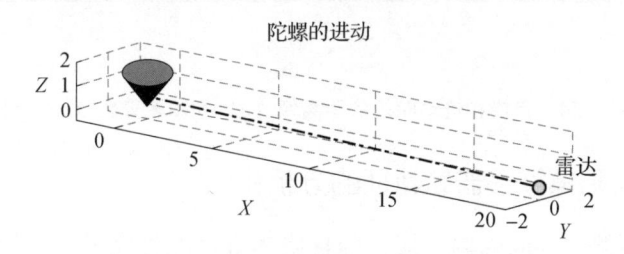

图 3.33 雷达和陀螺的几何关系

在重新排列 n_P 个距离像以后，自旋和进动陀螺的二维距离像如图 3.34（a）所示，陀螺的微多普勒特征如图 3.34（b）所示。在距离像中，可以看到旋转陀螺位于第 667 号距离单元附近或距雷达约 20m 处。自旋陀螺的微多普勒特征是对陀螺所在的约 20m 距离波门内的距离像求和得到的。用于生成特征的联合时-频变换是简单的短时傅里叶变换。本书提供了用于计算自旋陀螺的雷达后向散射的 MATLAB 代码。

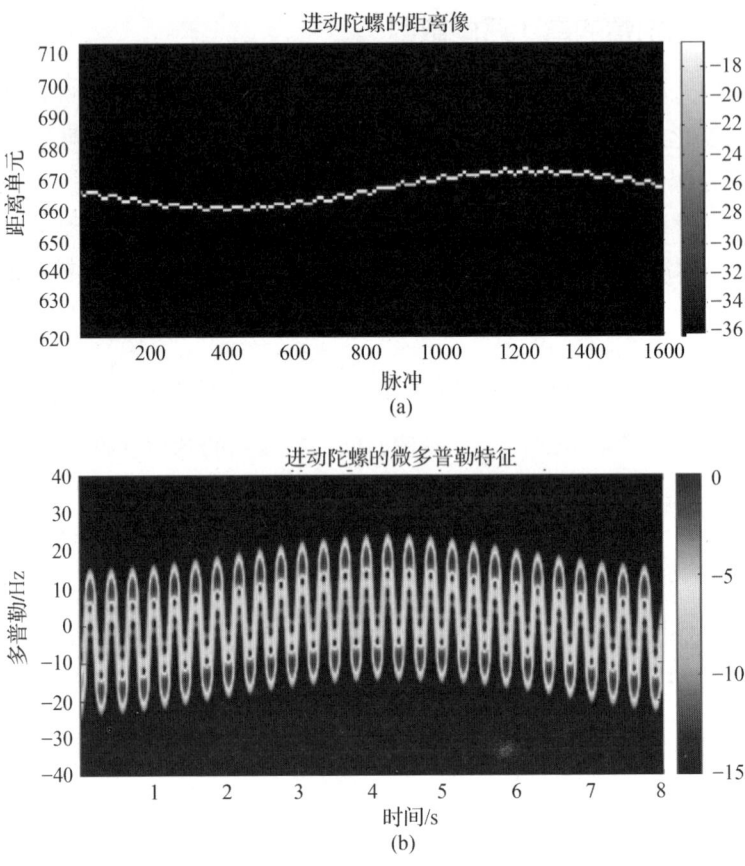

图 3.34 自旋和进动陀螺的距离像（a）和微多普勒特征（b）

3.3.6 进动陀螺微多普勒特征的分析和说明

在雷达观测时间间隔内，模拟的自旋和进动陀螺完成 1 个周期的进动和 27 个周期的章动。进动和章动引起的多普勒调制在图 3.35 所示的微多普勒特征中清晰可见。上部圆板产生的 RCS 并不显著。来自上部圆板边缘的反射是一个有趣的特征，但是在简单的 RCS 模型并未对此予以考虑。

显示了上部圆板边缘反射的更为精确的模拟，可以在参考文献[29 - 30]中找到，在此，陀螺质量为 $m = 25\text{kg}$，质心和固定顶点之间的距离为 $L = 0.563\text{m}$，惯性矩 $I_1 = I_2 = 0.117\text{kg} \cdot \text{m}^2$，$I_3 = 8.5\text{kg} \cdot \text{m}^2$，且初始章动角 $\theta_0 = 20°$。雷达是 X 波段雷达，发射频率 10GHz，带宽 500MHz，距离陀螺顶点 12m。更准确的 RCS 预测模型使用了多种不同的后向散射算法，包括几何光学、物理光学、物理绕射理论和矩量法求解。

第3章 刚体运动的微多普勒效应

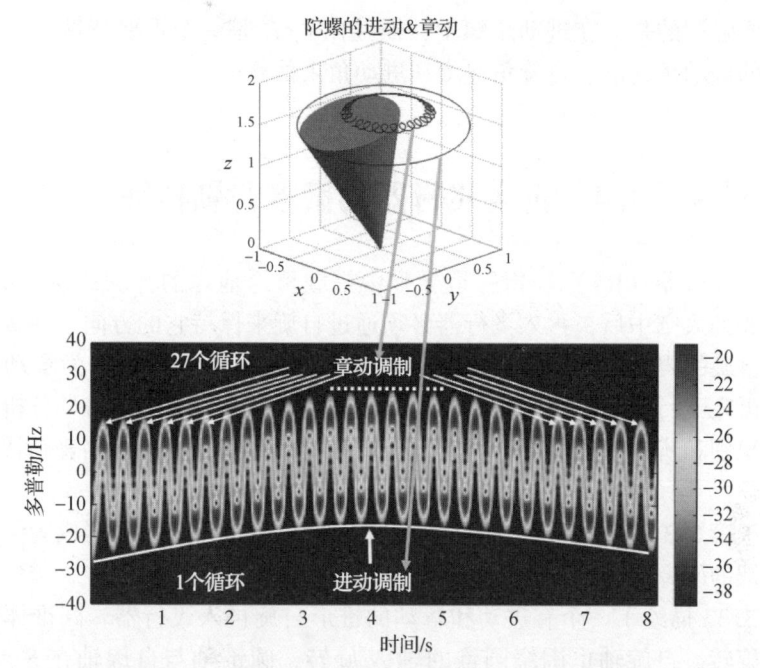

图 3.35 模拟的进动和章动陀螺的微多普勒特征

上述的自旋陀螺的微多普勒特征如图 3.36 所示。从特征中可以清楚地看到，在 5.3s 的观测时间内有大约 1 个进动循环。如图 3.36 所示，还有 12.5 个章动循环，并且在图 3.36 中标记了由陀螺的上部圆板所产生的多普勒调制。

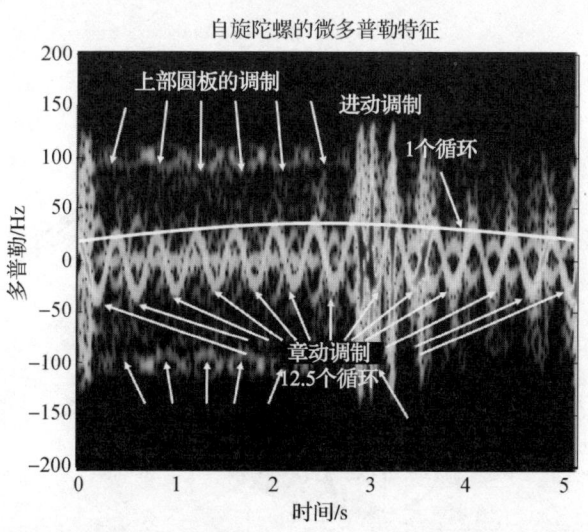

图 3.36 带有上部圆盘的自旋、进动和章动陀螺产生的微多普勒特征（来源：参考文献[29]）

需要强调的是，在进动陀螺中，惯性比 I_1/I_3 是一个重要特性，它可以根据测得的进动角速度、自旋角速度和进动角来估算。

3.4 再入飞行器的微多普勒特征

再入飞行器（RV）是指弹道导弹中搭载重返地球的弹头或诱饵的部件。在被释放到太空中后，再入飞行器必须通过自旋来保持它的方向。在重力的作用下，自旋的再入飞行器将会有围绕轴 N 的进动运动以及被称为章动的上下摆动。再入飞行器和诱饵具有不同的微运动，本书介绍的微多普勒分析可用于分类、识别和辨别弹道目标。因此，研究和提取弹道目标的微多普勒特征成了重要问题[31-37]。

基于第 3.3 节中关于自旋对称陀螺的讨论，自旋再入飞行器成为关于自旋对称陀螺的研究的自然延伸。

图 3.37 描绘了一个有进动和章动的锥形自旋再入飞行器。圆锥体围绕对称轴自旋转，自旋轴也围绕圆锥的轴 N 旋转，圆锥轴与自旋轴在 S 点相交。如果自旋轴不能保持与圆锥轴之间的夹角恒定，它就必然会上下振荡，这种振荡被称为章动。如图所示，φ 是自旋转的角度，称为自旋角；ψ 是进动旋转的角度，称为进动角（与第 3.3 节中定义的进动轴角不同）；θ 是振荡的角度，称为章动角。

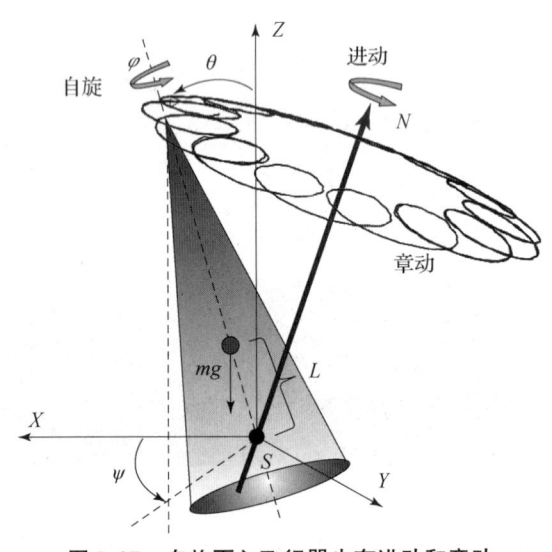

图 3.37 自旋再入飞行器也有进动和章动

图 3.38 展示了雷达与一个有自旋、进动和章动的锥形再入飞行器的几何关系。再入飞行器沿轴线 SN 作圆锥运动。参考坐标系 (X', Y', Z') 与雷达坐标系 (X, Y, Z) 平行且原点位于 S 点。假设再入飞行器质心 O 相对于雷达的方位角和仰角分别为 α 和 β,则进动轴 SN 相对于参考坐标系 (X', Y', Z') 的方位角和仰角分别为 α_N 和 β_N。雷达与再入飞行器质心之间的距离为 R_0,且从质心 O 到参考坐标系原点 S 的距离为 L。

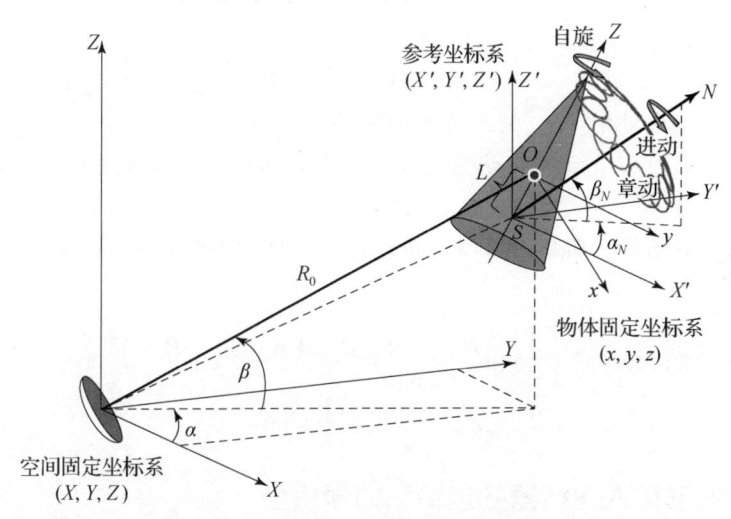

图 3.38 雷达与一个有自旋、进动和章动的圆锥体的几何关系

3.4.1 锥形再入飞行器的数学模型

自旋矩阵和锥旋矩阵已在第 2 章中进行了推导。进动矩阵根据自旋矩阵、锥旋矩阵和章动矩阵推导得出。根据罗德里格(Rodrigues)旋转公式,在给定的自旋轴单位矢量 $\boldsymbol{u}_{\text{spin}} = (u_{\text{spin},x}, u_{\text{spin},y}, u_{\text{spin},z})^{\text{T}}$、自旋的角速度矢量 $\boldsymbol{\omega}_{\text{spin}} = (\omega_{\text{spin},x}, \omega_{\text{spin},y}, \omega_{\text{spin},z})^{\text{T}}$,或标量角速度 $\Omega_{\text{spin}} = \|\boldsymbol{\omega}_{\text{spin}}\|$,以及自旋角速度的单位矢量 $\boldsymbol{\omega}'_{\text{spin}} = (\omega'_{\text{spin},x}, \omega'_{\text{spin},y}, \omega'_{\text{spin},z})^{\text{T}}$ 下,自旋矩阵为

$$\boldsymbol{R}_{\text{spin}}(t) = I + \hat{\boldsymbol{\omega}}'_{\text{spin}} \sin(\Omega_{\text{spin}} t) + (\hat{\boldsymbol{\omega}}'_{\text{spin}})^2 [1 - \cos(\Omega_{\text{spin}} t)] \qquad (3.58)$$

式中:$\hat{\boldsymbol{\omega}}'_{\text{spin}}$ 是斜对称矩阵

$$\hat{\boldsymbol{\omega}}'_{\text{spin}} = \begin{bmatrix} 0 & -\omega'_{\text{spin},z} & \omega'_{\text{spin},y} \\ \omega'_{\text{spin},z} & 0 & -\omega'_{\text{spin},x} \\ -\omega'_{\text{spin},y} & \omega'_{\text{spin},x} & 0 \end{bmatrix}$$

类似地,锥旋矩阵为

$$\boldsymbol{R}_{\text{coning}}(t) = I + \hat{\boldsymbol{\omega}}'_{\text{coning}} \sin(\Omega_{\text{coning}} t) + (\hat{\boldsymbol{\omega}}'_{\text{coning}})^2 [1 - \cos(\Omega_{\text{coning}} t)] \qquad (3.59)$$

式中：$\hat{\omega}'_{coning}$ 是斜对称矩阵

$$\hat{\omega}_{coning} = \begin{bmatrix} 0 & -\sin\beta_N & \sin\alpha_N\cos\beta_N \\ \sin\beta_N & 0 & -\cos\alpha_N\cos\beta_N \\ -\sin\alpha_N\cos\beta_N & \cos\alpha_N\cos\beta_N & 0 \end{bmatrix}$$

由于章动是一种振荡，章动矩阵可以表示为

$$\boldsymbol{R}_{nut}(t) = [u_{nut,x}, u_{nut,y}, u_{nut,z}] \cdot \begin{bmatrix} \cos\theta(t) & -\sin\theta(t) & 0 \\ \sin\theta(t) & \cos\theta(t) & 0 \\ 0 & 0 & 1 \end{bmatrix} \cdot \begin{bmatrix} u_{nut,x} \\ u_{nut,y} \\ u_{nut,z} \end{bmatrix} \quad (3.60)$$

式中：$\theta(t)$ 为章动角；$\boldsymbol{u}_{nut}$ 为单位章动矢量。

因此，自旋、锥旋和章动的组合就变成了再入飞行器的微运动矩阵

$$\boldsymbol{R}_{RV} = \boldsymbol{R}_{spin}\boldsymbol{R}_{coning}\boldsymbol{R}_{nut} \quad (3.61)$$

那么，有自旋、锥旋和章动的进动运动的微多普勒调制就可以用如下公式给出

$$f_{mD}(t)|_{S+C+N} = \frac{2}{\lambda}\left[\left(\frac{d}{dt}\boldsymbol{R}_{coning}\right)\boldsymbol{R}_{spin}\boldsymbol{R}_{nut} + \boldsymbol{R}_{coning}\left(\frac{d}{dt}\boldsymbol{R}_{spin}\right)\boldsymbol{R}_{nut} \right.$$
$$\left. + \boldsymbol{R}_{coning}\boldsymbol{R}_{spin}\left(\frac{d}{dt}\boldsymbol{R}_{nut}\right)\right]radial \quad (3.62)$$

3.4.2 锥形再入飞行器的运动动力学模型

锥形再入飞行器的运动动态与对称陀螺扭矩引入的旋转的运动动态相同。

当刚体在物体固定坐标系中绕着具有欧拉（自旋、进动和章动）角的任意轴旋转时，这些角度的变化率（即欧拉角导数矢量）$\dot{\boldsymbol{\Theta}} = [\dot{\psi}, \dot{\theta}, \dot{\varphi}]^T$ 与角速度矢量 $\boldsymbol{\Omega} = [\Omega_1, \Omega_2, \Omega_3]^T$ 相关，其中，Ω_1、Ω_2 和 Ω_3 是相对于固体固定坐标系的角速度瞬时分量。通过欧拉角旋转运算符 T 建立 $\boldsymbol{\Omega}$ 与 $\dot{\boldsymbol{\Theta}}$ 之间的关系：

$$T(\psi,\theta,\varphi) = \begin{bmatrix} \sin\varphi\sin\theta & \cos\varphi & 0 \\ \cos\varphi\sin\theta & -\sin\varphi & 0 \\ \cos\theta & 0 & 1 \end{bmatrix} \quad (3.63)$$

使得

$$\boldsymbol{\Omega} = T(\psi,\theta,\varphi)\dot{\boldsymbol{\Theta}} \quad (3.64)$$

设再入飞行器质量为 m，相对于物体固定坐标系的主惯性矩为 I_1、I_2 和 I_3。由于质心到参考坐标系原点的距离为 L，那么在重力的作用下，欧拉微分方程为

$$(I_1 + mL^2)\frac{d\Omega_1}{dt} = (I_2 - I_3 + mL^2)\Omega_2\Omega_3 + mgL\cos\varphi\sin\theta$$

$$(I_2 + mL^2)\frac{d\Omega_2}{dt} = (I_3 - I_1 + mL^2)\Omega_1\Omega_3 + mgL\sin\varphi\sin\theta$$

$$I_3\frac{d\Omega_3}{dt} = (I_1 - I_2)\Omega_1\Omega_2 \tag{3.65}$$

式中：φ 为自旋角；θ 为章动角；ψ 为进动角。具体如图 3.37 所示。

假设质量 $m = 25\text{kg}$，距离 $L = 0.5\text{m}$，惯性矩 $I_1 = I_2 = 0.117\text{kg}\cdot\text{m}^2$、$I_3 = 8.5\text{kg}\cdot\text{m}^2$，初始章动角 $\theta_0 = 20°$，初始旋转速度 $d\varphi_0/dt = 20\text{rad/s}$，初始进动速度 $d\psi_0/dt = -6\text{rad/s}$，且初始章动速度 $d\theta_0/dt = 0$。求解运动微分方程组，可以得到再入飞行器的非线性动态，如图 3.39 所示。

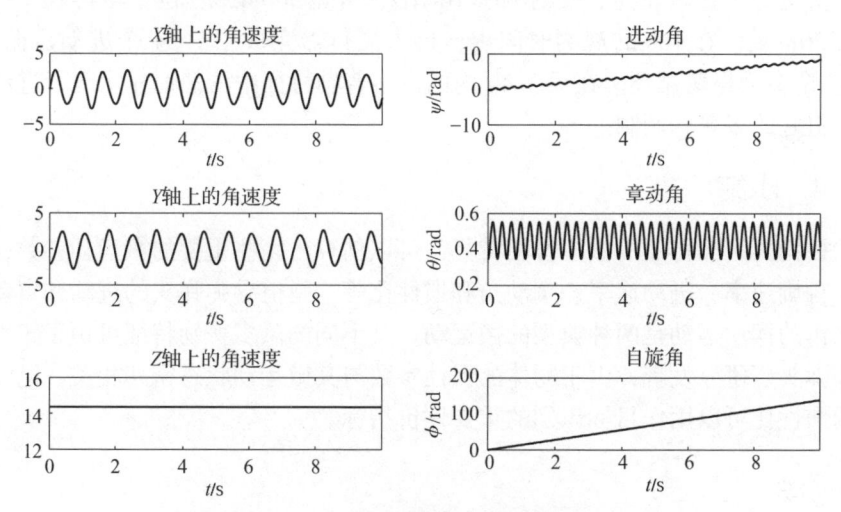

图 3.39 进动、章动和自旋的角速度和欧拉角

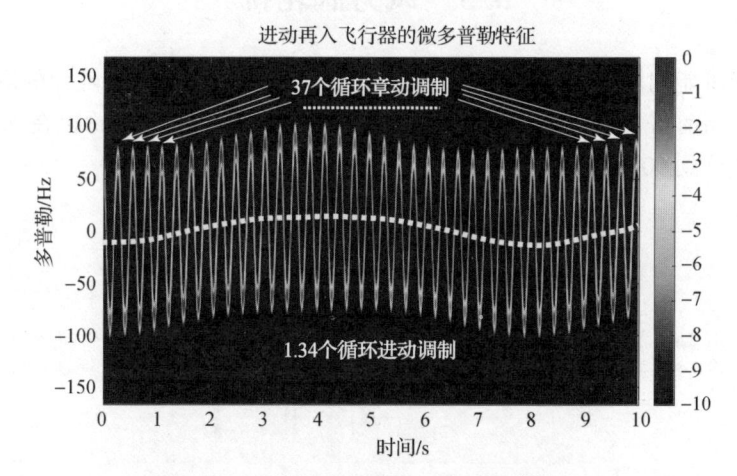

图 3.40 从进动锥体得出的微多普勒特征

3.4.3 微多普勒特征分析

相参雷达系统发射一串矩形窄脉冲,发射频率为 f_c、脉宽为 Δ 且脉冲重复间隔为 ΔT,雷达接收机中的基带信号为

$$s_B(t) = \sum_{k=1}^{n_P} \sqrt{\sigma(t)} \operatorname{rect}\left\{t - k\Delta T - \frac{2R(t)}{c}\right\} \exp\left\{-j2\pi f_c \frac{2R(t)}{c}\right\} \quad (3.66)$$

式中:$\sigma(t)$ 是再入飞行器的 RCS;n_P 是观测时间内接收到的脉冲总数;$R(t)$ 是时刻 t 雷达与再入飞行器质心之间的距离。再入飞行器可建模为截头圆锥体。

雷达为 X 波段雷达,发射频率 10GHz,带宽 500MHz,位于距再入飞行器质心 20m 处。在 10s 的观测时间内,再入飞行器完成了 1.34 个进动角循环,有 37 个章动振荡循环。在图 3.40 内的微多普勒特征中清楚地显示出了进动和章动引起的多普勒调制。

3.4.4 小结

根据再入飞行器的微多普勒特征,可以估算出一些重要的微运动参数,例如,自旋速率、进动速率、章动角和惯性比等。弹道导弹弹头的进动和章动以及诱饵的摆动运动是两种典型的微运动。其不同的微多普勒特征可用于辨别诱饵和弹头。研究发现,由于物体的惯性参数与其微运动状态密切相关,刚性锥体的惯性比可以用作目标识别的重要评价指标。

3.5 风力涡轮机

由于风能利用大幅增加,大量的风力涡轮机和风力涡轮机叶片的巨大 RCS 已成为了当前雷达系统的挑战,正如图 3.41 所示。典型的涡轮机在 X 波段的 RCS 可以达到 60dBsm(或 $10^6 m^2$)[38]。

图 3.41 雷达系统观测的风力涡轮机

第3章 刚体运动的微多普勒效应

大尺寸、高线性速度风力涡轮机的大规模建造已成为雷达类似杂波干扰的新形式。它们会减弱雷达功能、造成虚假的目标探测和跟踪，以及干扰目标参数估算。风力涡轮机对雷达性能的影响，包括对空中交通管制系统、导航系统、气象雷达系统以及其他的一次或二次雷达系统的影响，已被研究和报道[38-48]。

风力涡轮机叶片旋转产生的多普勒频移会影响雷达区分风力涡轮机和飞行器的能力。即使旋翼的旋转速率很低，大直径叶片也会使叶尖速度达到 50～150m/s，正处于飞机的速度范围之内。物理尺寸很大的叶片会产生可观的 RCS 和更宽的频谱。因此，雷达观测到的风力涡轮机叶片就像是一架正在移动的飞机。

虽然开发用于抑制风力涡轮机杂波的新算法是一项重要的任务和挑战，但这并不在本书的讨论范围之内。

3.5.1 风力涡轮机的微多普勒特征

风力涡轮机通常由塔架、发电机舱、轮毂和涡轮机叶片组成。雷达回波主要与前三个部分有关。由于它们的多普勒频率分量在频域中接近零多普勒频率，因此它们可以很容易地被常规的陷波滤波器抑制。发电机舱缓慢旋转方向，从而使涡轮机叶片面对风的方向。虽然发电机舱在缓慢地旋转，但它仍可被视为一个几乎静止的物体。

风力涡轮机的实际运动部件是涡轮机叶片。叶片是一种大型的气动外形构件，工作原理类似于直升机的旋翼叶片。它的运动学和动力学特性也与直升机旋翼叶片相似。因此，直升机旋翼叶片的数学模型、运动动力学和电磁散射模型均适用于风力涡轮机。

除旋转叶片外，风力涡轮机还具有另外两个自由度（即偏航和俯仰）。偏航取决于风向，旨在获得最大效率。俯仰是为了改变攻角，使叶片的旋转速率与风速相适应。叶片的旋转速率通常在 10～20rpm 之间，会产生旋转型微多普勒特征。偏航和俯仰都是慢速运动，会导致不同的微多普勒频谱图形，风力涡轮机的特征与风力涡轮机的形状、材料、俯仰/偏航位置有关，叶片旋转使雷达微多普勒特征更加独特和复杂。

在文献［48］中给出了一个真实的风力涡轮机的微多普勒特征实例。这个实地研究使用了一部实验性 X 波段极化天气雷达和先进的 GE 1.6 – MW 型风力涡轮机。风力涡轮机距离雷达约 7350m，在 270°视角上旋翼叶片几乎与雷达视线方向平行。测得的风力涡轮机微多普勒特征如图 3.42 所示，在此，多普勒频率轴被转换为径向速度轴。

GE 1.6 – MW 型涡轮机具有可变的旋转速率。根据微多普勒特征，估算出的叶尖速度接近于 80m/s。叶片旋转周期约为 3.4s，或者说旋转速率为 17.6rpm。实际旋翼的直径为 82.5m，因此实际的叶尖速度应为 76m/s，与根据微多普勒特征观测到的叶尖速度接近。

3.5.2 风力涡轮机微多普勒特征的分析和说明

与第 3.2.5 节中直升机旋翼的微多普勒特征相似，风力涡轮机的微多普勒特征在零多普勒附近也有很强的分量，这是因为塔架、发电机舱和其他地面杂波产生了很强的固定反射。风力涡轮机的 RCS 远远高于直升机旋翼叶片的 RCS。但是，它的振荡速率却比直升机旋翼低得多。可以很容易地区分开风力涡轮机与直升机的微多普勒特征，尤其是当直升机正在移动以及微多普勒特征的中心线偏离零多普勒的时候。

图 3.42 中的真实风力涡轮机的微多普勒特征显现出了一些有趣的特点。该特征在正、负值速度两侧是截然不同的。负值速度一侧表示叶片朝向雷达旋转，其功率明显低于正值速度侧。在 270°视角上，负的闪烁对应于前缘向下扫描并向雷达靠近，而正的闪烁则是后缘向上扫描并远离雷达。由于前缘更厚，因此来自前缘的闪烁强于来自后缘的闪烁。

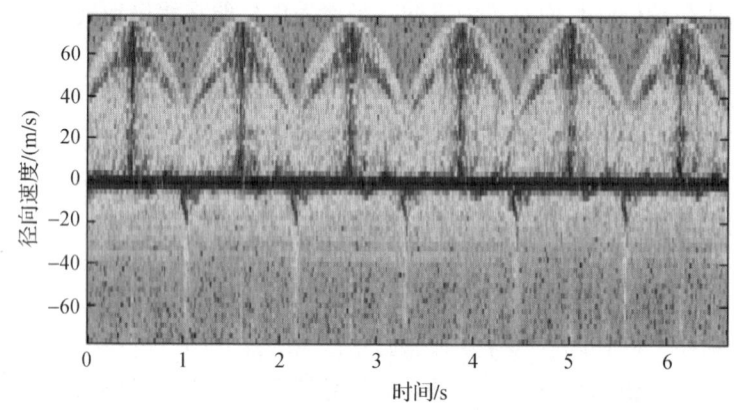

图 3.42 真实的 GE 1.6 – MW 风力涡轮机的微多普勒特征（来源：参考文献 [48]）

此外，风力涡轮机的微多普勒特征也可能因多次弹射而产生多普勒分量。如果雷达波在返回雷达接收机之前被两个不同的表面反射，那么就会发生多次弹射效应。在风力涡轮机中，当雷达发射波从大型涡轮机叶片反射到涡轮机塔架上，然后在返回雷达接收机前被再次反射到叶片上，就会发生多次弹射。

相比于单个涡轮机，多个风力涡轮机产生的微多普勒特征要复杂得多。风力发电场中的所有涡轮机可能不会对准同一个方向，而且涡轮机的方向有可能差别很大。多个涡轮机对 RCS 的影响不在本书讨论范围内。

3.5.3 风力涡轮机仿真研究

在风力涡轮机仿真中，风力涡轮机叶片的 RCS 可以用 RCS 预测法估算。然而，由于风力涡轮机叶片尺寸大且自由度多，计算量极其大。因此，对于风力涡轮机应采用简单的 RCS 预测方法。

在 MATLAB 中有一种被称为 POFACET 的基于物理光学方法的 RCS 预测代码[49]。物理光学方法是一种高频近似方法，用于估算在物体上引入的表面电流。在使用 POFACET 方法时，物体用大量的三角形网格来近似表示，这些网格被称为面元，可以形成连续的物体表面。物体的总 RCS 是各独立面元的 RCS 的平方根量的叠加。计算每个三角形的散射场时，假定该三角形是孤立的并且不存在其他三角形。阴影只被认为是一个被入射波完全照射或完全遮挡的面元。

使用 POFACET 法，得到了如图 3.43 所示的旋转的三叶片涡轮机转子的微多普勒特征，其中，叶片长度 20m，宽度 1m，旋转速率 0.25r/s（即 4s 旋转一周）。雷达在 C 波段工作，频率为 5.0GHz。在风力涡轮机叶片的微多普勒特征中，可以看到后退点和接近点的闪烁。在 5s 内，三个叶片共产生 8 次闪烁。两个连续叶片产生的两次闪烁之间的间隔约为 1.33s。本书提供了类似于计算直升机旋翼叶片的 MATLAB 代码。这些与 POFACET 有关的函数来源于参考文献 [49]。

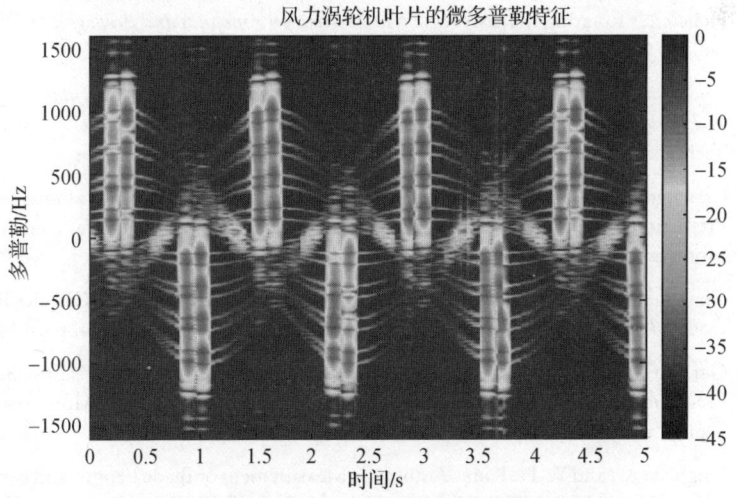

图 3.43 旋转的三叶片涡轮机转子的微多普勒特征

参考文献

[1] Knott, E. F., J. F. Schaffer, and M. T. Tuley, *Radar Cross Section*, 2nd ed., Norwood, MA: Artech House, 1993.

[2] Shirman, Y. D., (ed.), *Computer Simulation of Aerial Target Radar Scattering, Recognition, Detection, and Tracking*, Norwood, MA: Artech House, 2002.

[3] Mahafza, B., *Radar Systems Analysis and Design Using MATLAB*, 3rd ed., Chapman & Hall/CRC, 2013.

[4] Youssef, N., "Radar Cross Section of Complex Targets," *Proc. of IEEE*, Vol. 77, No. 5, 1989, pp. 722–734.

[5] MacKenzie, J. D., et al., "The Measurement of Radar Cross Section," *Proceedings of the Military Microwaves '86 Conference*, June 24–26, 1986, pp. 493–500.

[6] Shi, N. K., and F. Williams, "Radar Detection and Classification of Helicopters," U.S. Patent No. 5,689,268, November 18, 1997.

[7] Chen, V. C., "Radar Signatures of Rotor Blades," *Proceedings of SPIE on Wavelet Applications* VIII, Vol. 4391, 2001, pp. 63–70.

[8] Martin, J., and B. Mulgrew, "Analysis of the Theoretical Radar Return Signal from Aircraft Propeller Blades," *IEEE 1990 International Radar Conference*, 1990, pp. 569–572.

[9] Misiurewicz, J., K. Kulpa and Z. Czekala, "Analysis of Recorded Helicopter Echo," *IEE Radar 97, Proceedings*, 1997, pp. 449–453.

[10] Pouliguen, P., et al., "Calculation and Analysis of Electromagnetic Scattering by Helicopter Rotating Blades," *IEEE Transactions on Antennas and Propagation*, Vol. 50, No. 10, October 2002, pp. 1396–1408.

[11] Anderson, W.C., *The Radar Cross Section of Perfectly Conducting Rectangular Flat Plates and Rectangular Cylinders: A Comparison of Physical Optics, GTD and UTD Solutions*, Technical report ERL-0344-TR DSTO, Australia, 1985.

[12] Chatzigeorgiadis, F., "Development of Code for Physical Optics Radar Cross Section Prediction and Analysis Application," Master's Thesis, Naval Postgraduate School, Monterey, CA, September 2004.

[13] Chatzigeorgiadis, F., and D. Jenn, "A MATLAB Physical-Optics RCS Prediction Code," *IEEE Antenna and Propagation Magazine*, Vol. 46, No. 4, 2004, pp. 137–139.

[14] Garrido, E. E., "Graphical User Interface for Physical Optics Radar Cross Section Prediction Code," Master's Thesis, Naval Postgraduate School, Monterey, CA, September 2000.

[15] Singh, A. K., and Y. -H. Kim, "Automatic Measurement of Blade Length and Rotation Rate of Drone Using W-Band Micro-Doppler Radar," *IEEE Sensors Journal*, Vol. 18, No. 5, 2018, pp. 1895–1902.

[16] Rahman, S., and D. Robertson, "Time-Frequency Analysis of Millimeter-Wave Radar Micro-Doppler Data from Small UAVs," *2017 Sensor Signal Processing for Defense Conference*, 2017, pp. 1–5.

[17] Fuhrmann, L., et al., "Micro-Doppler Analysis and Classification of UAVs at Ka Band," *2017 18th International Radar Symposium (IRS)*, 2017.

[18] Molchanov, P., et al., "Classification of Small UAVs and Birds by Micro-Doppler Signatures," *International Journal of Microwave and Wireless Technologies*, Vol. 6, No. 3-4, 2014, pp. 435–444.

[19] Ritchie, M., et al., "Monostatic and Bistatic Radar Measurements of Birds and Micro-Drone," *2016 IEEE Radar Conference*, Philadelphia, PA, 2016, pp. 1–5.

[20] Green, J. L., and B. Balsley, "Identification of Flying Birds Using a Doppler Radar," *Proc. Conf. Biol. Aspects Bird/Aircraft Collision Problem*, Clemson University, 1974, pp. 491–508.

[21] Ozcan, A. H., et al., "Micro-Doppler Effect Analysis of Single Bird and Bird Flock for Linear FMCW Radar," *2012 20th Signal Processing and Communications Application Conference*, 2012.

[22] Hoffmann, F., et al., "Micro-Doppler Based Detection and Tracking of UAVs with Multistatic Radar," *Proceedings of 2016 IEEE Radar Conference*, 2016, pp. 1–6.

[23] Kim, B. K., H. -S. Kang, and S. -O. Park, "Experimental Analysis of Small Drone Polarimetry Based on Micro-Doppler Signature," *IEEE Geoscience and Remote Sensing Letters*, Vol. 14, No. 10, 2017, pp. 1670–1674.

[24] Jian, M., Z. Z. Lu, and V. C. Chen, "Experimental Study on Radar Micro-Doppler Signatures of Unmanned Aerial Vehicles," *Proceedings of 2017 IEEE Radar Conference*, 2017, pp. 854–857.

[25] Nanzer, J. A., and V. C. Chen, "Microwave Interferometric and Doppler Radar Measurements of a UAV," *Proceedings of 2017 IEEE Radar Conference*, 2017, pp. 1628–1633.

[26] Ritchie, M., F. Fioranelli, and H. Griffiths, "Micro-Drone RCS Analysis," *Proc. of IEEE Radar Conference*, Johannesburg, South Africa, October 2015, pp. 452–456.

[27] Goldstein, H., *Classical Mechanics*, 2nd ed., Reading, MA: Addison-Wesley, 1980.

[28] Trindade, M., and R. Sampaio, "On the Numerical Integration of Rigid Body Nonlinear Dynamics in Presence of Parameters Singularities," *Journal of the Brazilian Society of Mechanical Sciences*, Vol. 23, No. 1, 2001.

[29] Chen, V. C., C. -T. Lin, and W. P. Pala, "Time-Varying Doppler Analysis of Electromagnetic Backscattering from Rotating Object," *The IEEE Radar Conference Record*, Verona, NY, April 24–27, 2006, pp. 807–812.

[30] Chen, V. C., "Doppler Signatures of Radar Backscattering from Objects with Micro-Motions," *IET Signal Processing*, Vol. 2, No. 3, 2008, pp. 291–300.

[31] Persico, A. R., et al., "On Model, Algorithms, and Experiment for Micro-Doppler-Based Recognition of Ballistic Targets," *IEEE Transactions on Aerospace and Electronic Systems*, Vol. 53, No. 3, 2017, pp. 1088–1108.

[32] Gao, H., et al., "Micro-Doppler Signature Extraction from Ballistic Target with Micro-Motions," *IEEE Transactions on Aerospace and Electronics Systems*, Vol. 46, No. 4, 2010, pp. 1968–1982.

[33] Lei, P., J. Wang, and J. Sun, "Analysis of Radar Micro-Doppler Signatures from Rigid Targets in Space Based on Inertial Parameters," *IET Radar, Sonar, Navigation*, Vol. 5, No. 2, 2011, pp. 93–102.

[34] Zhou, Y., "Micro-Doppler Curves Extraction and Parameters Estimation for Cone-Shaped Target with Occlusion Effect," *IEEE Sensors Journal*, 2018.

[35] Li, M., and Y. S. Jiang, "Feature Extraction of Micro-Motion Frequency and the Maximum Wobble Angle in a Small Range of Missile Warhead Based on Micro-Doppler Effect," *Optics and Spectroscopy*, Vol. 117, No. 5, 2014, pp. 832–838.

[36] Choi, I. O., "Estimation of the Micro-Motion Parameters of a Missile Warhead Using a Micro-Doppler Profile," *2016 IEEE Radar Conference*, 2016, pp. 1–5.

[37] Shi, Y. C., et al., "A Coning Micro-Doppler Signals Separation Algorithm Based on Time-Frequency Information," *2017 IEEE International Conference on Signal Processing, Communications and Computing (ICSPCC)*, 2017, pp. 1–5.

[38] Rashid, L. S., and A. K. Brown, "Impact Modeling of Wind Farms on Marine Navigational Radar," *IET 2007 International Conference on Radar Systems*, Edinburgh, U.K., October 5–18, 2007.

[39] Casanova, A. C., et al., "Wind Farming Interference Effects," *2008 5th International Multi-Conference on Systems, Signals, and Devices*, July 20–23, 2008.

[40] Darcy, F., and D. de la Vega, "A Methodology for Calculating the Interference of a Wind Farm on Weather Radar," *2009 Loughborough Antennas & Propagation Conference*, 2009, pp. 665–667.

[41] Spera, D. A., (ed.), *Wind Turbine Technology*, Ch. 9, New York: The American Society of Mechanical Engineers, 1998.

[42] *The Effect of Windmill Farms on Military Readiness*, Office of the Director of Defense Research and Engineering, Report to the Congressional Defense Committees, U.S. Department of Defense, 2006.

[43] Theil, A., and L. J. van Ewijk, "Radar Performance Degradation Due to the Presence of Wind Turbines," *IEEE 2007 Radar Conference*, April 17–20, 2007, pp. 75–80.

[44] Johnson, K., et al., *Data Collection Plans for Investigating the Effect of Wind Farms on Federal Aviation Administration Air Traffic Control Radar Installations*, Technical Memorandum OU/AEC 05-19TM 00012/4-1, Avionics Engineering Center, Ohio University, Athens, OH, January 2006.

[45] *Feasibility of Mitigating the Effects of Wind Farms on Primary Radar*, Alenia Marconi Systems Ltd, Report W/14/00623/REP, June 2003.

[46] Kent, B. M., et al., "Dynamic Radar Cross Section and Radar Doppler Measurements of Commercial General Electric Windmill Power Turbines Part 1: Predicted and Measured Radar Signatures," *IEEE Antennas and Propagation Magazine*, Vol. 50, No. 2, 2008, pp. 211–219.

[47] Dabis, H. S., "Wind Turbine Electromagnetic Scatter Modeling Using Physical Optics Techniques," *Renewable Energy*, Vol. 16, 1999, pp. 882–887.

[48] Kong, F., Y. Zhang, and R. Palner, "Radar Micro-Doppler Signature of Wind Turbines," Chapter 12 in *Radar Micro-Doppler Signature: Processing and Applications*, V. C. Chen, D. Tahmoush, and W. J. Miceli, (eds.), Radar Series 34, IET, 2014, pp. 345–381.

[49] Chatzigeorgiadis, F., and D. Jenn, "A MATLAB Physical-Optics RCS Prediction Code," *IEEE Antennas and Propagation Magazine*, Vol. 46, No. 4, 2004, pp. 137–139.

第 4 章 非刚性物体运动的微多普勒效应

非刚性物体是指可形变的物体，即物体内两点间的距离在物体运动过程中可能发生变化并因此导致物体的形状发生变化。但是，如第 2 章所述，在研究非刚性物体运动的雷达散射时，该物体可以被建模成连接在一起的多个刚性构件或刚性段，并且非刚性物体的运动可以被视为多个刚体的运动。

人体步态在生物医学工程、运动医学、物理治疗、医学诊断和康复学领域内均已有所研究[1]。在运动表现分析、视觉监视和生物计量学的推动下，提取和分析各种人类身体和肢体运动的方法已受到广泛关注。最常用的人体运动分析方法是使用视觉图像序列[2]。但是，对人体运动的视觉感知会受到距离、光线变化、服饰变化以及遮挡等因素的影响。雷达作为一种电磁传感器，已被广泛用于探测感兴趣的目标、测量它们的距离以及分辨多个目标的距离和速度。由于具备远距离能力、优异的昼夜工作性能、相参性以及穿透墙体和地面的能力，雷达已经成了研究人类和动物的微运动的有用工具。

除人体运动外，动物的运动也是一种重要的非刚性物体运动。与人类的两足运动相比，四足动物在做脚着地动作时有更多选择。1887 年，E. Muybridge 用照片记录了动物的运动并出版了一本关于动物运动的书，书中展示了狮子、驴、狗、鹿和大象的行进和奔跑方式[3]。后来，基于对动物运动的理解，出现了有腿的机器[4]。由于运动模式固定，这类有腿机器的性能非常有限。意识到固定运动模式的不足后，使用受控的腿建造了更好的行走机器[5]。

随着对运动的不断理解，人类和动物运动的动态/运动学特性以及运动模式成了计算机视觉和计算机图形学的热点课题[2]。点光源显示器被用于演示人类和动物的身体和肢体动作的动画模式。观察者可以通过有限数目的动画点光源显示来确定地识别出人类和动物的运动[6]。

雷达已被证实有能力探测到雷达散射截面积（RCS）小的目标，例如人类和动物。然而，如何分析人类或动物的动态和运动学特性以及如何从雷达回波中提取运动模式仍然是具有挑战性的课题。

在大多数雷达距离 – 多普勒图像中，经常可以观察到由目标旋转、振动或人体运动引起的多普勒调制；它们会显示为与这些微运动源位置相对应的距离单元上的特征性多普勒频率分布。这些微运动源包括船上的旋转天线、直升机

第4章
非刚性物体运动的微多普勒效应

防热旋翼叶片、人体摆动的手脚，或目标的其他振荡运动特征。要生成清晰的动目标雷达图像，必须采用有效的运动补偿和图像自动聚焦算法，以去除目标的平移运动和振荡运动分量，从而减少其在雷达图像中引起的多普勒分布。

但是，为了提取雷达回波中的振动、旋转或运动特征，它们引起的多普勒分布是不应该被去除的，反而应该被进一步加以利用。因此，对目标的雷达微多普勒特征的研究从实验观测发展到了理论分析[7-14]。如第1章所述，在能够提供时域内附加信息的联合时-频域中表示微多普勒特征，可以利用目标内旋转或振动部件的时变微多普勒特征。这些微多普勒特征反映了目标的运动学特性，并提供了一种独特的目标运动识别方式。通过仔细分析这种特殊特征的不同属性，可以提取出目标的运动学信息，这是辨别目标运动和表征目标活动的基础。第8章将介绍和讨论如何分析微多普勒特征以及如何提取与目标结构部件有关的分量特征的方法。

自20世纪90年代后期就已经开始对人体步态的雷达微多普勒特征研究[7-8]。但是，有关四足动物模拟及其雷达微多普勒特征的著作到目前为止并不多。大多数的动物特征只是根据收集到的真实雷达数据简单描述了动物运动的复杂微多普勒特征。动物运动的理论基础和模拟有待进一步研究。

本章将介绍典型的非刚性物体运动的生物力学分析方法和运动学，并给出描述人体运动的运动学模型。基于此运动学模型，可以轻松地对人进行微多普勒特征分析。第4.1节分析了所模拟的和捕捉到的人体动作的雷达微多普勒特征。在第4.2节中建模、仿真并分析了鸟类扑翼的微多普勒特征，并在第4.3节中介绍了四足动物。

4.1 人体关节运动

步行和奔跑属于关节运动。人体四肢运动的特点是重复的周期性运动。人体步态是大脑、肌肉、神经、关节和骨骼之间高度协调的周期性运动。

步行是一种典型的人体关节运动，可以分解为步态循环中的周期性运动。人体步行周期由两个阶段组成：站姿阶段和摆动阶段。在站姿阶段，脚着地，伴有脚跟触地和脚趾离地。在摆动阶段，脚加速或减速地抬离地面。用于人体步态分析的方法可以是视觉分析、传感器测量，以及测量人体各部位的位移、速度、加速度、方向以及关节角度的运动学系统。不同的人体运动（例如行走、跑步或跳跃）具有截然不同的模式。众所周知，雷达微多普勒特征对距离、光线条件和背景复杂度并不敏感，而视觉图像序列通常会受到这些因素的影响。微多普勒特征可以较容易地用于估算步态的周期性、站姿阶段的周期，以及摆动阶段的周期。

4.1.1 人的行走

人的行走是一种周期性运动，每只脚从一个支撑位置移动到下一个支撑位置，周期性摆动胳膊和腿，并且身体重心上下移动。虽然人的步行方式大致相同，但个体的步态仍具有个性化特征。这就是为什么人们可以在一定距离之外根据走路姿势辨认出朋友[14]。由于深度学习和卷积神经网络已被成功应用于目标分类，人类步态的微多普勒特征对于通过走路方式进行个体识别会很有用。此外，在实践中，往往可以通过步态观察出人的情绪。例如，一个开心的人的步态和一个沮丧的人的步态会有很大的差别。因此，捕捉任何表现出情绪的步态信息会有助于检测人的异常行为。人体步态分析的另一个重要方面是医疗应用，例如，医疗诊断、运动医学、物理治疗和康复。

动态方法和运动学方法均可用于生成人体运动。如果运动的产生不考虑外力的干扰，那么使用前向运动学方法可以很容易地根据关节的角度计算出通过关节连接的身体部件的位置。然后可以使用逆向运动学根据身体部件的位置确定关节的角度。

运动学参数是非常重要的人体运动参数。这些参数包括线性位置（或位移）、线性速度、线性加速度、角位置、角速度和角加速度。为了在三维笛卡儿坐标系中完整描述任何的人体运动，位置、速度和加速度的线性运动学参数定义了人体任何一点的位置随时间变化的方式。速度是相对于时间的位置变化率。加速度定义了相对于时间的速度变化率。这三个运动学参数可用于理解任何人体运动的运动特性。如果加速度可以用加速度计直接测量，那么对应的速度就可以通过对加速度积分来估算，并且对应的位置可以通过对速度积分来估算。

角度的运动学参数包括人体部件的角位置或方向（也称为部位角）、角速度和角加速度。由于人体被视为通过关节连接的若干个部位，因此关节的角度是非常有用的参数。角速度是相对于时间的角度变化率，而角加速度是相对于时间的角速度变化率。这三个角运动学参数被用于描述人体部件的角运动。

当一个刚体绕轴进行角旋转时，刚体中任意一点的线性速度和加速度都可以通过角速度和角加速度来确定。在全局坐标系中，刚体的角运动用它的角速度和角加速度描述。因此，刚体中某一点的线性速度可以用它的切向速度和法向速度来确定。感兴趣的点的切向速度可以根据角速度和到旋转中心的距离推导得出。该点的切向加速度则用角加速度以及到旋转中心的距离来确定。请注

第 4 章 非刚性物体运动的微多普勒效应

意,切向和法向的速度以及加速度都是在物体固定的局部坐标系中给出的。通过对刚体角方位进行简单的三角恒等变换,就可以很容易地将切向和法向的速度与加速度转换到全局坐标系。

4.1.2 人体行走周期性运动描述

人体行走的典型特征是其周期性。图 4.1 描绘了人体行走在一个循环内的运动[1]。站姿阶段约占循环的 60%,其余部分为摆动阶段。在站姿阶段,脚与地面接触。在摆动阶段,脚从地面抬升,腿摆动并为下一步做准备。这样的循环运动会不断重复。

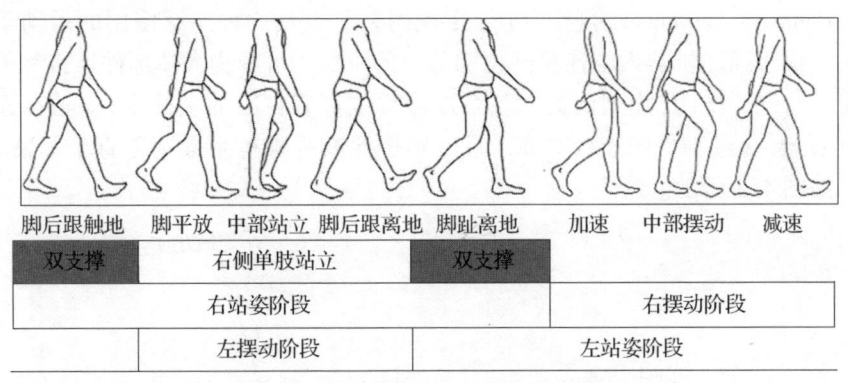

图 4.1 人体行走在一个循环内的运动

站姿阶段包括三个周期:(1) 第一次双支撑,即双脚着地;(2) 单肢站立,即只有一只脚与地面接触,而另一只脚摆动;(3) 第二次双支撑,即双脚再次着地。

在站姿阶段内有五个事件:脚后跟着地、脚平放、中部站立、脚后跟离地和脚趾离地。脚后跟着地是整个步态循环的开始,而脚趾离地是站姿阶段的结束,因为脚离开了地面。

摆动阶段只有单肢摆动。摆动阶段内有三个相关事件:腿向前加速、脚经过身体正下方时中部摆动,以及腿减速以稳定脚部为下一次脚后跟着地做准备。

4.1.3 人体运动的仿真

为了对人体运动进行仿真,需要建立描述感兴趣运动的运动模型和描述人体部位的人体模型。运动模型可以是数学模型或经验模型。数学建模包括构建一组方程和使用计算机仿真人体各部位的运动。经验模型基于大量的人体运动数据来制定人体运动经验方程并构建人体运动的计算机模型。生物力学工程中使用的人体模型对人体进行了简化，只包含了所需要的大量通过共同力矩控制运动的刚性部位。在仿真人体运动时将使用简化的人体模型。

尽管直接从人类对象采集人体运动数据是最好的方式，但通过计算机仿真来生成人体运动数据仍是可取的。仿真使得研究人员可以把某个单一的参数从模型内的其他参数中独立出来单独研究，或在无法对人类对象进行试验的条件下进行研究。因此，仿真在人体运动研究中很重要。

4.1.4 人体部件的参数

Denavit - Hartenberg 规则（D - H 规则）[15-16]是一种广泛使用的运动学表示法，用于描述机器人中连接部位和关节的位置，可视为人体部件连接和关节的简化情况。D - H 规则认为，各个连接部位都有自己的坐标系，z 轴在连接轴方向上，x 轴与外向连接对齐，且 y 轴按照右手坐标系准则垂直于 x 轴和 z 轴，如图 4.2 所示。

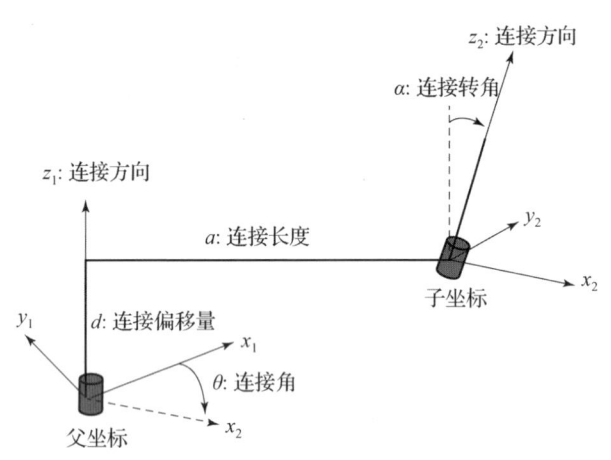

图 4.2 用于描述连接部位和关节位置的 D - H 规则

一旦确定了坐标系，可以用四个参数对连接转换进行唯一描述：θ 是绕着之前的 z 轴或 z_1 轴从旧的 x 或 x_1 轴到新的 x 或 x_2 轴的连接角；d 是沿着之前的 z 轴到公共法线的连接偏移量；a 是公共法线的长度；α 是绕着公共法线从旧的 z 或 z_1 轴到新的 z 或 z_2 轴的夹角，如图 4.2 所示。因此，每一对的连接部位 - 关节都可以被描述为从前一个坐标系到下一个坐标系的坐标变换。

假定人体的任何部位都是刚性连接，因此部位的大小、形状、质量、重心位置和惯性力矩在运动过程中都不会改变。在这个假设下，人体被建模为关节和相互连接的刚性连接部件。这样的刚性部位的运动有六个自由度（DOF）：

三维笛卡尔坐标系中的三个位置和三个欧拉旋转角。

人体的运动学模型是关于人体连接部件的连接性的分层模型，在此定义了一系列父子空间关系并且关节变成为树结构人体模型的节点。在这个运动学树中，所有部件的坐标都是相对于它们的父坐标的局部坐标系。一个节点的任何变换都只会影响它的子节点，但基（根）节点的变换将会影响人体树中的所有子节点。

为了估算人体部件的运动学参数，Boulic、Magnenat‐Thalmann 和 Thalmann[17]使用生物力学实验数据提出了一种基于经验数学参数化的全局人体行走模型。这个全局步行模型取了步行拟人化的平均值。该模型将会进行介绍并被用于人类步态分析和人类步态的微多普勒特征研究。

动作捕捉方法使用传感器捕捉人体动作。传感器可以是主动传感器（例如，加速度计、陀螺仪、磁力计），也可以是被动传感器（例如，摄像机）。卡内基梅隆大学的图形实验室使用 12 台红外相机捕捉了人体各部位上的 41 个标记点的运动[18]。这些标记点在三维空间中的位置和方位以 120Hz 的帧率进行跟踪并存储在数据库中。在本书中，人体行走的雷达回波仿真基于经验的数学参数化模型[17]，而更复杂的人体运动，如跑步、跳跃以及其他运动，则是基于卡内基梅隆大学数据库提供的运动捕捉数据[18]。

4.1.5　根据经验的数学参数化模型得出的人体行走模型

Boulic、Magnenat‐Thalmann 和 Thalmann 基于使用生物力学实验数据得出的经验的数学参数化提出了一种全局人体行走模型[17]。由于该模型基于对实验测量的参数求平均得，所以它是一个平均人体行走模型，没有关于个性化运动特征的信息。虽然这个方法用于建模人体行走，但如果有实验数据的话，则它的原理也适用于其他的人体运动。在本节中，用于实施这个人体行走模型的计算机算法和源代码将会被详细描述并用于研究人体行走的微多普勒特征。为了与 Boulic、Magnenat‐Thalmann 和 Thalmann 的论文[17]一致，本节内使用了与论文中使用的符号相同的符号。全局人体行走模型的 MATLAB 源代码以文献［17］为基础。对文献［17］中使用的经验方程进行更加详细的描述有助于理解全局人体行走模型的 MATLAB 仿真。由于使用了非常多的人体部件，所以全局人体行走模型的源代码非常长。但是它可以帮助读者理解整个仿真过程。

这个全局步行模型是基于大量实验数据而非求解运动方程得出的。该模型以时间函数的形式提供了行走人体的任何部位的三维空间位置和方向。具体来说，运动用 12 种轨迹、3 种平移和 14 种旋转来描述，其中 5 种旋转在身体两侧是重复的，如表 4.1 所列。这些平移和旋转描述了一个循环的步行运动（即从右脚后跟着地到右脚后跟着地）。它们都取决于步行的速度。

表 4.1　人体轨迹

轨迹	平移	人体旋转	左旋转	右旋转
垂直平移	$T_V(t)$			
横向平移	$T_L(t)$			
前/后平移	$T_{FB}(t)$			
前/后旋转		$\theta_{FB}(t)$		
左/右旋转		$\theta_{LR}(t)$		
反扭旋转		$\theta_{TO}(t)$		
臀部挠曲			$\theta_H(t)$	$\theta_H(t+0.5)$
膝盖挠曲			$\theta_K(t)$	$\theta_K(t+0.5)$
踝关节挠曲			$\theta_A(t)$	$\theta_A(t+0.5)$
胸部运动		$\theta_{TH}(t)$		
肩部挠曲			$\theta_S(t)$	$\theta_S(t+0.5)$
肘部挠曲			$\theta_E(t)$	$\theta_E(t+0.5)$

根据文献 [17]，轨迹用三种方法描述。六种轨迹由正弦表达式给出（其中之一由分段函数给出），另外六种轨迹则由通过位于这些轨迹端点处的控制点的三次样条函数表示。

给定相对步行速度 V_R 以 m/s 为单位（根据腿的长度进行归一化，即用无量纲数值 H_t 调制比例），一个步行循环的相对长度经验化地表示为 $R_C = 1.346 \times V_R$（单位为 m）。那么，一个循环的持续时间定义为 $T_C = R_C/V_R$，单位为 s，且相对时间按无量纲数值 T_C 归一化为 $t_R = t/T_C$，单位为 s。支撑的持续时间为 $T_S = 0.752 T_C - 0.143$，双支撑持续时间为 $T_{DS} = 0.252 T_C - 0.143$。物体固定的局部坐标系以脊柱原点为中心。脊柱原点的高度约为人体身高 H 的 58%（以 m 为单位）。

那么，平移轨迹如下。

（1）垂直平移：脊柱中心沿脊柱高度方向的垂直偏移。该平移为

$$T_{r_{\text{vertical}}} = a_v + a_v \sin[2\pi(2t_R - 0.35)] \tag{4.1}$$

式中：$a_v = 0.015 V_R$。以 m 为单位的垂直平移函数如图 4.3 所示。

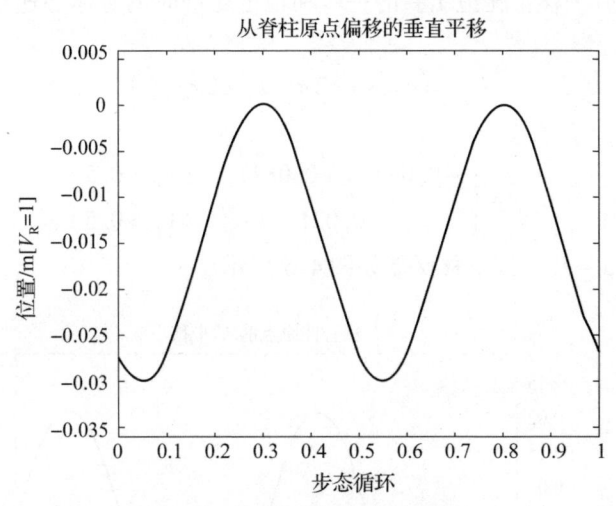

第 4 章
非刚性物体运动的微多普勒效应

图 4.3 脊柱中心的垂直偏移

（2）横向平移：脊柱中心的横向摆动。该平移为

$$T_{r_{\text{lateral}}} = a_1 \sin[2\pi(t_R - 0.1)] \tag{4.2}$$

式中

$$a_1 = \begin{cases} -0.128 V_R^2 + 0.128 V_R & (V_R < 0.5) \\ -0.032 & (V_R > 0.5) \end{cases} \tag{4.3}$$

横向平移函数如图 4.4 所示。

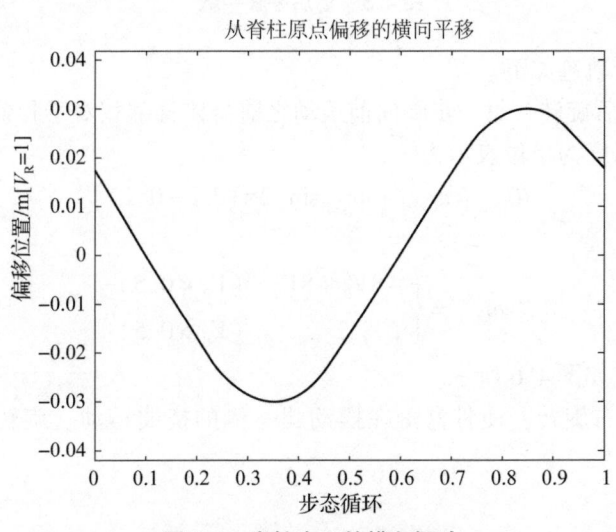

图 4.4 脊柱中心的横向摆动

(3)前/后平移：腿迈出新的一步和稳定腿部时的身体加速与减速。该平移为

$$T_{r_{F/B}} = a_{F/B}\sin[2\pi(2t_R + 2\varphi_{F/B})] \quad (4.4)$$

式中：

$$a_{F/B} = \begin{cases} -0.084V_R^2 + 0.084V_R & (V_R < 0.5) \\ -0.021 & (V_R > 0.5) \end{cases} \quad (4.5)$$

且 $\varphi_{F/B} = 0.625 - T_S$。该平移函数如图4.5所示。

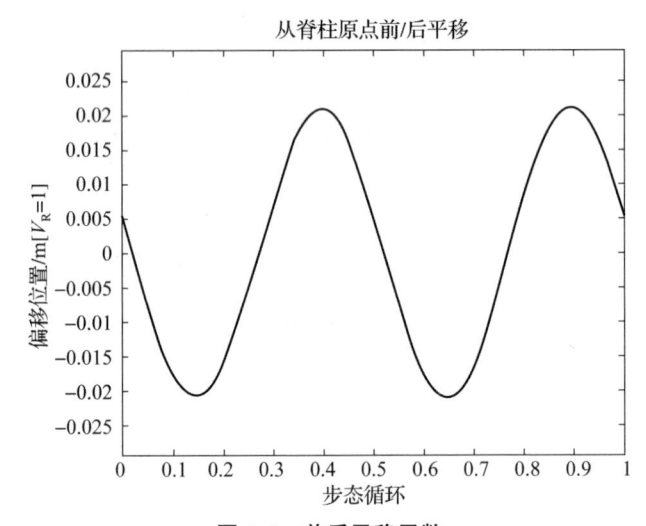

图 4.5 前后平移函数

三条旋转轨迹如下。

(1)前/后旋转：每一步腿向前运动之前身体背部相对于骨盆做出的挠曲运动。旋转以度为单位表示为

$$R_{O_{F/B}} = ar_{F/B} + ar_{F/B}\sin[2\pi(2t_R - 0.1)] \quad (4.6)$$

式中：

$$ar_{F/B} = \begin{cases} -8V_R^2 + 8V_R & (V_R < 0.5) \\ 2 & (V_R > 0.5) \end{cases} \quad (4.7)$$

旋转函数如图4.6所示。

(2)左/右旋转：使骨盆落在摆动腿一侧的挠曲运动。旋转以分段函数表示

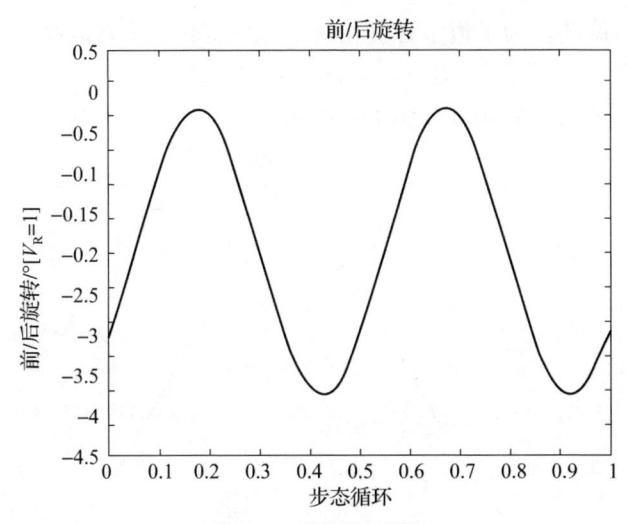

前/后旋转

图 4.6　前后旋转函数

$$R_{O_{L/R}} = \begin{cases} -ar_{L/R} + ar_{L/R}\cos[2\pi(10t_R/3)] & (0 \leq t_R < 0.15) \\ -ar_{L/R} - ar_{L/R}\cos\{2\pi[[10(t_R-0.15)/7]]\} & (0.15 \leq t_R < 0.5) \\ -ar_{L/R} - ar_{L/R}\cos\{2\pi[[10(t_R-0.5)/3]]\} & (0.5 \leq t_R < 0.65) \\ -ar_{L/R} - ar_{L/R}\cos\{2\pi[[10(t_R-0.65)/7]]\} & (0.65 \leq t_R < 1) \end{cases}$$

(4.8)

式中：$ar_{L/R} = 1.66V_R$。旋转函数如图 4.7 所示。

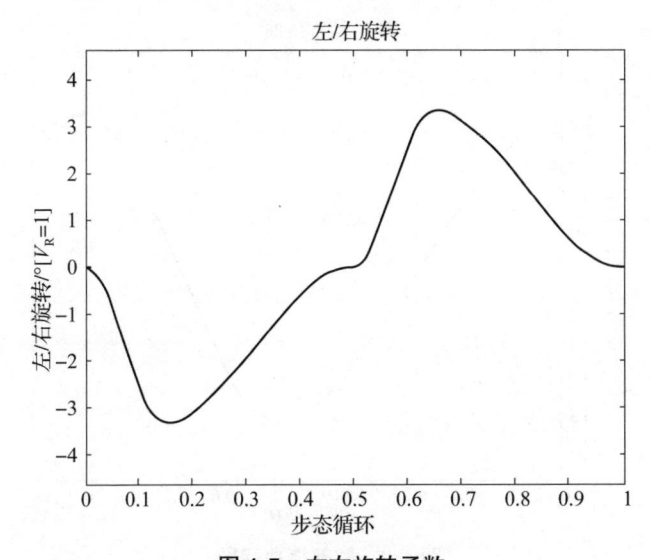

左/右旋转

图 4.7　左右旋转函数

(3)反扭旋转：为了迈步骨盆相对于脊柱旋转。旋转以度为单位

$$R_{o_{Tor}} = -ar_{Tor}\cos(2\pi t_R) \tag{4.9}$$

式中：$ar_{Tor} = 4V_R$。旋转函数如图4.8所示。

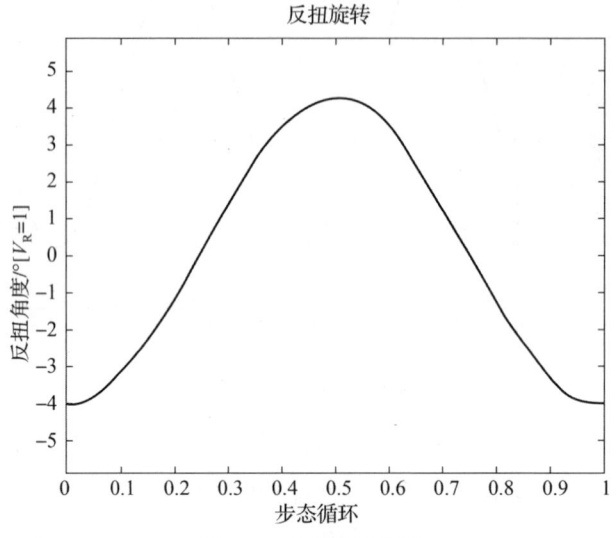

图4.8 反扭旋转函数

下半身和上半身的六种挠曲或扭转轨迹如下。

(1)臀部挠曲：需要拟合3个控制点。以度为单位的臀部挠曲函数如图4.9所示。

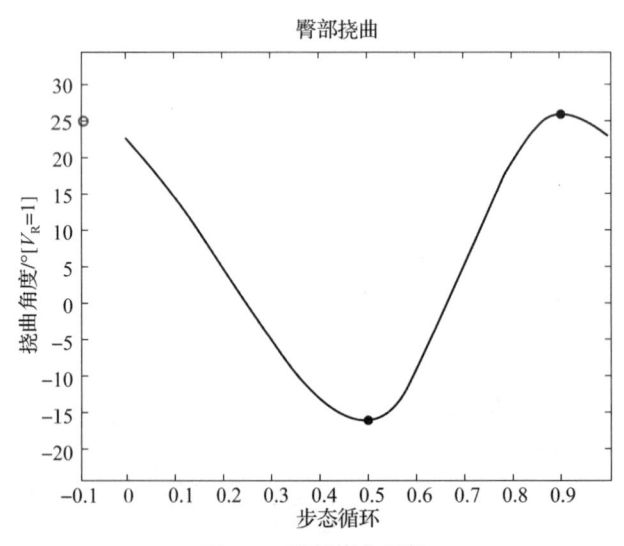

图4.9 臀部挠曲函数

（2）膝盖挠曲：需要拟合 4 个控制点。膝盖挠曲函数如图 4.10 所示。

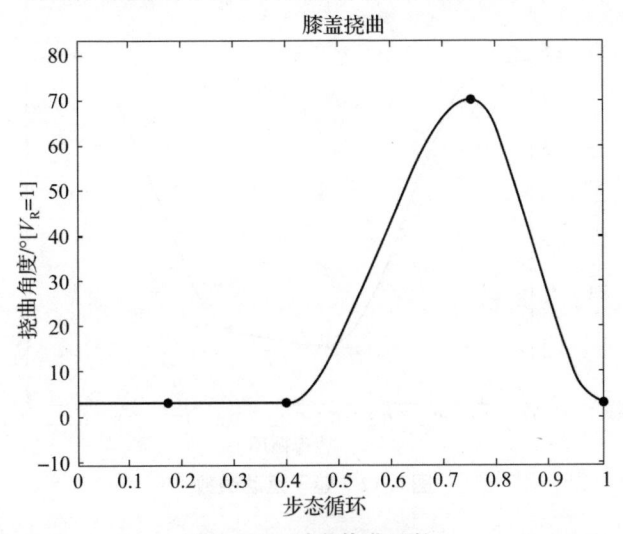

图 4.10　膝盖挠曲函数

（3）踝关节挠曲：需要拟合 5 个控制点。踝关节挠曲函数如图 4.11 所示。

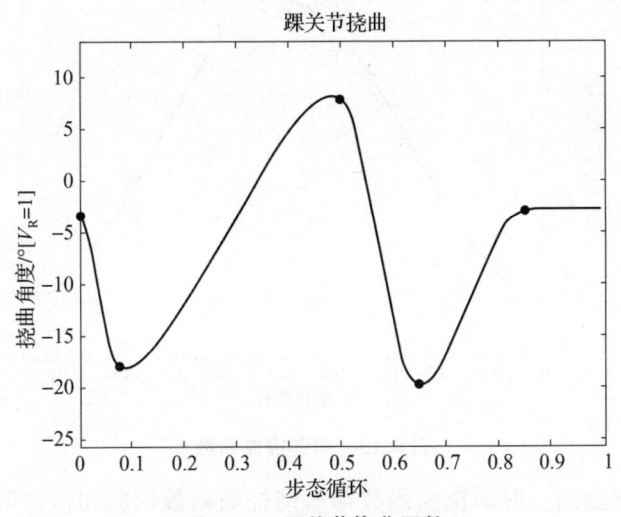

图 4.11　踝关节挠曲函数

（4）胸部运动：需要拟合 4 个控制点。胸部运动函数如图 4.12 所示。
（5）肩部挠曲：肩部有左右旋转，挠曲函数为

$$R_{O_{Should}} = 3 - ar_{Should}\cos(2\pi t_R) \tag{4.10}$$

式中：$ar_{Should} = 9.88 V_R$。肩部挠曲函数如图 4.13 所示。

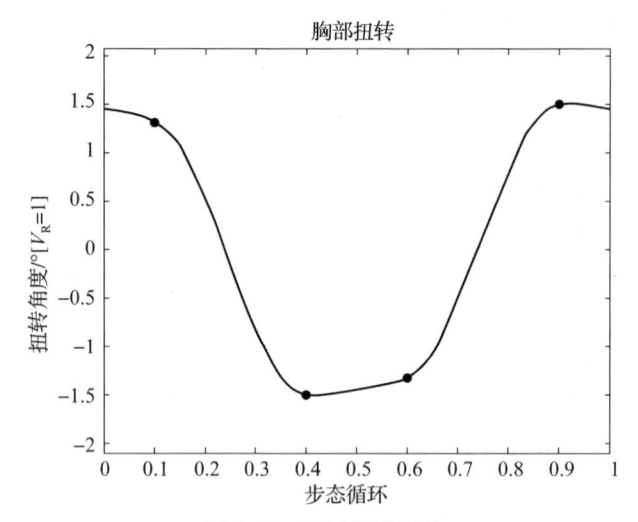

图 4.12 躯干运动函数

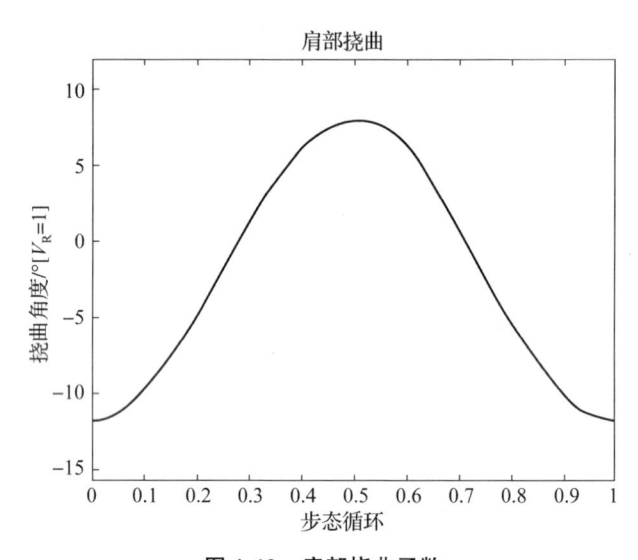

图 4.13 肩部挠曲函数

（6）肘部挠曲：肘部挠曲函数与肩部挠曲函数形状相似，但肘部挠曲的角度不能为负值。肘部挠曲函数如图 4.14 所示。

因为这些单一方程和分段函数在一段时间的多个循环内都是可微分的，所以用于计算最终结果的方法是通过在当前循环的前一个和后一个循环内放置两组额外的控制点来形成一个样条函数。仅使用来自中间循环的数据，用以保证周期性重复时的连续性和可微分性。

第 4 章
非刚性物体运动的微多普勒效应

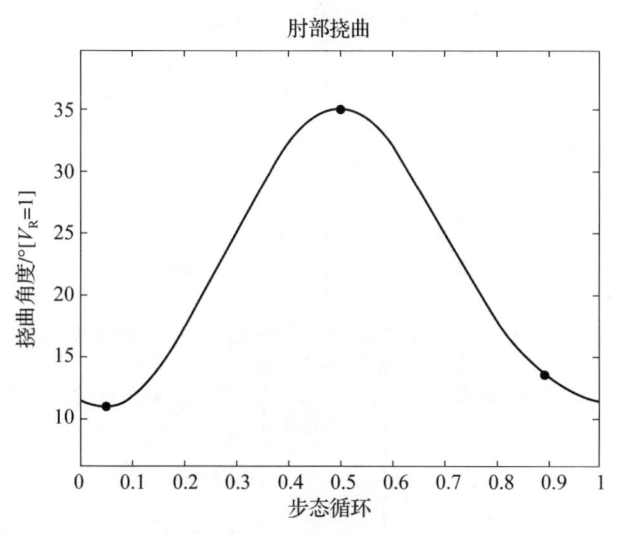

图 4.14　肘部挠曲函数

在正确计算出必要的运动轨迹后，使用这些轨迹计算出人体上的 17 个参考点在三维空间内的位置，这样就可以构造出一个可工作的行走模型。这些参考点包括：头、颈、脊柱底端、左右肩、肘、手、臀部、膝盖、踝关节和脚趾。(x, y, z) 坐标系定义为：正 x 方向为向前，正 y 方向为向右，正 z 方向为向上，且脊柱底端位于原点（图 4.15）。

如图 4.16 所示，身体部位的三维方向可以通过基于以脊柱原点为中心的人体参考坐标系定位 17 个关节点来确定。根据用生物力学实验数据模型描述的关节点的挠曲角函数和平移，欧拉角旋转矩阵可以被用于计算出

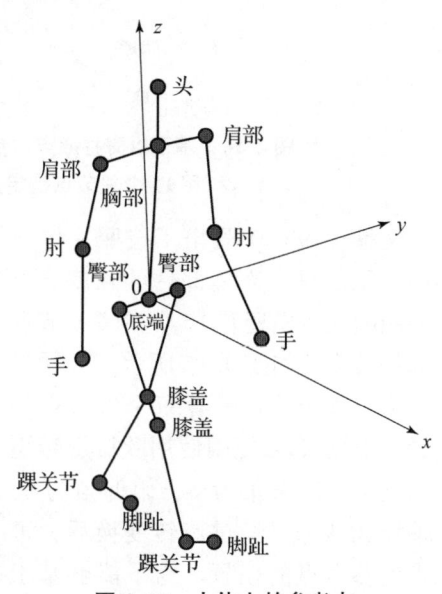

图 4.15　人体上的参考点

17 个关节点在每个帧时间上的位置。通过仔细处理挠曲和平移，可以得到这些关节点的三维轨迹。人体行走的这些线性和角度运动参数可被用于仿真人体的雷达回波。

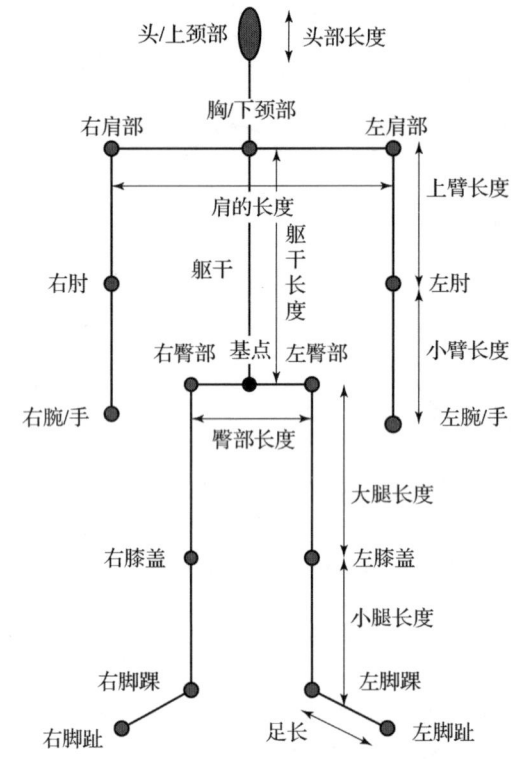

图 4.16 基于以脊柱原点（底端）为中心的人体参考坐标用 17 个关节点确定人体部件的三维方向

文献 [19] 中列出了按照人体身高归一化的每个人体部件的长度。本书使用的人体模型有 17 个参考关节点和部件长度，如图 4.17 所示。

为了基于轨迹计算每个参考点的位置，根据 XYZ 规则使用欧拉旋转矩阵，其中，横滚角为 ψ，俯仰角为 θ，且偏航角为 φ。经过旋转变换后，可以得到参考点的位置。为了能够基于多个角度精确计算人体参考点，必须首先计算最外侧的角度（图 4.18）。在考虑过这些角度后再处理平移。

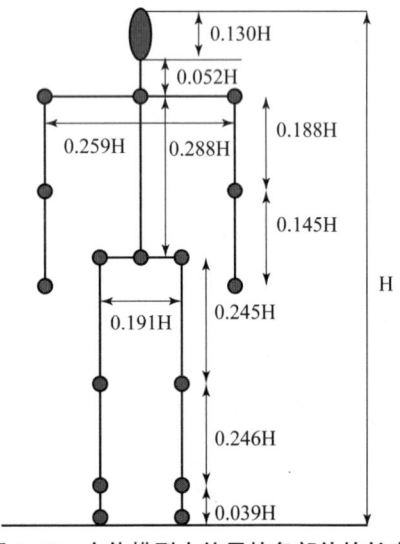

图 4.17 人体模型中使用的各部件的长度

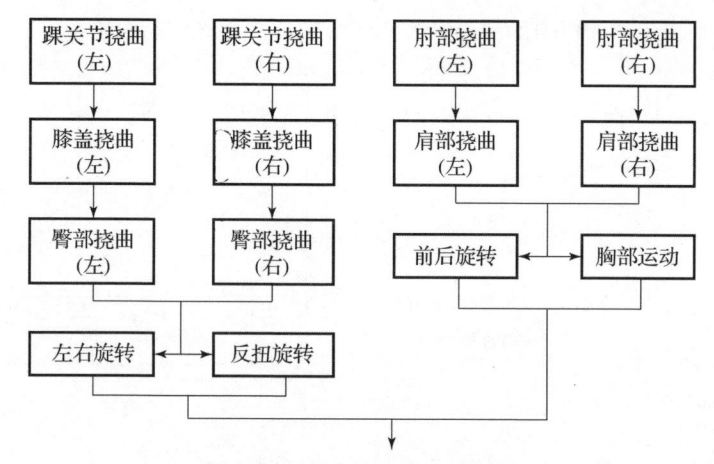

```
踝关节挠曲(左)    踝关节挠曲(右)    肘部挠曲(左)    肘部挠曲(右)
      ↓              ↓              ↓              ↓
   膝盖挠曲(左)    膝盖挠曲(右)    肩部挠曲(左)    肩部挠曲(右)
      ↓              ↓              ↓              ↓
   臀部挠曲(左)    臀部挠曲(右)    前后旋转 ↔ 胸部运动
      ↓              ↓
   左右旋转 ↔ 反扭旋转
```

图 4.18 角度轨迹计算的顺序

给定一段时间内的一系列参考点，使用这些数据制作的模型动画证实了模型的有效性。模型动画表明，该模型能够生成正确的人体行走模型（图 4.19）。本书提供的 MATLAB 源代码列表可以用于实现文献 [17] 中提出的人体行走模型以及将人体行走动画可视化。

图 4.19 人体行走动画

图 4.20 局部显示了人体行走时独立身体部位的轨迹，图 4.21 则是计算得到的相应的径向速度。图 4.22 中的人体径向速度模式与第 4.1.9 节所示的人体行走的雷达后向散射的微多普勒特征是一致的。

4.1.6 捕捉人体运动的运动学参数

为了捕捉人体运动，使用的传感器可以是有源或无源的。有源传感器向人体对象发射信号并接收来自目标的反射信号。无源传感器不发射任何信号且仅接收来自被其他源照射的物体的反射信号。动作捕捉系统中使用的标记可以是

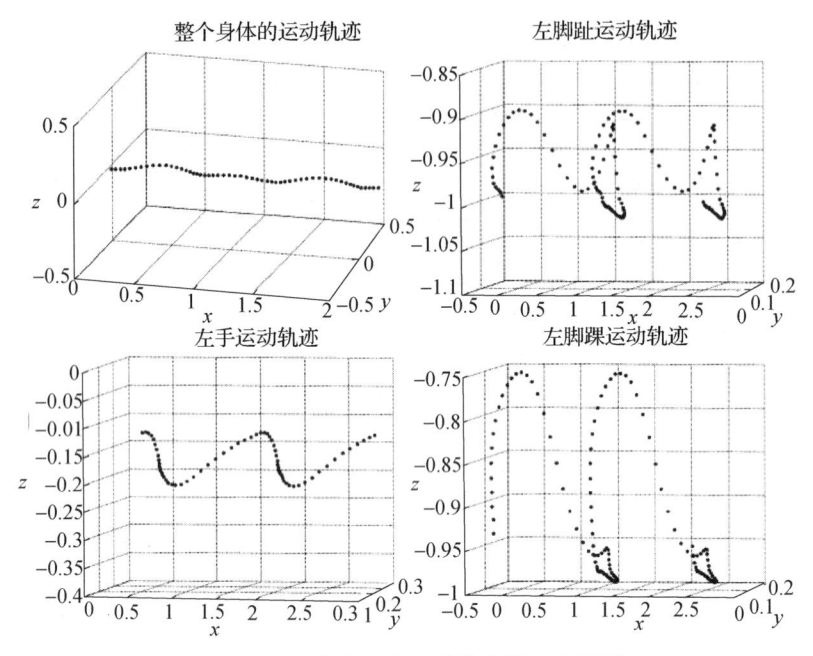

图 4.20 人体各部位运动轨迹的 4 个示例

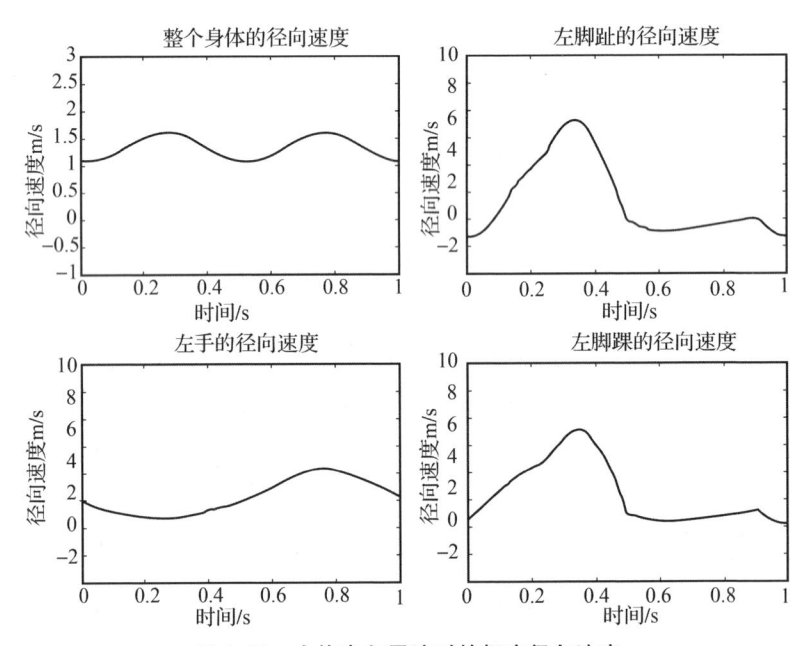

图 4.21 人体走向雷达时的相应径向速度

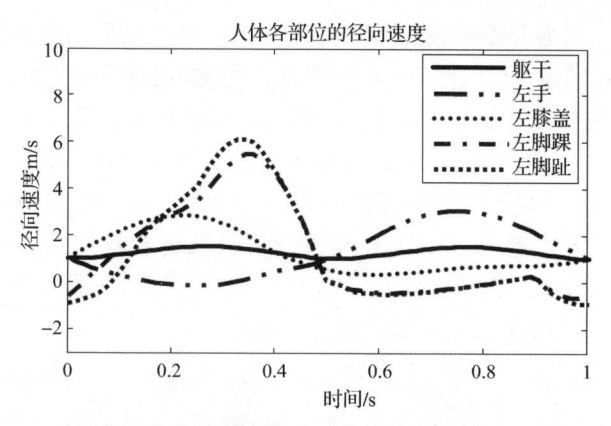

图 4.22 人体各部位的径向速度与人走向雷达时的微多普勒特征一致

被动或主动的[20-21]。点光源显示是一种很有用的主动型标记。它出现在 20 世纪 70 年代[22]，可以清晰演示不同动物的各种运动特征。

为了感知三维运动，常用的有源传感器包括加速度计、陀螺仪、磁力计、声学传感器，甚至还有雷达传感器。加速度计是一种附着在物体上的小型传感器，用于测量物体的加速度。它可以测量由传感器运动造成的偏移并将偏移转换成电信号。电磁传感器附着在任意两个连接部位的关节处，用于测量关节点相对于地球磁场的方向和位置。目前，这些有源传感器已广泛用于跟踪人体关节或部位在三维空间中的位置。

根据测得的加速度准确估算相应的位移和速度是至关重要的。速度是由加速度相对于时间的积分确定的，而位移则是速度相对于时间的积分。为了正确执行积分过程，必须通过迭代加入速度的连续变化来积分测得的加速度历程。因此，速度和位移的历程用如下公式计算

$$v_i = \frac{a_i + a_i - 1}{2}\Delta t + v_i - 1$$
$$x_i = \frac{v_i + v_i - 1}{2}\Delta t + x_i - 1$$
(4.11)

式中：Δt 是两个连续的被测加速度样本之间的时间间隔；a_i 是在采样时间 i 上测得的加速度；v_i 是在采样时间 i 上估算出的速度；x_i 是在采样时间 i 上估算出的位移，$i = 1, 2, \cdots, N$，其中，N 是被测加速度的样本总数。第一个初始速度和位移必须是已知的。对于从静止开始的运动，第一个初始速度和位移可以设为零。否则，它们就不得不使用其他方法来测量。

为了感知旋转运动，可使用陀螺仪。结合使用陀螺仪与加速度计，可获取完整的 6 个自由度（DOF）的数据。三维空间中的人体运动可以用 6 个 DOF 完

整地描述出来：沿着每个轴的线性加速度和围绕每个轴的角度旋转。因此，加速度计和陀螺仪的组合可以作为一种完整的运动感知设备用于捕捉人体运动信息。

用于捕捉人体动作运动学信息的常用的无源传感装置是光学动作捕捉系统。该系统配备了多台相机，用以记录附着在被测人体运动部位上的光学标记点的运动。图 4.23 描绘了多台相机的方位和排列。每台相机捕捉二维坐标数据，并且每个光学传感器（标记）至少可以被两台相机拍到。根据这些二维坐标集，可以计算出三维坐标的运动数据。然后可以使用直接线性变换[23,24]将标记从相机的二维坐标表示到三维空间坐标。

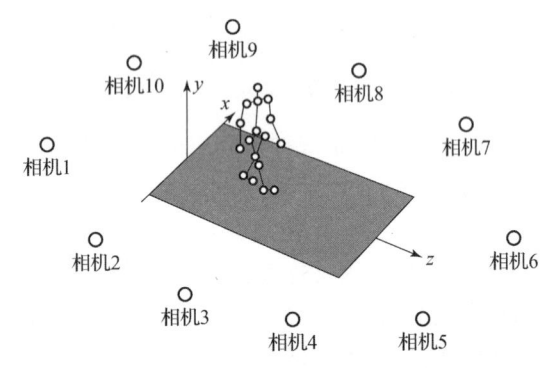

图 4.23　配备多台相机的光学动作捕捉系统

4.1.7　三维运动学数据采集

卡内基梅隆大学图形实验室采集的动作捕捉（MOCAP）数据库是公开的并且对于研究人体运动非常有用[18]。12 台帧率为 120Hz 的红外相机沿着一个矩形区域放置，用以捕捉人体运动的数据。人体所穿的连体服上有 41 个标记点。相机可通过红外线看到这些标记点。对 12 台相机的图像进行处理，生成三维人体骨架运动数据。骨架运动数据随后存储在一对数据文件中。该对数据文件中的 ASF（骨架）文件描述关于骨架和关节的信息，而 AMC（动作捕捉）文件则包含运动数据。

在 ASF 文件中给出了 30 个骨骼区段的长度和方向。从 AFS 文件中可以读取共计 30 个人体部件，分别是左右髋关节、左右股骨、左右胫骨、左右脚、左右趾、背的下部、背的上部、胸廓、下颈部、上颈部、头、左右锁骨、左右肱骨、左右桡骨、左右手腕、左右手、左右手指以及左右拇指。对于研究人体行走、奔跑或跳跃，手指和拇指的数据是不需要的。

在动作捕捉数据库中，人体对象的运动是在 $x-z$ 平面上，沿正 z 轴方向为向前，这与文献［17］中推导出来的人体行走模型内定义的坐标系是不同的，在后者的模型中，人体在 $x-y$ 平面上运动，以正 x 轴方向为向前。

骨架层次结构的根是一个没有方向和长度的特殊段。在 AMC 文件中，根只包含起始位置和旋转顺序信息。层次结构中其他骨骼区段的旋转和方向均在 AMC 文件中计算。骨骼区段的旋转用它的旋转轴定义。骨骼区段的方向定义了从亲段到子段的方向。

为了计算每个骨骼区段的全局变换，首先要使用从其亲段开始的平移补偿矩阵和旋转轴矩阵计算局部变换矩阵。使用 AMC 文件内的运动数据和 ASF 文件中定义的骨架，线性和角度的运动学参数可用于制作人体运动的动画以及计算运动人体的雷达回波。

最近，BVH（BioVisionHierarchy）文件格式已成为一种流行且广泛使用的运动数据格式[25]。文献［18］中使用的早期的 ASF/AMC 骨架和动作捕捉格式已被 BVH 格式取代。卡内基梅隆大学图形实验室采集的整套 ASF/AMC 人体运动数据库都已被转换为 BVH 格式。BVH 文件由两部分组成，第一部分详细描述了骨架的层次结构和初始姿势，第二部分描述了随时间变化的自由度数据或运动数据。

根据捕捉到的运动学数据库可以构建出人体各部分的三维运动轨迹。图 4.24 显示了从人体根点（即脊柱底端）运动学数据中提取的人体二维位置轨迹，从向前行走开始，然后侧步走，接着向后退，最后斜向行走。图 4.25 展示了重建的人体模型侧向行走和向后退的动画。

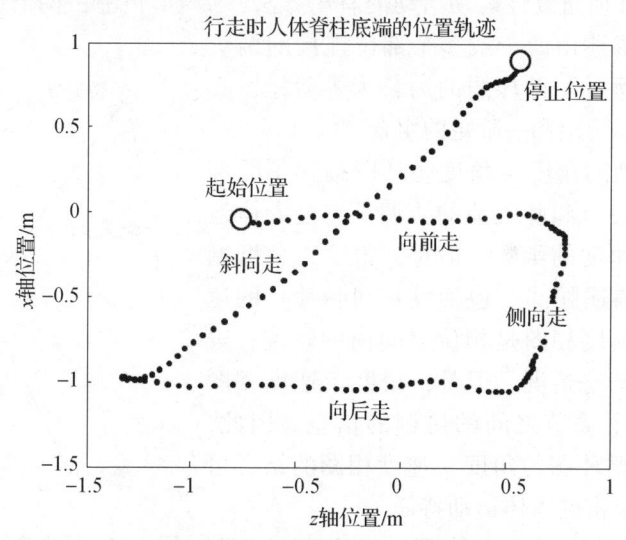

图 4.24　行走时人体脊柱底端的二维位置轨迹，首先向前走，
然后侧步走，接着向后走，最后斜向走

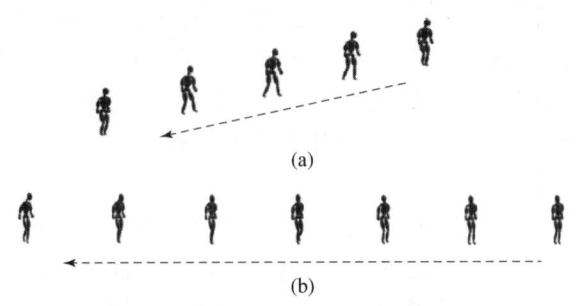

图 4.25 重建的人体模型动画
(a) 侧向行走；(b) 向后退

图 4.24 中的人体运动轨迹不能指示出人是在行走还是在奔跑，是在向前走还是向后退，是在上楼还是在下楼。除了图 4.25 所示的重建人体运动模型动画外，使用角度循环图是另一种识别人体运动细节的方法。角度循环图是两个关节角的相位–空间表示方法。

4.1.8 使用角度循环图模式的角度运动学特性

一个动态系统，例如人体运动，可以用一组状态变量来描述。关节角或关节速度就是这样的状态变量，可用于表示人体运动。可测量的运动描述变量，如步幅、步频以及摆动、站姿或双支撑的时长，对于运动很重要。循环图是一种可以描述任何重复性运动活动的有用方法[26]。循环图并非描述单个关节的运动，而是描述由两个或多个部位连接的两个关节的协调运动。循环图的周长为零阶矩，其质心位置是零阶矩和一阶矩的组合[26]。

人体运动的角度–角度循环图描述了腿部姿态以及髋关节和膝关节的协调。它是人体运动的斜度和速度的函数。但是，角度–角度循环图并不能描述腿部（包括股骨和胫骨）的速度。角度–速度相图是相位空间内的轨迹，表示了关节的动态情况。但是，角度–速度相图没有关于两个关节之间的协调的信息。因此，角度–角度循环图与角度–速度相图的结合可以提供信息丰富的人体运动特征。

图 4.26 描述了在人体下半身定义的关节角。髋关节的角度值可正可负。但是，膝关节

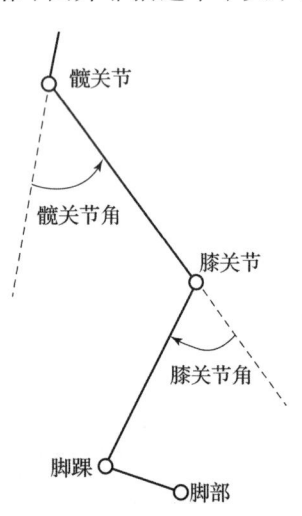

图 4.26 下半身部位上定义的关节角

角只能是单符号值，数值符号的正负取决于角度的定义方式。

图 4.27 显示了一个步行者的关节轨迹（即关节角随时间的变化）示例。步行者的髋关节角和膝关节角均来自动作捕捉数据库。

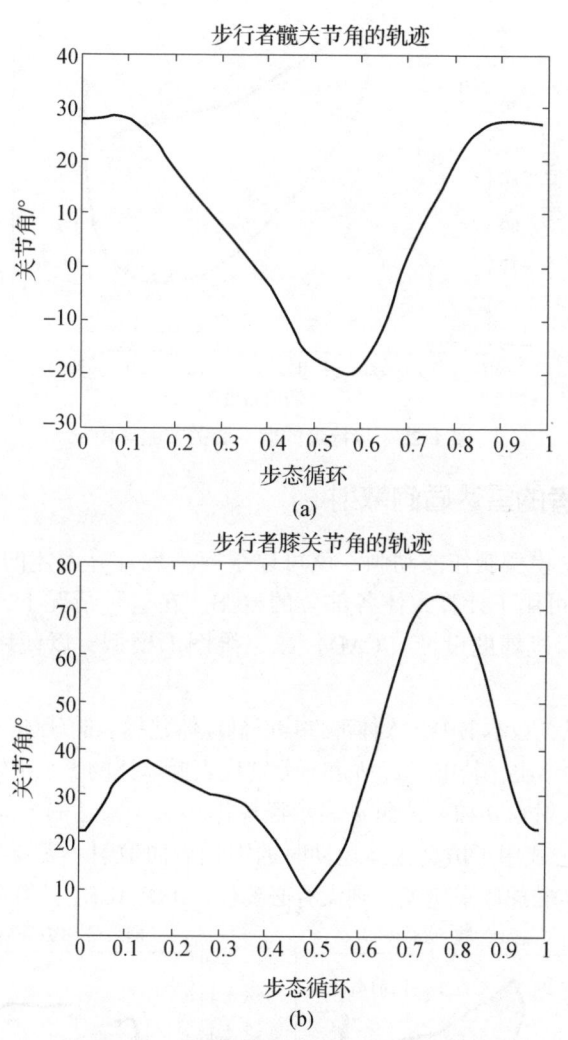

步行者髋关节角的轨迹

(a)

步行者膝关节角的轨迹

(b)

图 4.27　步行者的髋关节角和膝关节角

在图 4.28 所示的循环图中，对一个完整的步行循环绘制了膝关节角与髋关节角的关系图，箭头表示时间增加。向后退表示为相反的时间箭头，如图 4.29（b）所示。图 4.29（c）、图 4.29（d）分别演示了人向前跑和跳跃时不同的循环图。

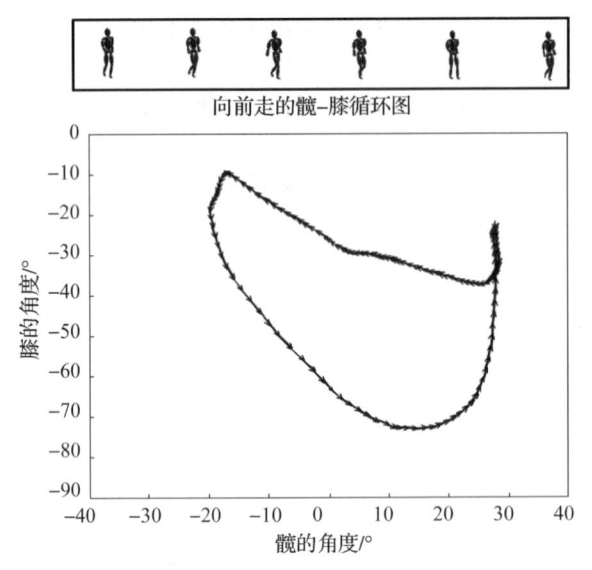

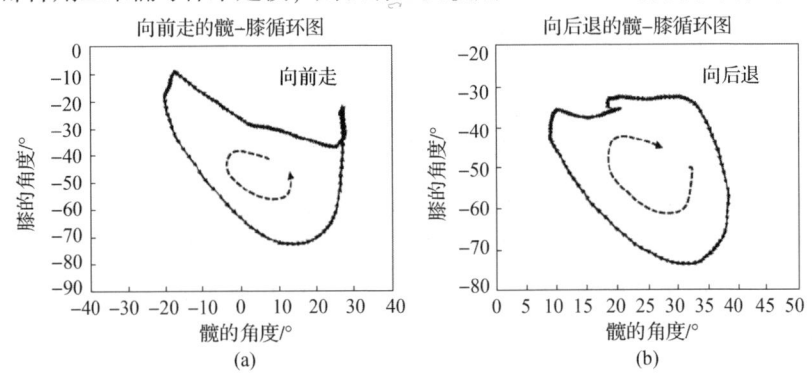

图 4.28　步行者的髋 – 膝关节循环图

4.1.9　步行者的雷达后向散射

将人体运动模型制作成动画，就可以很容易地计算人体的雷达后向散射。POFACET 模型可用于计算人体各部位的 RCS。在这种情况下，人体模型应采用更精确的计算机辅助设计（CAD）或三维图形模型，以便用户构建更准确的人体模型。

为简单起见，在本书中，人体部件均以椭球体建模。椭球体的 RCS（RCS_{ellip}）在式（3.21）中给出，其中，a、b 和 c 分别代表椭球体的 3 个半轴在 x、y 和 z 方向上的长度。入射角 θ 和方位角 φ 表示椭球体相对于雷达的方向，如图 4.30 所示。这些 RCS 公式用于仿真人体运动时的雷达后向散射。需要指出的是，如果人体部件用三维椭球体来建模，则没有必要使用 POFACET 计算椭球体的 RCS。

(a)

(b)

第4章
非刚性物体运动的微多普勒效应

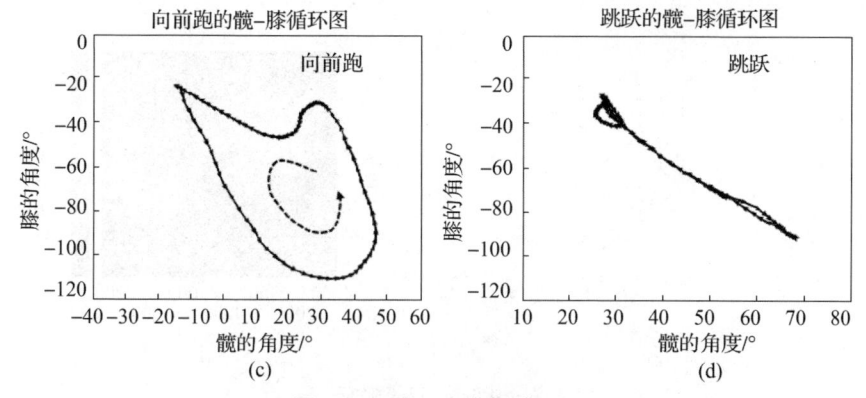

图 4.29 髋–膝关节循环图
(a) 向前走；(b) 向后退；(c) 向前跑；(d) 跳跃

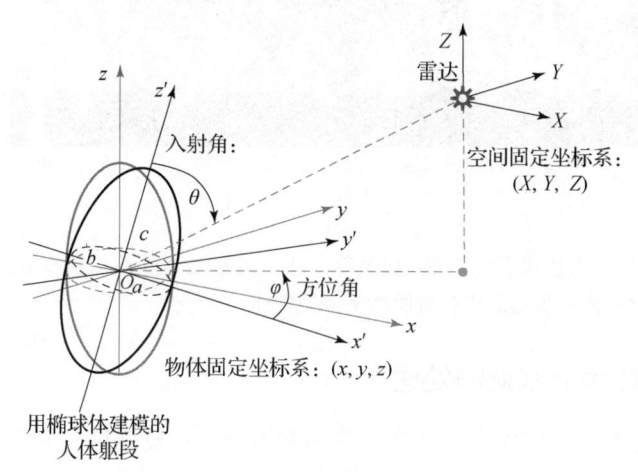

图 4.30 入射角 θ 和方位角 φ 的示意图，表示了椭球体形的人体部件相对于雷达的方向

图 4.31（a）描述了雷达和步行者的几何关系，其中，雷达位于（$X_1 = 10\text{m}, Y_1 = 0\text{m}, Z_1 = 2\text{m}$），波长为 0.02m，人体基点的起点位于（$X_0 = 0\text{m}, Y_0 = 0\text{m}, Z_0 = 0\text{m}$）。使用文献 [17] 中推导出的人体行走模型，假设步行者的相对速度为 $V_R = 1.0\text{s}^{-1}$，身高为 $H = 1.8\text{m}$，人体躯干的平均速度值为 1.33m/s。在给定的 0.02m 波长处，相应的多普勒频移为 $2 \times 1.33/0.02 = 133\text{Hz}$。

用椭圆体建模人体后，可以计算出步行时人体的雷达后向散射，二维脉冲–距离像如图 4.31（b）所示。根据距离像得出的微多普勒特征如图 4.31（c）所示，其中，躯干、脚部、胫骨和锁骨的微多普勒分量通过单独的人体部件仿真给出。

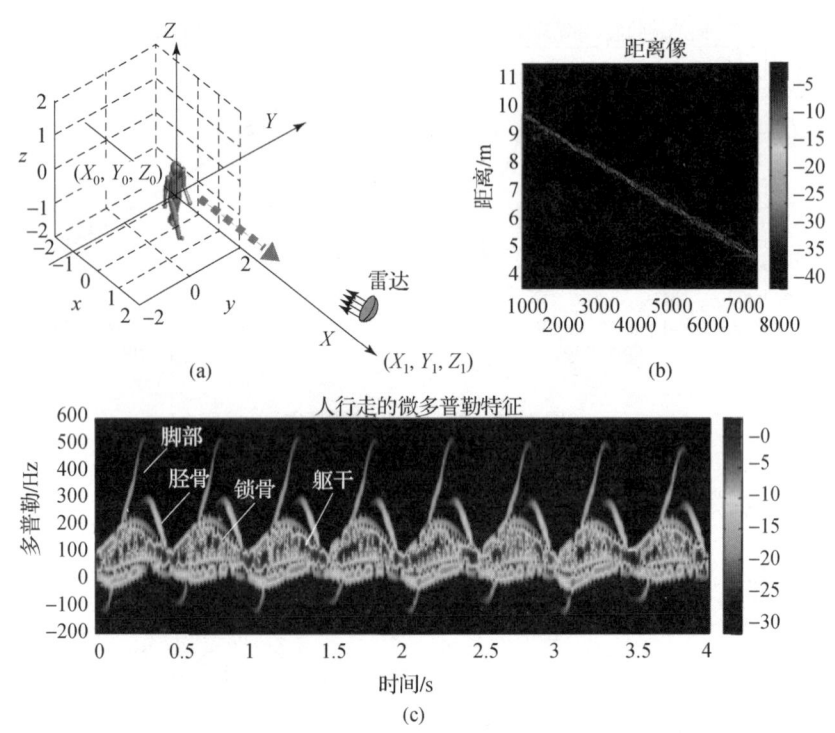

图 4.31 (a) 雷达和步行者的几何关系；(b) 雷达二维脉冲-距离像；(c) 使用文献 [17] 中提出的模型得出的步行者的微多普勒特征

4.1.10 人体运动数据的处理

在测得的雷达数据中，因为背景物体和多余的移动物体，距离像显示出了强烈的杂波。为了从距离像中提取出有用的数据，杂波必须被抑制掉。幸运的是，大多数的背景物体都是静止的并且背景杂波可以很容易地用陷波滤波器来抑制。只要多余的移动物体可以通过它们距离和速度进行区分，那么来自它们的雷达后向散射也可以被滤除。

4.1.10.1 杂波抑制

杂波抑制技术利用的是静止物体雷达回波的统计特性，它们通常接近于零多普勒频率并且有频谱带宽较小。因为运动人体有径向速度，所以它的回波是偏离零多普勒频移的。如图 4.32 所示，只要人体运动的平均速度大于陷波宽度，凹口在零速度附近的带阻滤波器就能滤除大部分杂波并且不会影响人体运动信号。图 4.32 (a) 描述了杂波的多普勒频谱和人体运动的多普勒频谱。图 4.32 (b) 展示了陷波滤波器的频率响应，而图 4.32 (d) 是陷波滤波前和陷波滤波后的雷达距离像的频谱。图 4.32（c）描述了杂波抑制后的多普勒频谱并且展示了杂波清除后的距离像。杂波抑制方法的效率取决于凹口的深度、凹口的相对宽度以及杂波的性质。但是，强杂波残余仍可能在估算运动的多普勒频率时造成明显偏差。所需的平均杂波抑制应当大于 40dB。

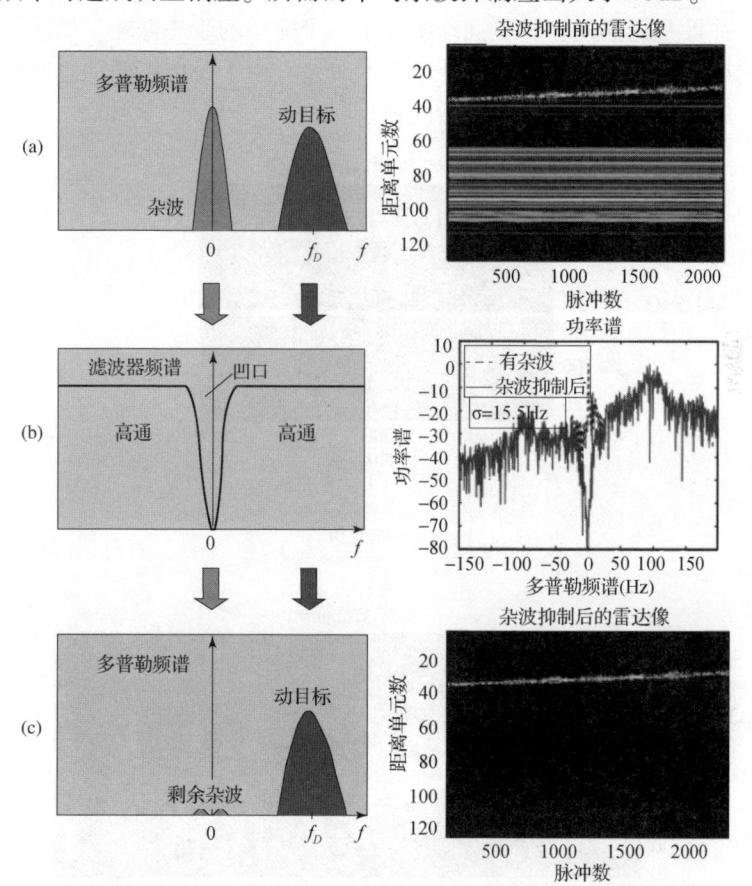

图 4.32 使用凹口在零速度附近的带阻滤波器抑制杂波

（a）杂波的多普勒频谱和人体运动的多普勒频谱；（b）陷波滤波器的频率响应；
（c）杂波抑制后的多普勒频谱；（d）陷波滤波前和陷波滤波后的雷达距离像频谱。
（来源：参考文献［12］）

4.1.10.2　杂波抑制后的数据的时频分析

使用图 4.32（c）所示的杂波抑制后的数据计算如图 4.33 所示的步行者的微多普勒时-频特征。在联合时-频域内表示的微多普勒特征有助于为各种微运动动力学建立更全面的特征知识数据库。人体运动行为的分类和识别将基于微多普勒特征知识数据库进行。

4.1.11 人体运动引起的雷达微多普勒特征

如图 4.33 所示,步行者的雷达微多普勒特征是通过对雷达距离像进行时–频变换来推导的。在微多普勒特征中,每一个向前的腿部摆动都会出现大的峰值,并且左腿摆动和右腿摆动组成了一个完整的步态循环。如图所示,人体躯干的运动是除了腿部摆动以外最强的分量,由于身体在摆动过程中会加速和减速,所以躯干运动呈现出轻微的锯齿状。

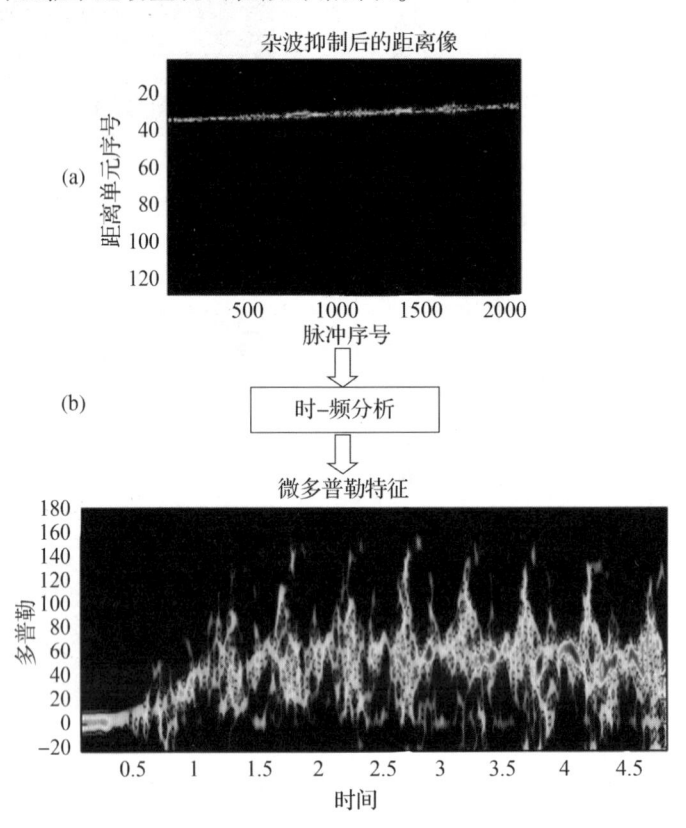

图 4.33 杂波抑制后数据的时频分析

微多普勒特征实际上是在给定观测时间内集成的单个人体部件的多普勒历程。不同于运动传感所捕捉的运动学数据,雷达多普勒历程数据只包含了径向速度信息。因此,无法根据微多普勒特征重建人体运动动画模型。但是,雷达微多普勒特征包含了人体运动的独特特征。基于雷达微多普勒特征是能够分类和识别出人体及其运动的。

图 4.34 是根据收集到的 X 波段雷达数据生成的人体行走、奔跑和爬行

的雷达微多普勒特征示例。与图 4.34（a）中步行者的微多普勒特征相比，图 4.34（b）中跑步者的微多普勒特征具有较高的多普勒频移和较短的步态循环。如图 4.34（c）所示，爬行者的多普勒频移要低得多并且最大多普勒频移的振幅也较低。

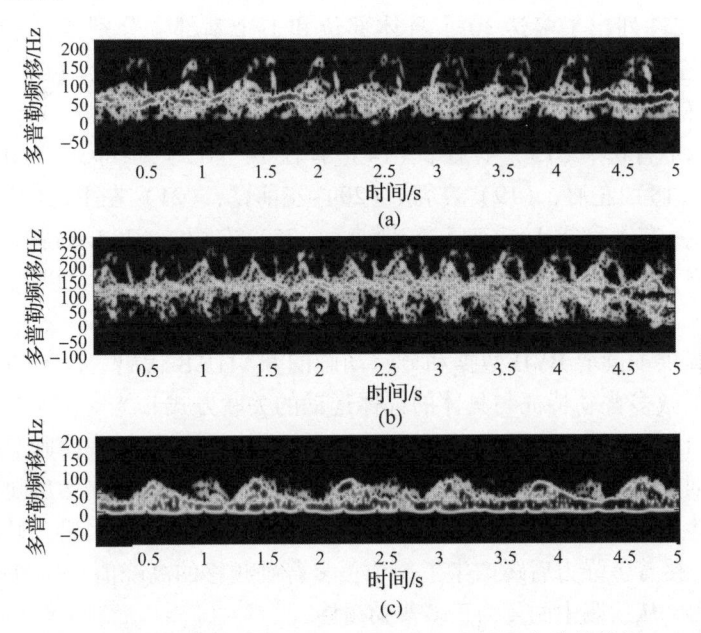

图 4.34 （a）步行者的微多普勒特征；（b）跑步者的微多普勒特征；（c）爬行者的微多普勒特征

4.1.12　人体活动的动作捕捉数据

对室内或室外环境中人体活动的雷达监测已被研究用于辨别针对其他人体动作的特定事件（如跌倒或其他的破坏性动作）。一般来说，监测人体日常活动模式可以提供关于不合常规和异常行为的有用信息。人体活动的微多普勒特征已被用于识别人类活动，以实现家庭安保/安全、家庭自动化和健康状况监测[27-33]。

人体活动包括有规律的重复周期性活动（如步行、跑步和游泳）以及非周期性运动（如起立、坐下、跪下和跌倒）。非周期性人体运动是另一类重要的规律性人体运动事件。这类非周期性事件可成为重要的健康指标，例如慢性跛行、脑震荡、眩晕，甚至是心脏病发作等危急事件。因为这样的微多普勒频率与人体部件的运动和控制行为直接相关，所以这些微多普勒特征可被用于对此类的运动和控制模式进行表征和分类。通过仔细分析特征中的各种模式,可以辨别出不同活动的独特特征,并以此为基础区分和表征人体运动。

卡内基梅隆大学的 MOCAP 数据库以及其他的动作捕捉数据库可用于研究各种人体活动的雷达微多普勒特征。在卡内基梅隆大学的 MOCAP 数据库中,BVH 文件列出了多达 30 个身体部位和 1 个基部。分别是:(1) 髋/基部,(2) 左髋关节,(3) 左大腿,(4) 左腿,(5) 左脚,(6) 左脚趾基部,(7) 右髋关节,(8) 右大腿,(9) 右腿,(10) 右脚,(11) 右脚趾基部,(12) 下背部,(13) 脊柱,(14) 脊柱1,(15) 颈部,(16) 颈部1,(17) 头,(18) 左肩,(19) 左臂,(20) 左前臂,(21) 左手,(22) 左手指基部,(23) 左手食指1,(24) 左拇指,(25) 右肩,(26) 右臂,(27) 右前臂,(28) 右手,(29) 右手指基部,(30) 右手食指1,以及 (31) 右拇指。

本书提供了读取 BVH 数据和显示动画的 MATLAB 代码。以下的人体活动示例演示了微多普勒特征与具体的人体运动的关联方式。

- 例1:武术中典型的回旋后踢。图 4.35(a)描述了一种典型的武术踢腿技法:回旋后踢。这种踢法是一种后踢腿,身体向后旋转,然后腿部向后踢出。当雷达与人体背部相隔一定距离时,向后旋转同时抬起大腿会显示为正多普勒频移。接着,强力后踢产生了一个负多普勒频移的高峰值,如图 4.35(b)所示。最后,从后踢中回复为正多普勒频移。

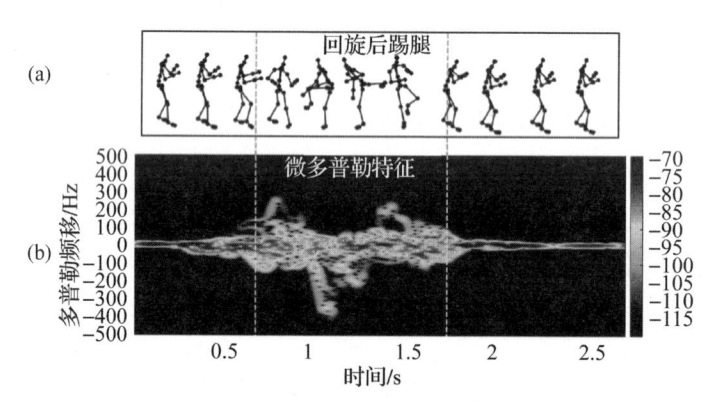

图 4.35 (a) 一种典型的踢体技法:回旋后踢;(b) 回旋、向后和踢腿的微多普勒特征

- 例2:人在室内环境跌倒。图 4.36(a)展示了人跌倒事件的一系列动作。人在室内环境跌倒的情况多种多样。跌倒可能发生在行走或奔跑的过程中,也可能发生在起身或坐下的过程中。跌倒可能朝前,也可能向后。在辅助

第 4 章 非刚性物体运动的微多普勒效应

生活和老年人护理中，识别跌倒并明确其特征是非常重要的。目前，跌倒检测已成为一个活跃的雷达研究和发展领域。

由于跌倒是一种意外事件，其肢体位置和速度必然是异常的。这些异常特征在它们的微多普勒特征中可以看到。图 4.36（b）显示了跌倒事件的相应微多普勒特征。雷达离人体背部有一定的距离。因此，向下跌倒时会明显地出现一个有负多普勒频移的峰值。在跌倒的过程中，一些有异常微运动的身体部位会出现正的和负的微多普勒频移。

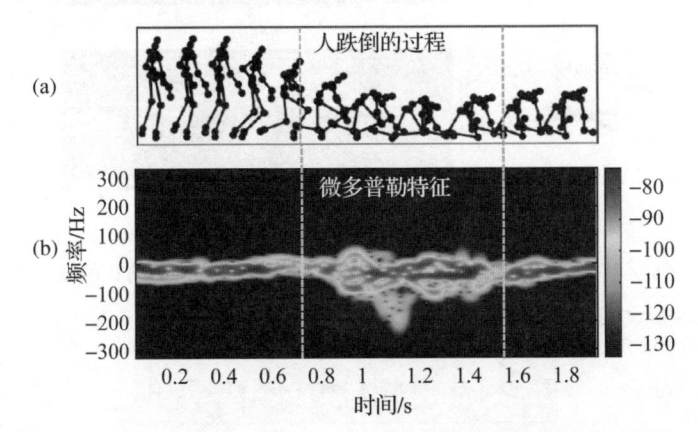

图 4.36 （a）人体跌倒的动作序列；（b）跌倒事件的微多普勒特征

- 例 3：游泳。与人体行走相比，游泳动作有更多的选择。基本游泳类型包括仰泳、蛙泳、蝶泳和自由泳。人体行走是一种摆动手臂和腿的周期性运动。每个步行循环包括两个阶段：站姿阶段和摆动阶段。但是，每个游泳类型都可能有更多的阶段。

就仰泳而言，每个手臂划水循环包括了入水/向前伸展阶段、下划阶段、抓水阶段、上划阶段和恢复阶段。抓水是施加推进力的阶段。上划是手臂划水的推进阶段。

图 4.37（a）显示了仰泳的一系列动作。图 4.37（b）中对应的微多普勒特征是 30 个身体部位的微运动结果。雷达与游泳者背部相隔一定距离。正的多普勒峰值对应于抓水和上划阶段。图 4.37（c）仅显示了单独的左前臂微多普勒特征，以便进一步研究每个独立的身体部位的微运动特征。

图 4.38、4.39 和 4.40 是蛙泳、蝶泳和自由泳者的微多普勒特征。与仰泳不同，蛙泳的手臂划水阶段是外划—抓水—内划，内划是手臂划水的推进阶段。蝶泳有波浪式的身体动作和海豚式踢腿的腿部摆动动作。自由泳有下划、抓水、内划和上划阶段，推进阶段是内划和上划阶段。

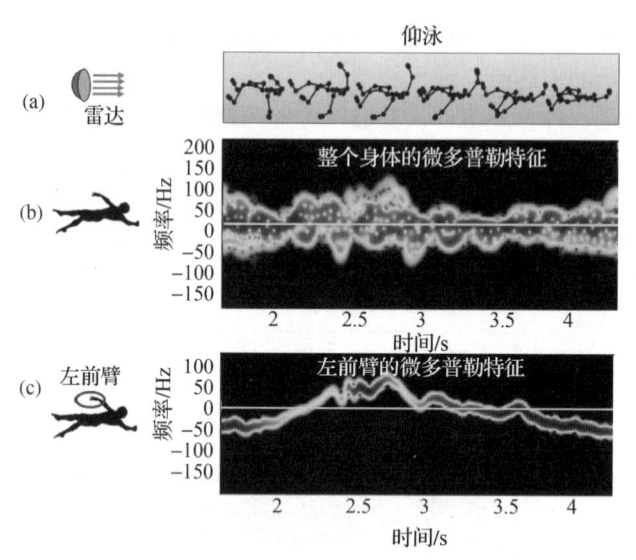

图 4.37 （a）仰泳；（b）仰泳对应的微多普勒特征；（c）左前臂的微多普勒特征

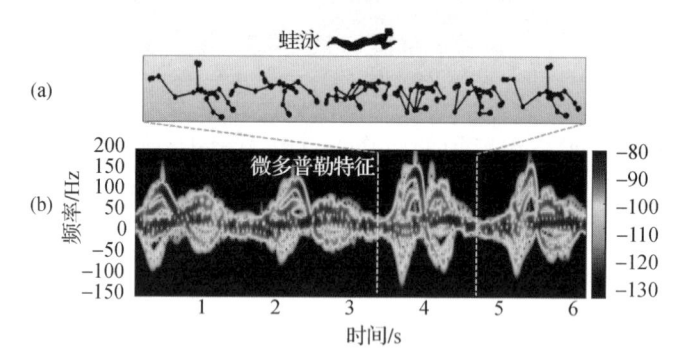

图 4.38 （a）蛙泳；（b）蛙泳对应的微多普勒特征

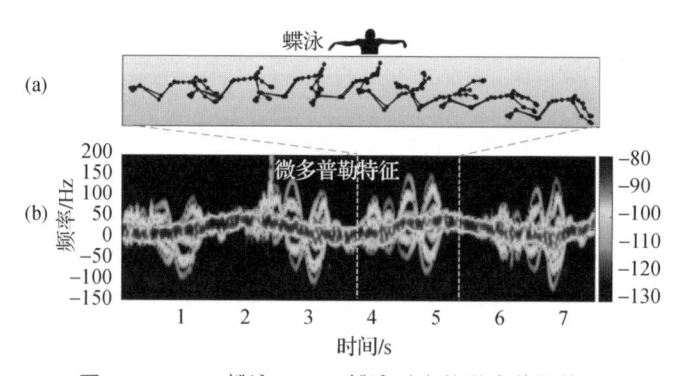

图 4.39 （a）蝶泳；（b）蝶泳对应的微多普勒特征

第 4 章
非刚性物体运动的微多普勒效应

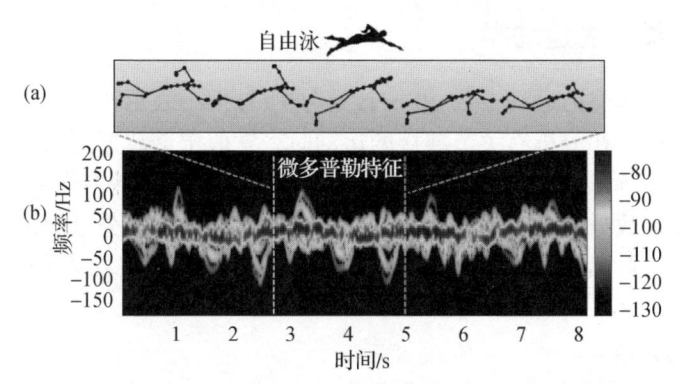

图 4.40 （a）自由泳；（b）自由泳对应的微多普勒特征

4.2 鸟类的扑翼

鸟类运动是一种典型的动物运动，在禽类翅膀研究中受到了广泛关注[34-35]。鸟类翅膀如图 4.41 所示，在此，如果使用人类手臂术语的话，则翅膀用翼展、翼弦、上臂（肱骨）、前臂（尺骨和桡骨）以及手（手腕、手掌和手指）来定义。扑翼是指上臂或前臂以一定的拍动角度围绕关节进行上下运动。扭翼是翅膀围绕其主轴旋转，导致后缘抬高和前缘降低。扫翼是肩部向前伸展或向后缩回。扑翼、扭翼和扫翼组成了鸟类的基本运动。

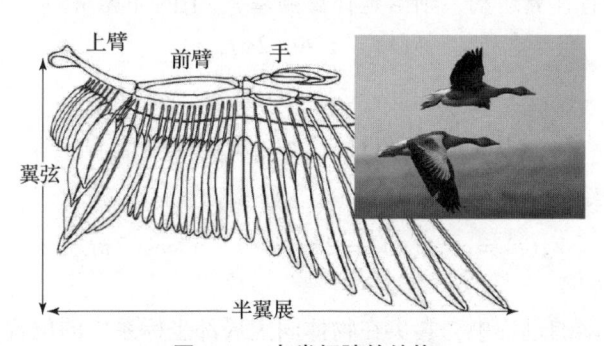

图 4.41 鸟类翅膀的结构

翅膀可以进行垂直平移、扑翼、扫翼和扭翼运动。要研究鸟类翅膀的运动，需要一个合适的运动学模型[36-40]。有了运动学模型，就可以分析鸟类的飞行运动了。Ramakrishnananda 和 Wong 提出了一种鸟类向前扑翼飞行的模型，使用了复杂的多关节翅膀的几何结构并使用定义的扑翼参数来获得自由度[38]。

4.2.1 鸟类扑翼运动学

为了计算鸟类的运动参数，D-H 符号[15]被用于表示转动和平移关节运动链的关节坐标。在分析有关节连接的运动时，常假定谐波振荡来描述正弦运动的样式[40]。然而，谐波振荡是分析复杂运动的基础，因为任何的运动都可以使用傅里叶级数分解成一系列具有不同幅度和频率的谐波分量的总和。

通过定义扑翼角 ψ、扭翼角 θ 和扫翼角 φ，得到坐标变换所需的旋转矩阵：

1. 扑翼矩阵：

$$\boldsymbol{R}_{\mathrm{flap}} = \begin{bmatrix} 1 & 0 & 0 \\ 0 & \cos\psi & \sin\psi \\ 0 & -\sin\psi & \cos\psi \end{bmatrix} \quad (4.12)$$

2. 扭翼矩阵：

$$\boldsymbol{R}_{\mathrm{twist}} = \begin{bmatrix} \cos\theta & 0 & -\sin\theta \\ 0 & 1 & 0 \\ \sin\theta & 0 & \cos\theta \end{bmatrix} \quad (4.13)$$

3. 扫翼矩阵：

$$\boldsymbol{R}_{\mathrm{sweep}} = \begin{bmatrix} \cos\varphi & \sin\varphi & 0 \\ -\sin\varphi & \cos\varphi & 0 \\ 0 & 0 & 1 \end{bmatrix} \quad (4.14)$$

如果翅膀有扑翼运动，则给定扑翼频率 f_{flap} 上的扑翼角为

$$\psi(t) = A_\psi \sin(2\pi f_{\mathrm{flap}} t) \quad (4.15)$$

角速度为

$$\varOmega_\psi(t) = \frac{\mathrm{d}}{\mathrm{d}t}\psi(t) = 2\pi f_{\mathrm{flap}} A_\psi \cos(2\pi f_{\mathrm{flap}} t) \quad (4.16)$$

因此，翼尖的线性速度为

$$V_\psi(t) = r \cdot \varOmega_\psi(t) = 2\pi f_{\mathrm{flap}} \cdot r \cdot A_\psi \cos(2\pi f_{\mathrm{flap}} t) \quad (4.17)$$

式中：r 是半翼展。

在扑翼运动的过程中，翼尖在物体固定局部坐标系中的位置为

$$P_{\mathrm{flap}}(t) = \begin{bmatrix} 0 \\ r \cdot \cos\psi(t) \\ r \cdot \sin\psi(t) \end{bmatrix} \quad (4.18)$$

物体固定局部坐标系中的线性速度矢量只有 y 和 z 分量：

$$V_{\text{flap}}(t) = \begin{bmatrix} 0 \\ V_y(t) \\ V_z(t) \end{bmatrix} = \begin{bmatrix} 0 \\ -2\pi f_{\text{flap}} r A_\psi \cos(2\pi f_{\text{flap}} t) \sin\psi(t) \\ 2\pi f_{\text{flap}} r A_\psi \cos(2\pi f_{\text{flap}} t) \cos\psi(t) \end{bmatrix} \quad (4.19)$$

如果还有扭翼运动，则先对扑翼角，再对扭翼角进行旋转变换。按照这个旋转顺序，翼尖的位置矢量为

$$P_{\text{flap-twist}}(t) = R_{\text{twist}} \cdot (R_{\text{flap}} \cdot P_{\text{flap}}(t)) = \begin{bmatrix} \cos\theta & 0 & -\sin\theta \\ 0 & 1 & 0 \\ \sin\theta & 0 & \cos\theta \end{bmatrix} \begin{pmatrix} 1 & 0 & 0 \\ 0 & \cos\psi & \sin\psi \\ 0 & -\sin\psi & \cos\psi \end{pmatrix} \cdot P_{\text{flap}}(t)$$

$$(4.20)$$

且速度矢量变成

$$V_{\text{flap-twist}}(t) = R_{\text{twist}} \cdot [R_{\text{flap}} \cdot P_{\text{flap}}(t)] = \begin{bmatrix} \cos\theta & 0 & -\sin\theta \\ 0 & 1 & 0 \\ \sin\theta & 0 & \cos\theta \end{bmatrix} \begin{pmatrix} 1 & 0 & 0 \\ 0 & \cos\psi & \sin\psi \\ 0 & -\sin\psi & \cos\psi \end{pmatrix} \cdot V_{\text{flap}}(t)$$

$$(4.21)$$

如果翅膀有扑翼和扫翼运动，它的速度矢量变为

$$V_{\text{flap-twist}}(t) = R_{\text{twist}} \cdot [R_{\text{flap}} \cdot V_{\text{flap}}(t)] = \begin{bmatrix} \cos\varphi & \sin\varphi & 0 \\ -\sin\varphi & \cos\varphi & 0 \\ 0 & 0 & 1 \end{bmatrix} \cdot \begin{bmatrix} V_x \\ V_{Z\sin\psi}(t) \\ V_{Z\cos\psi}(t) \end{bmatrix}$$

$$= \begin{bmatrix} V_x \cos\varphi(t) + V_z \sin\psi(t) \sin\psi(t) \\ -V_x \sin\varphi(t) + V_z \sin\psi(t) \cos\psi(t) \\ V_z \cos\psi(t) \end{bmatrix} \quad (4.22)$$

式中：扑翼角和扫翼角分别为

$$\psi(t) = A_\psi \sin(2\pi f_{\text{flap}} t) \quad (4.23)$$

和

$$\varphi(t) = A_\varphi \cos(2\pi f_{\text{sweep}} t) \quad (4.24)$$

式中：A_ψ 和 f_{flap} 分别是扑翼角的幅度和扑翼频率；A_φ 和 f_{sweep} 分别是扫翼角的幅度和扫翼频率。角速度定义为

$$\Omega_\psi(t) = \frac{\mathrm{d}}{\mathrm{d}t}\psi(t) = 2\pi f_{\text{flap}} A_\psi \cos(2\pi f_{\text{flap}} t) \quad (4.25)$$

和

$$\Omega_\varphi(t) = \frac{\mathrm{d}}{\mathrm{d}t}\varphi(t) = 2\pi f_{\text{sweep}} A_\varphi \sin(2\pi f_{\text{sweep}} t) \quad (4.26)$$

因此，翼尖的线性速度为

$$V_\psi(t) = r \cdot \Omega_\psi(t) = 2\pi f_{\text{flap}} \cdot r \cdot A_\psi \cos(2\pi f_{\text{flap}} t) \quad (4.27)$$

和

$$V_\varphi(t) = r \cdot \Omega_\psi(t) = 2\pi f_{\text{sweep}} \cdot r \cdot A_\varphi \sin(2\pi f_{\text{sweep}} t) \quad (4.28)$$

式中：r 是半翼展。

更复杂的翅膀结构可能有两个翼段。翼段 1 是上臂（即从肩关节到肘关节的连接部分），翼段 2 是前臂（即从肘关节到腕关节的连接部分）。对于扑翼运动，肘关节只有一个自由度。

4.2.2　鸟类扑翼的多普勒观测

飞鸟的雷达回波信号具有扑翼造成的多普勒调制。鸟类扑翼的多普勒展宽已经被观测和报道[41-44]。Vaughn[41]引用了一份使用 X 波段多普勒雷达研究鸟类分类的报告[42]，并展示了一只翼展为 0.97m 的雪鹭的 11s 径向速度历程像。结果表明，根据多普勒频谱图估算出的扑翼速率为 4Hz。根据多普勒频谱图，一个翅膀单元预期的最大径向速度可以用以下公式计算

$$\max\{v_{\text{radial}}\} = 2A f_{\text{wing}} d \quad (4.29)$$

式中：A 是翅膀向下挥动的过程中扑翼的幅度；f_{wing} 是扑翼速率；d 是鸟的身体中心到臂尖的距离。当鸟类起飞时，幅度 A 相对较高（90°~135°）。对于雪鹭，距离 d 为 0.48m，最大径向速度应介于 2.1m/s 和 3.7m/s 之间。

1974 年，Green 和 Balsley[43]首次提出了一种使用时变多普勒频谱（即微多普勒特征）识别飞鸟的方法。加拿大飞鹅的时变多普勒频谱显示了从飞鹅返回的雷达信号的功率在不同多普勒频率下随着飞行时间产生的变化。功率谱显示，来自翅膀的多普勒频移比鸟的身体本身引起的多普勒频移高了 180Hz 以上。时变多普勒频谱的带宽随着鸟类的大小而不同。因此，带宽可以用来区分鸟类。

不同类型的鸟类，例如雀类的扑翼方式或燕类的扑翼方式，具有不同的时变多普勒频谱模式。雀类的扑翼方式表现为较大波动的重复集群[44]。

4.2.3　鸟类扑翼的仿真

为了研究鸟类扑翼的雷达回波，假定了一个简单的有两个相连翼段的运动学模型，如图 4.42 所示。在这个仿真中，用户定义的参数为扑翼频率 f_{flap} = 1.0Hz，上臂长度 L_1 = 0.5m，上臂扑翼角幅度 A_1 = 40°，上臂扑翼角滞后 ψ_{10} = 15°，前臂长度 L_2 = 0.5m，前臂扑翼角幅度 A_2 = 30°，前臂扑翼角滞后 ψ_{20} = 40°，前臂扫翼角幅度 C_2 = 20°。

第4章 非刚性物体运动的微多普勒效应

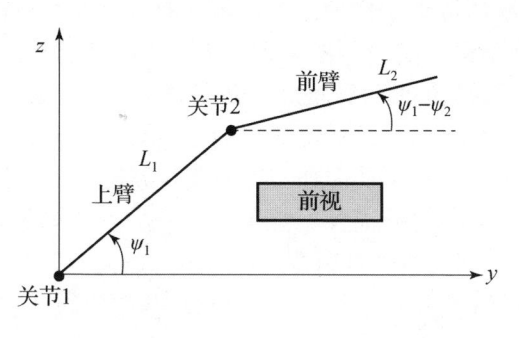

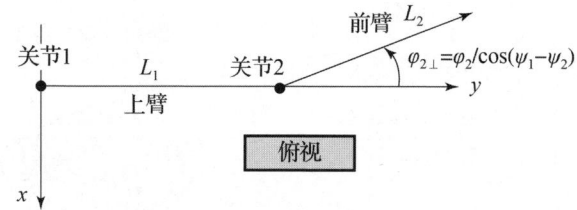

图4.42 简单的有两个相连翼段的鸟类翅膀的运动学模型

根据这些用户自定义参数，上臂的扑翼角是一个谐波时变函数，表示为

$$\psi_1(t) = A_1 \cos(2\pi f_{\text{flap}} t) + \psi_{10} \tag{4.30}$$

前臂扑翼角的谐波时变函数为

$$\psi_2(t) = A_1 \cos(2\pi f_{\text{flap}} t) + \psi_{20} \tag{4.31}$$

并且前臂的扭翼角也是一个谐波时变函数

$$\varphi_2(t) = C_2 \cos(2\pi f_{\text{flap}} t) + \varphi_{20} \tag{4.32}$$

因此，肘关节位置是 $P_1 = [x_1, y_1, z_1]$，式中：

$$\begin{aligned} x_1(t) &= 0; \\ y_1(t) &= L_1 \cos\left[\frac{\psi_1(t) \cdot \pi}{180}\right]; \\ z_1(t) &= y_1(t) \cdot \tan\left[\frac{\psi_1(t) \cdot \pi}{180}\right] \end{aligned} \tag{4.33}$$

且腕关节位置为 $P_2 = [x_2, y_2, z_2]$，式中：

$$\begin{aligned} x_2(t) &= -[y_2(t) - y_1](t) \cdot \tan(d); \\ y_2(t) &= L_1 \cos\left[\frac{\psi_1(t) \cdot \pi}{180}\right] + L_2 \cos\varphi_2(t) \cdot \cos[\psi_1(t) - \psi_2(t)]; \\ z_2(t) &= z_1(t) + [y_2(t) - y_1(t)] \cdot \tan\left\{\frac{\psi_1(t) - \psi_2(t) \cdot \pi}{180}\right\}, \end{aligned} \tag{4.34}$$

式中：$d = \varphi_2(t)/\cos[\psi_1(t) - \psi_2(t)]$。

根据这个鸟类翅膀的运动学模型,可以重构有扑翼和扫翼的仿真鸟类飞行。图4.43是仿真的结果,其中,图4.43(a)展示了翅膀的扑打和扫动,图4.43(b)是两个翅膀尖端的飞行轨迹,图4.43(c)是鸟类飞行模型的动画。通过仿真,可以计算出仿真的鸟类扑翼的雷达后向散射。假设X波段雷达位于$X=20\text{m}$、$Y=0\text{m}$、$Z=-10\text{m}$处,鸟的飞行速度为1.0m/s。雷达和飞鸟的几何关系见图4.44。雷达距离像见图4.45(a),扑打翅膀的飞鸟的微多普勒特征见图4.45(b)。从微多普勒特征中,可以看到上臂和前臂的扑打频率均为1.0Hz。本书提供了用于飞鸟仿真的MATLAB源代码。

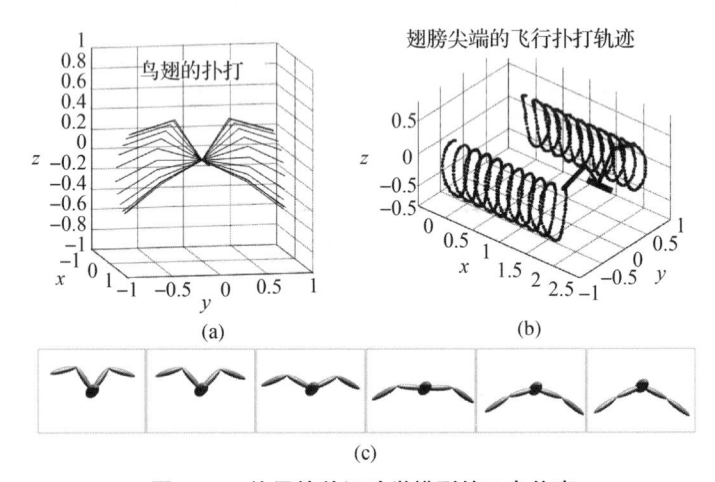

图4.43 使用简单运动学模型的飞鸟仿真

(a) 翅膀扑打和扫动;(b) 两个翅膀的尖端的飞行轨迹;(c) 飞鸟模型动画。

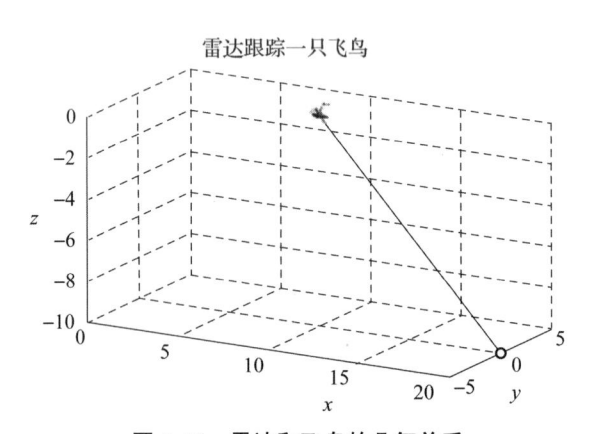

图4.44 雷达和飞鸟的几何关系

第 4 章
非刚性物体运动的微多普勒效应

鸟扑打翅膀的雷达像

扑打翅膀的微多普勒特征

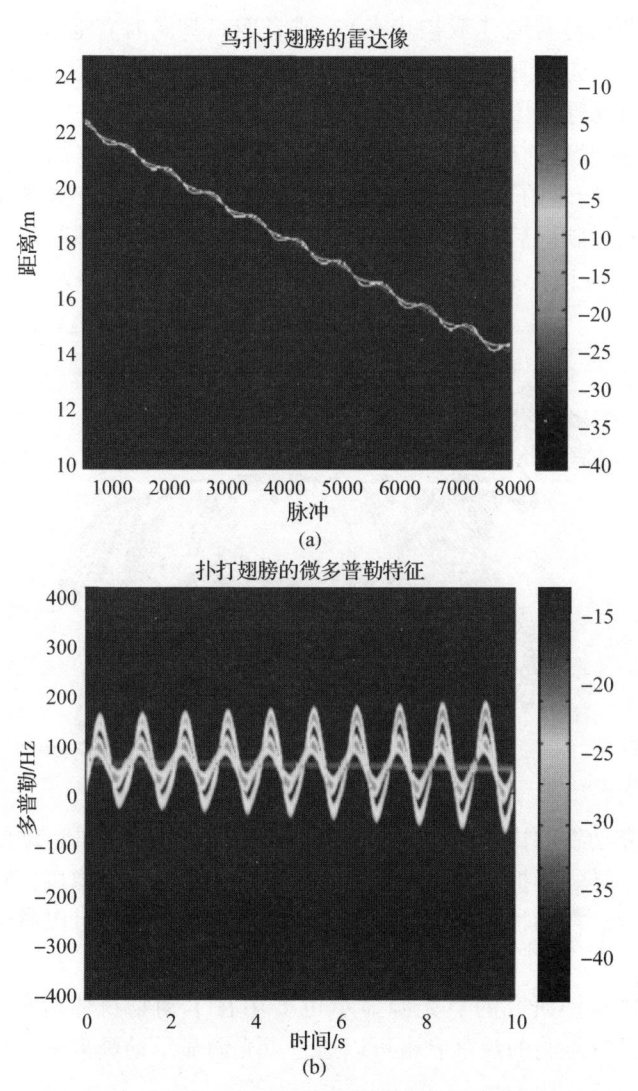

图 4.45 飞鸟扑打翅膀的雷达距离像和微多普勒特征

4.3 四足动物的运动

四足动物使用四条腿运动，因此它们比人类有更多的脚部着地方式选择。它们可以每只脚单独着地（四拍步态）、两只脚分别着地而另外两只脚同时着地（三拍步态）、三只脚同时着地而另一只脚单独着地（双拍步态），它们可以四只脚两两成对着地（双拍步态），或者四只脚同时着地（一拍步态）。四足动物的正常行走顺序包括四个间隔均匀的节拍，即左后、左前、右后和右前，并且没有悬浮阶段。

  Muybridge 发现，所有的哺乳动物在四足行走时都遵循马的脚步顺序。图 4.46 展示了行走的马。在马行走的半序列中，以结束三腿支撑阶段，右前腿离地并且左后腿向后推为开始，行走变为交替的两腿支撑阶段、三腿支撑阶段和两腿支撑阶段。另外半个行走序列与前半个序列完全相同，但左右腿相反[3]。

图 4.46 行走的马

  为了研究动物的快速运动，应使用高速录像机记录三维运动信息，就像记录人体运动一样。捕捉三维运动信息至少需要两台同步录像机，且两台录像机互成一定角度。在动物运动区周围分别放置更多的录像机可以避免动物身体部位之间的遮挡。

  用于人体运动研究的点光源显示也被用在了动物身体运动的研究中[3]。已经证明，没有经验的观察者也可以通过点光源显示动画来识别动物[6]。

4.3.1 四足运动的建模

  正如第 4.1 节描述的分层人体运动学模型，四足运动建模也可以使用动物身体关节连接的分层四足模型，在模型中定义了关节间的亲子空间关系族。图 4.47 是一只狗的四足模型，其中选择了 25 个关节。但是，目前还没有狗或其他四足动物的身体部位的数学参数化建模。有一些商业的四足动物动作捕捉数据库可供使用。有了四足动物的运动学参数，再结合动物身体连接的分层四足模型，就可以很容易地重构出四足动物运动的动画。

第 4 章
非刚性物体运动的微多普勒效应

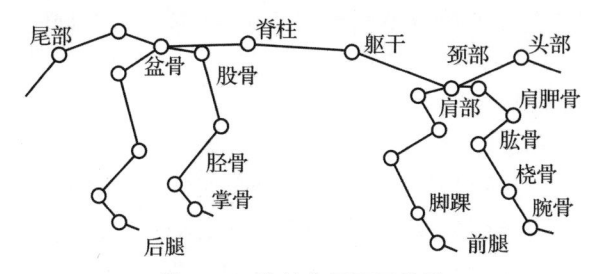

图 4.47 狗的分层四足模型

根据模型描述的挠曲角函数和关节点平移，可以计算出 25 个关节点在每帧时间上的位置。四足动物的这些线性和角度运动学参数被用于仿真动物运动的雷达回波。

4.3.2 四足运动的微多普勒特征

四足动物的运动通过可视化可以容易地与两足的人体运动区分开。四足动物的雷达微多普勒特征与两足人类的微多普勒特征有很大不同，因为四足动物的运动可以是四拍步态、三拍步态、双拍步态或一拍步态。因此，它们的腿部运动的微多普勒分量要比人类两足运动的微多普勒分量复杂得多。图 4.48 显示了一匹马驮着一名骑手远离雷达的微多普勒特征[45]。根据微多普勒特征，估算出的马行走的径向速度约为 1.5m/s，一个行走步态循环约为 1.3s。

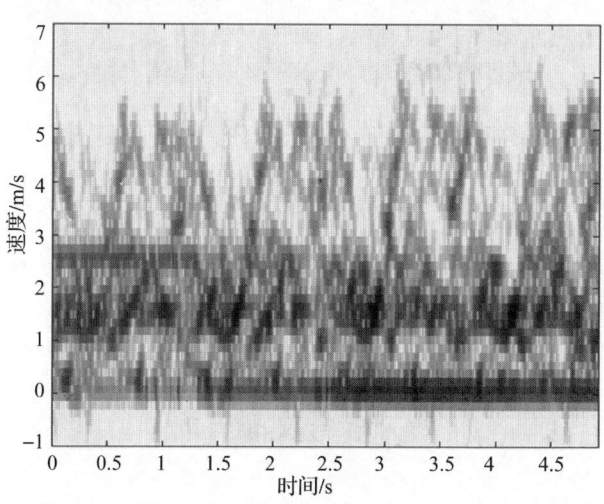

图 4.48 一匹马驮着骑手远离雷达的微多普勒特征（来源：参考文献 [45]）

图 4.49 显示了一匹马驮着骑手小跑的微多普勒特征[45]。根据微多普勒特征，估计出马的径向速度约为 3m/s，一个小跑循环约为 0.8s。在文献 [46]

中还给出了一只狗接近 X 波段多频连续波雷达的微多普勒特征。

4.3.3　小结

与人类的两足运动相比，四足动物的四足运动有更多的脚着地形式选择。因此，动物的运动模式更为复杂。与根据大量实验数据得出的全局人体行走模型不同，目前还没有类似的模型可用于建模四足动物的行走。马和狗的雷达微多普勒特征大多是用采集到的雷达数据生成的。为了进一步研究四足动物运动的雷达散射，需要有四足运动模型。这个模型既可以通过实验数据推导，也可以使用动作捕捉传感器采集的数据来生成。高速摄像技术是记录动物步态模式的最佳方法之一。为了在三维笛卡尔坐标系中完整地描述四足运动，需要运动学参数来提供动物身体上任意点随时间变化的位置。这些运动学参数可以用于理解四足运动的运动特性。

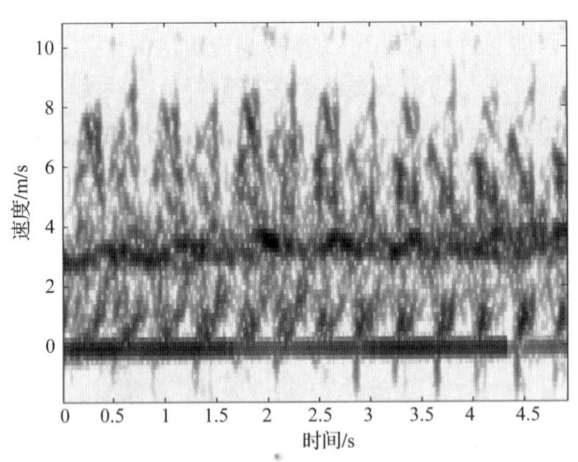

图 4.49　一匹马驮着骑手小跑的微多普勒特征（来源：参考文献 [45]）

在定义了用于建模四足运动的适合的运动模型后，从微多普勒特征中提取身体组成部位的运动特征并识别四足运动步态就变得可行了。

参考文献

[1]　Vaughan, C. L., B. L. Davis, and J. C. O'Connor, *Dynamics of Human Gait*, 2nd ed., Cape Town, South Africa: Kiboho Publishers, 1999.

[2]　Nixon, M. S., and J. N. Carter, "Automatic Recognition by Gait," *Proc. IEEE*, Vol. 94, No. 11, 2006, pp. 2013–2024.

[3] Muybridge, E., *Animal Locomotion*, Mineola, NY: Dover Publications, 1957 (original work published 1887).

[4] Raibert, M. H., "Legged Robots," *Communications of the ACM*, Vol. 29, No. 6, 1986, pp. 499–514.

[5] Liston, R. A., and R. S. Mosher, "A Versatile Walking Truck," *Proceedings of the Transportation Engineering Conference*, Institution of Civil Engineering, London, 1968, pp. 255–268.

[6] Mather, G., and S. West, "Recognition of Animal Locomotion from Dynamic Point-Light Displays," *Perception*, Vol. 22, No. 7, 1993, pp. 759–766.

[7] Chen, V. C., "Analysis of Radar Micro-Doppler Signature with Time-Frequency Transform," *Proc. of the IEEE Workshop on Statistical Signal and Array Processing (SSAP)*, Pocono, PA, 2000, pp. 463–466.

[8] Baker, C. J., and B. D. Trimmer, "Short-Range Surveillance Radar Systems," *Electronics & Communication Engineering Journal*, August 2000, pp. 181–191.

[9] Geisheimer, J. L., W. S. Marshall, and E. Greneker, "A Continuous-Wave (CW) Radar for Gait Analysis," *35th IEEE Asilomar Conference on Signal, Systems and Computers*, Vol. 1, 2001, pp. 834–838.

[10] van Dorp, P., and F. C. A. Groen, "Human Walking Estimation with Radar," *IEE Proceedings—Radar, Sonar, and Navigation*, Vol. 150, No. 5, 2003, pp. 356–365.

[11] Chen, V. C., et al., "Micro-Doppler Effect in Radar: Phenomenon, Model, and Simulation Study," *IEEE Transactions on Aerospace and Electronic Systems*, Vol. 42, No.1, 2006, pp. 2–21.

[12] Chen, V. C., "Doppler Signatures of Radar Backscattering from Objects with Micro-Motions," *IET Signal Processing*, Vol. 2, No. 3, 2008, pp. 291–300.

[13] Chen, V. C., "Detection and Tracking of Human Motion by Radar," *IEEE 2008 Radar Conference*, Rome, Italy, May 26–29, 2008, pp. 1957–1960.

[14] Cutting, J., and L. Kozlowski, "Recognizing Friends by Their Walk: Gait Perception Without Familiarity Cues," *Bulletin of the Psychonomic Society*, Vol. 9, 1977, pp. 353–356.

[15] Denavit, J., and R. S. Hartenberg, "A Kinematic Notation for Lower-Pair Mechanisms Based on Matrices," *Trans. ASME J. Appl. Mech.*, Vol. 23, 1955, pp. 215–221.

[16] Hartenberg, R. S., and J. Denavit, *Kinematic Synthesis of Linkages*, New York: McGraw-Hill, 1964.

[17] Boulic, R., N. Magnenat-Thalmann, and D. Thalmann, "A Global Human Walking Model with Real-Time Kinematic Personification," *The Visual Computer*, Vol. 6, No. 6, 1990, pp. 344–358.

[18] Motion Research Laboratory, Carnegie Mellon University, http://mocap.cs.cmu.edu.

[19] Winter, D. A., *The Biomechanics and Motor Control of Human Movement*, 2nd ed., New York: John Wiley & Sons, 1990.

[20] Allard, P., I. A. F. Stokes, and J. P. Blanchi, "Three Dimensional Analysis of Human Movement," *Human Kinetics*, 1995.

[21] Bregler, C. and J. Malik, "Tracking People with Twists and Exponential Maps," *International Conference on Computer Vision and Pattern Recognition*, Santa Barbara, CA, 1998.

[22] Johnsson, G., "Visual Motion Perception," *Scientific American*, June 1975, pp. 76–88.

[23] Abdel-Aziz, Y. I., and H. M. Karara, "Direct Linear Transformation from Comparator Coordinates into Object Space Coordinates in Close-Range Photogrammetry," *Proceedings of the Symposium on Close-Range Photogrammetry*, Falls Church, VA: American Society of Photogrammetry, 1971, pp. 1–8.

[24] Miller, N. R., R. Shapiro, and T. M. McLaughlin, "A Technique for Obtaining Spatial Kinematic Parameters of Segments of Biomechanical Systems from Cinematographic Data," *J. Biomech.*, Vol. 13, 1980, pp. 535–547.

[25] Meredithm N. and S. Maddock, "Motion Capture File Formats Explained," www.dcs.shef.ac.uk/intranet/research/resmes/CS0111.pdf.

[26] Debernard, S., et al., "A New Gait Parameterization Technique by Means of Cyclogram Moments: Application to Human Slope Walking," *Gait and Posture*, Vol. 8, No. 1, August 1998, pp. 15–36.

[27] Ram, S. S., S. Z. Gurbuz, and V. C. Chen, "Modeling and Simulation of Human Motion for Micro-Doppler Signatures," Chapter 3 in *Radar for Indoor Monitoring: Detection, Classification, and Assessment*, M. G. Amin, (ed.), Boca Raton, FL: CRC Press/Taylor & Francis Group, 2018, pp. 39–69.

[28] Zhang, Y. M., and D. K. C. Ho, "Continuous-Wave Doppler Radar for Fall Detection," Chapter 4 in *Radar for Indoor Monitoring: Detection, Classification, and Assessment*, M. G. Amin, (ed.), Boca Raton, FL: CRC Press/Taylor & Francis Group, 2018, pp. 71–93.

[29] Wu, Q., et al., "Radar-Based Fall Detection Based on Doppler Time-Frequency Signatures for Assisted Living," *IET Radar, Sonar and Navigation*, Vol. 9, No. 2, 2015, pp. 164–172.

[30] Li, C., et al., "A Review on Recent Advances in Doppler Radar Sensors for Noncontact Healthcare Monitoring," *IEEE Transactions on Microwave Theory and Techniques*, Vol. 61, No. 5, 2013, pp. 2046–2060.

[31] Fioranelli, F., M. Ritchie, and H. Griffiths, "Bistatic Human Micro-Doppler Signatures for Classification of Indoor Activities," *Proceedings of IEEE 2017 Radar Conference*, 2017, pp. 610–615.

[32] Gurbuz, S. Z., et al., "Micro-Doppler-Based In-Home Aided and Unaided Walking Recognition with Multiple Radar and Sonar Systems," *IET Radar, Sonar and Navigation*, Vol. 11, No. 1, 2017, pp. 107–115.

[33] Chen, Q. C., et al., "Joint Fall and Aspect Angle Recognition Using Fine-Grained Micro-Doppler Classification," *Proceedings of IEEE 2017 Radar Conference*, 2017, pp. 912–916.

[34] Colozza, A., "Fly Like a Bird," *IEEE Spectrum*, Vol. 44, No. 5, 2007, pp. 38–43.

[35] Liu, T., et al., "Avian Wings," *The 24th AIAA Aerodynamic Measurement Technology and Ground Testing Conference*, Portland, OR, AIAA Paper No. 2004-2186, June 28–July 1, 2004.

[36] Liu, T., et al., "Avian Wing Geometry and Kinematics," *AIAA Journal*, Vol. 44, No. 5, May 2006, pp. 954–963.

[37] Tobalske, B. W., T. L. Hedrick, and A. A. Biewener, "Wing Kinematics of Avian Flight Across Speeds," *J. Avian Biol.*, Vol. 34, 2003, pp. 177–184.

[38] Ramakrishnananda, B., and K. C. Wong, "Animated Bird Flight Using Aerodynamics," *The Visual Computer*, Vol. 15, 1999, pp. 494–508.

[39] DeLaurier, J. D., and J. M. Harris, "A Study of Mechanical Flapping-Wing Flight," *Aeronautical Journal*, Vol. 97, October 1993, pp. 277–286.

[40] Parslew, B., "Low Order Modeling of Flapping Wing Aerodynamics for Real-Time Model Based Animation of Flapping Flight," Dissertation, School of Mathematics, University of Manchester, 2005.

[41] Vaughn, C. R., "Birds and Insects as Radar Targets: A Review," *Proc. of the IEEE*, Vol. 73, No. 2, 1965, pp. 205–227.

[42] Martison, L. W., *A Preliminary Investigation of Bird Classification by Doppler Radar*, RCA Government and Commercial Systems, Missile and Surface Radar Division, Moorestown, NJ, prepared for NASA Wallops Station, Wallops Island, VA, February 20, 1973.

[43] Green, J. L., and B. Balsley, "Identification of Flying Birds Using a Doppler Radar," *Proc. Conf. Biol. Aspects Bird/Aircraft Collision Problem*, Clemson University, 1974, pp. 491–508.

[44] Zaugg, S., et al., "Automatic Identification of Bird Targets with Radar Via Patterns Produced by Wing Flapping," *Journal of the Royal Society Interface*, 2008.

[45] Tahmoush, D., J. Silvious, and J. Clark, "An UGS Radar with Micro-Doppler Capabilities for Wide Area Persistent Surveillance," *Proceedings of the SPIE, Radar Sensor Technology XIV*, Vol. 7669, 2010, pp. 766904–766911.

[46] Anderson, M. G., and R. L. Rogers, "Micro-Doppler Analysis of Multiple Frequency Continuous Wave Radar Signatures," *Proc. of SPIE, Radar Sensor Technology XI*, Vol. 6547, 2007.

第5章 生命体征探测应用

人体生命体征是反映人体功能状态的最重要指征。医学界有四大标准生命体征（体温、心率、呼吸频率和血压），但情况紧急时往往只关注呼吸频率和心率。

在健康监测、医疗监护以及紧急情况下寻找幸存者等领域，非接触式生命体征探测技术显得尤为重要。雷达传感器的新兴应用之一就是远程探测生命体征，用以监测住院患者、震后以及其他紧急情况下寻找幸存者[1-3]。

J. C. Lin 最早提出采用微波技术测量人类和动物的呼吸运动[4]。K. M. Chen 等人则研究了一种 X 波段生命探测雷达系统，用于探测人体心跳和呼吸[5-6]。雷达探测生命体征的基本原理是呼吸和心跳引起的微小物理运动会对从人体返回的雷达信号进行调制。在此基础上，如何从雷达信号中提取有用的生命体征已成为一个新兴研究课题，包括探测人体心跳、呼吸引起的胸廓运动，甚至喉部振动。

多普勒雷达可捕捉的信息包括呼吸频率、脉搏、心跳模式和呼吸模式。呼吸频率及其模式可反映呼吸生理状况。脉搏不规则表明心脏可能有异常。监测心率和呼吸频率的变化还有助于诊断睡眠呼吸暂停。

5.1 生命体征的振动表面建模

雷达探测生命体征的原理是振动表面的回波信号受到物理振动的调制。人体胸壁就是这样一个因呼吸和心跳引起的振动表面。图5.1显示了振动表面的雷达回波信号模型。

如果表面的振动频率为 f_v，振动的最大振幅为 D_{max}，则振动函数可简单表示为

$$D_v(t) = D_{max}\sin(2\pi f_v t) \tag{5.1}$$

假设振动表面到雷达的距离为 R_0，雷达对表面的入射角为 0，则雷达和振动表面之间的距离为

$$R(t) = R_0 + D_{max}\sin(2\pi f_v t) \tag{5.2}$$

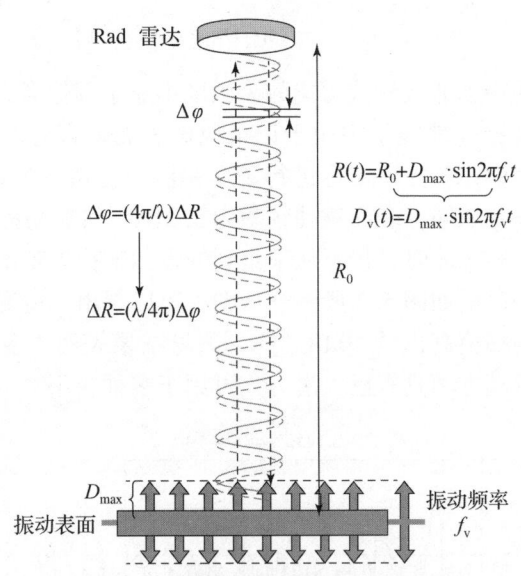

图 5.1 振动表面雷达回波信号建模

对于连续波（CW）雷达，振动表面的回波信号为

$$s_R(t) = A_R + \exp\left\{j\left[2\pi f_0 t + 4\pi \frac{R(t)}{\lambda}\right]\right\} \tag{5.3}$$

式中：A_R 为幅度；f_0 为发射信号的载频；λ 为波长。相位项 $4\pi R(t)/\lambda$ 可重写为

$$\varphi(t) = \frac{4\pi}{\lambda}R(t) = \frac{4\pi}{\lambda}R_0 + \frac{4\pi}{\lambda}D_{\max}\sin(2\pi f_v t) \tag{5.4}$$

且接收信号变为

$$s_R(t) = A_R \exp\left\{j\frac{4\pi}{\lambda}R_0\right\}\exp\left\{j2\pi f_0 t + \frac{4\pi}{\lambda}D_{\max}\sin 2\pi f_v t\right\} \tag{5.5}$$

通过定义相位调制函数：

$$\theta(t) = \frac{4\pi}{\lambda}D_v(t) = \frac{4\pi}{\lambda}D_{\max}\sin 2\pi f_v t \tag{5.6}$$

接收信号可以用相位调制函数表示：

$$s_R(t) = A_R \exp\left\{j\frac{4\pi}{\lambda}R_0\right\}\exp\{j2\pi f_0 t + \theta(t)\} \tag{5.7}$$

振动引起的微多普勒频移是相位调制函数的时间导数

$$f_{mD}(t) = \frac{1}{2\pi}\frac{d}{dt}\theta(t) = \frac{4\pi}{\lambda}f_v D_{\max}\cos(2\pi f_v t) \tag{5.8}$$

且视线速度变为

$$v = \frac{\lambda}{2}f_{\text{mD}}(t) = 2\pi f_v D_{\max}\cos(2\pi f_v t) \tag{5.9}$$

雷达对于表面振动非接触式感应的灵敏度不亚于其他高灵敏度接触式传感器，例如地震检波器（地震学中用于记录地球表面垂直运动反射波的灵敏设备）。使用 K 波段 CW 多普勒雷达进行了实验测量，雷达工作频率为 25GHz，距离振动表面 $R_0 = 0.86$m，表面振动频率为 5.2Hz。将振动的最大幅度设为低至 $D_{\max} = 0.005$mm $= 5\mu$m 时，仍可从采集到的雷达数据中观察到振动函数。测得的振动函数的功率谱如图 5.2 所示。从图中可以看出，检测到的振动信号比其他由噪声引起的峰值高出约 10dB。这一测量结果表明，多普勒雷达在非接触远程感测极弱振动方面具有巨大潜力，可用于多种应用。

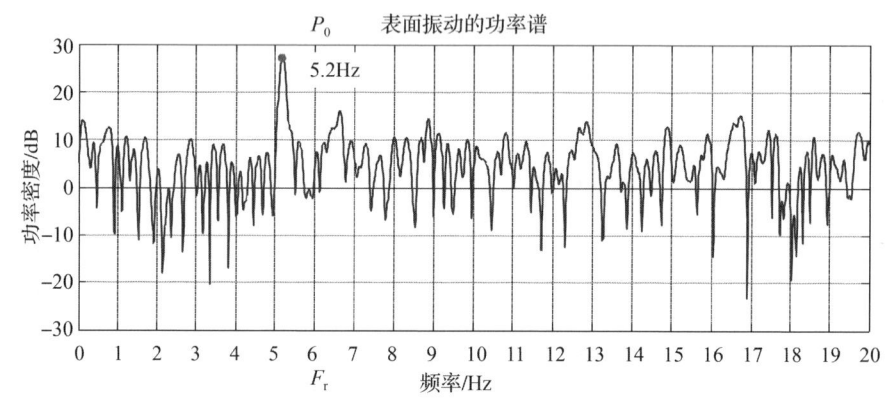

图 5.2　一个极弱振动表面的测量功率谱

对于生命体征而言，振动频率 f_v 通常很低。成年人静息状态下的正常呼吸频率约为每分钟 12 至 16 次，胸壁振动频率 f_v 约 0.2Hz~0.3Hz。正常心率为每分钟 60 至 100 次，因此，心跳引起的胸壁振动频率 f_v 约 1Hz~1.7Hz。呼吸引起的振动表面最大位移 $D_{\max}$ 约为 4mm 至 12mm，心跳引起的最大位移 $D_{\max}$ 约为 0.25mm 至 0.5mm，与图 5.2 所示的最大振幅 $D_{\max} = 0.005$mm 相比已经足够大了。

5.2　用于生命体征探测的零差多普勒雷达系统

任何多普勒雷达系统，包括窄带连续波（CW）雷达和宽带调频连续波（FMCW）雷达，都可用于生命体征探测。雷达接收机可以是零差接收机，也可以是外差接收机[7]。雷达系统架构概述见第 7 章。零差接收机是一种零中频

(IF）接收机，可直接将射频（RF）信号转换为基带信号。而外差接收机并非直接零中频接收机，它具有非零中频并使用二次下变频将中频信号转换为基带信号[8]。

5.2.1 应用于生命体征探测的零差接收机

零差多普勒雷达采用直接变频接收机将接收到的信号直接转换为基带。在零差接收机中，混频器可以是单通道混频器或正交混频器。使用单通道混频器的简单零差多普勒雷达系统如图 5.3 所示。

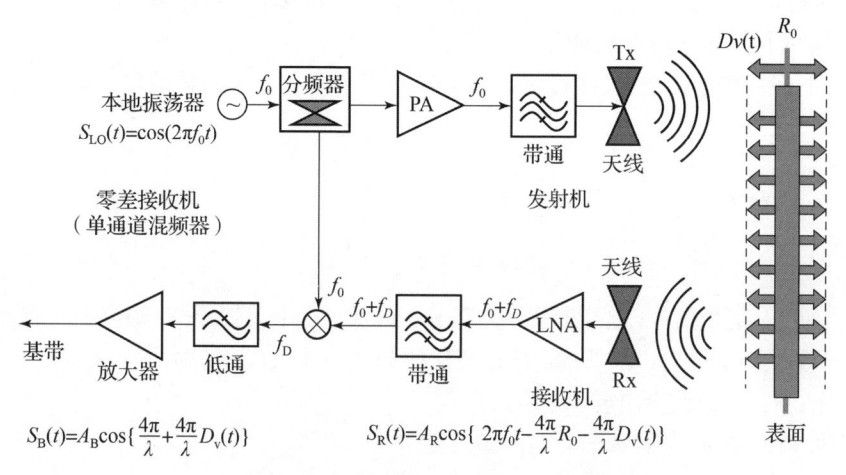

图 5.3 用于生命体征探测的简单零差多普勒雷达系统

式（5.6）的相位调制函数中所包含有用生命体征函数为：

$$\theta(t) = \frac{4\pi}{\lambda}D_v(t) = \frac{4\pi}{\lambda}D_{max}\sin 2\pi f_v t$$

该函数与振动表面的位移 $D_v(t)$ 成线性比例。

对于 CW 雷达，雷达接收信号为

$$s_R(t) \cong A_R \cos\left[2\pi f_0 t - \frac{4\pi}{\lambda}R_0 - \theta(t) + \theta_0 + 相位噪声\right] \quad (5.10)$$

式中：R_0 是雷达与表面中心之间的距离，θ_0 是接收信号的初始恒定相移。

经过低通滤波器后，基带输出变为

$$s_B(t) = A_B \cos\left[\left(\frac{4\pi}{\lambda}R_0 - \theta_0\right) + \frac{4\pi}{\lambda}D_v(t) + n_{Ph}(t)\right] \quad (5.11)$$

式中：$((4\pi/\lambda)R_0 - \theta_0)$ 是与目标距离 R_0 和恒定相移 θ_0 相关的恒定相移，$n_{Ph}(t)$ 是残余相位噪声，即

$$n_{Ph}(t) = \phi_n(t) - \phi_n\left(t - \frac{2R_0}{c}\right) \tag{5.12}$$

式中：$\phi_n(t)$ 是振荡器的相位噪声。在 CW 多普勒雷达中，发射信号的相位噪声是基带信号的噪声源。

如果将基带信号的幅度归一化为 $A_B = 1$ 并忽略相位噪声，则基带信号变为

$$s_B(t) = \cos\left[\left(\frac{4\pi}{\lambda}R_0 - \theta_0\right) + \frac{4\pi}{\lambda}D_v(t)\right] \tag{5.13}$$

基带信号是一个正弦函数，其恒定相移由目标距离 R_0 和初始相移 θ_0 决定，时变相移 $D_v(t)$ 由胸壁振动决定。

对于距离为 R_0 的人体目标，$((4\pi/\lambda)R_0 - \theta_0)$ 是 π 的整数倍，即

$$\left(\frac{4\pi}{\lambda}R_0 - \theta_0\right) = k\pi, (k = 0, 1, 2, \cdots) \tag{5.14}$$

式（5.13）中的基带信号则变为

$$s_B(t) \cong 1 - \left[\frac{4\pi}{\lambda}D_v(t)\right]^2 \tag{5.15}$$

因此，基带信号不再与胸壁位移 $D_v(t)$ 成线性比例，振动感应的灵敏度降低。这就是所谓的零点。距离 R_0 每变化四分之一波长($\lambda/4$)时，即 $R_0 = k(\lambda/4)$，($k = 0, 1, 2, \cdots$)，就会出现一个零点。

如果距离 R_0 使$((4\pi/\lambda)R_0 - \theta_0)$变为

$$\left(\frac{4\pi}{\lambda}R_0 - \theta_0\right) = \frac{2k+1}{2}\pi, (k = 0, 1, 2, \cdots) \tag{5.16}$$

则基带信号变为

$$s_B(t) \cong \frac{4\pi}{\lambda}D_v(t) \tag{5.17}$$

因此，基带信号与位移 $D_v(t)$ 成线性比例，振动感应的灵敏度达到最佳。这就是所谓的最佳点。零点和最佳点主要取决于雷达到人体胸壁的距离 R_0，零点与最近的最佳点仅相隔($\lambda/8$)。

因此，单通道配置的一大主要局限性在于，探测灵敏度与雷达到振动表面所在位置的距离有关。但是，使用正交混频器可以避免零点现象。

5.2.2 采用正交混频器的零差接收机

采用正交相位双通道配置的零差接收机如图 5.4 所示。该结构由两个混频器组成，分别向 I 通道和相移了 $\pi/2$ 的 Q 通道提供分离的基带输出[9]。

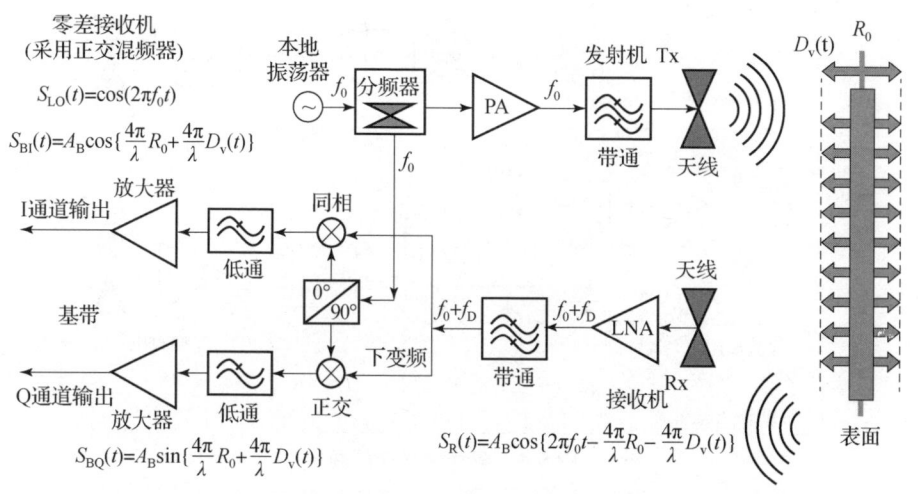

图 5.4　用于生命体征探测的带有正交混频器的零差多普勒雷达系统

利用正交双通道混频器，接收信号分为两路，一路进入同相通道，另一路进入正交相位通道。忽略残余相位噪声 $n_{Ph}(t)$ 和初始相移 θ_0，基带信号变为 I 通道基带

$$s_{BI}(t) = A_B \cos\left[\frac{4\pi}{\lambda}R_0 + \frac{4\pi}{\lambda}D_v(t)\right] \tag{5.18}$$

和 Q 通道基带

$$s_{BQ}(t) = A_B \sin\left[\frac{4\pi}{\lambda}R_0 + \frac{4\pi}{\lambda}D_v(t)\right] \tag{5.19}$$

在正交解调中有两种使用这两个基带通道的方法。一种是普通复线性正交解调法，另一种是非线性反正切正交解调法。

复线性正交解调如图 5.5 所示。正交基带输出如式（5.18）和式（5.19）所示。如果 $D_v(t)$ 相对较小，且 I 通道信号中 $((4\pi/\lambda)R_0 - \theta_0)$ 是 $\pi/2$ 的奇数倍，或 Q 通道信号中 $((4\pi/\lambda)R_0 - \theta_0)$ 是 π 的整数倍，则在小角度近似条件下，基带输出可近似表示为

$$s_{BI}(t) = s_{BQ}(t) \cong \frac{4\pi}{\lambda}D_v(t) \tag{5.20}$$

因此，基带输出与胸壁振动 $D_v(t)$ 成正比。

非线性反正切正交解调如图 5.6 所示，输出可表示为

$$\arctan\left[\frac{s_{BQ}(t)}{s_{BI}(t)}\right] = \arctan\left\{\frac{\sin\left[\frac{4\pi D_v(t)}{\lambda}+\phi\right]}{\cos\left[\frac{4\pi D_v(t)}{\lambda}+\phi\right]}\right\} = \frac{4\pi}{\lambda}D_v(t) + \phi \tag{5.21}$$

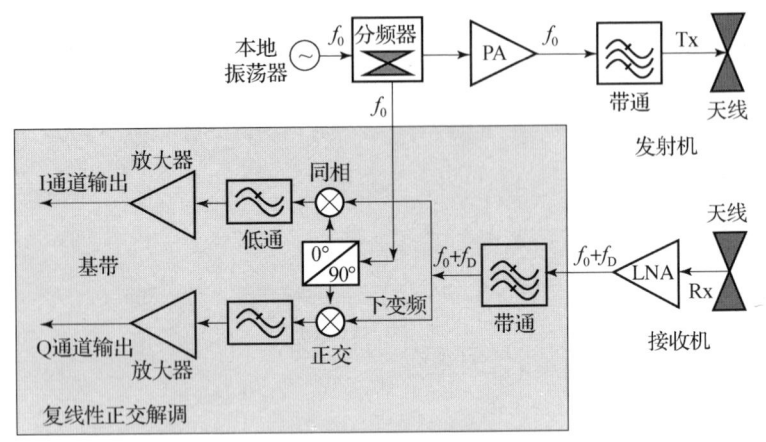

图 5.5 复线性正交解调

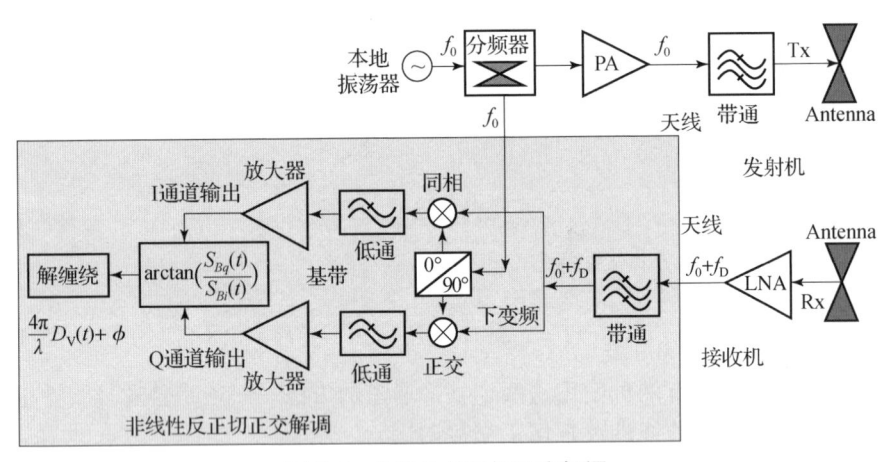

图 5.6 非线性反正切正交解调

式中：$\phi=((4\pi/\lambda)R_0-\theta_0)$。反正切解调的输出与胸壁位移 $D_v(t)$，以及因胸壁到雷达的距离而产生的偏移项成线性比例[10]。

考虑到直流（DC）偏置以及 I 通道和 Q 通道之间可能存在的不平衡，I 通道和 Q 通道的基带信号变为

$$s_{B_I}(t)=A_{B_I}\cos\left[\frac{4\pi}{\lambda}R_0+\frac{4\pi}{\lambda}D_v(t)+\Phi_I\right]+E_{DC_I} \tag{5.22}$$

和

$$s_{B_Q}(t)=A_{B_Q}\sin\left[\frac{4\pi}{\lambda}R_0+\frac{4\pi}{\lambda}D_v(t)+\Phi_Q\right]+E_{DC_Q} \tag{5.23}$$

式中：(A_{B_Q},Φ_Q) 和 (A_{BQ},Φ_Q) 分别表示 I 通道和 Q 通道中的不平衡幅度和相

位；E_{DCI} 和 E_{DCQ} 分别表示 I 通道和 Q 通道中的直流偏置。关于 I – Q 不平衡和直流偏置的进一步分析和校准请参阅参考文献 [11]。

零差接收机由于中频为零无须使用镜像干扰抑制滤波器，但直接零中频变频也有一些其他的缺点，例如本地振荡器（LO）从 LO 端口泄漏到混频器输入端和/或低噪声放大器（LNA）输入引起的自混频、LNA 输入端到 LO 端口的干扰泄漏以及 $1/f$（闪烁）噪声引起的问题。此外，正交解调还存在 I – Q 不平衡和直流偏置的问题[11]。

将射频信号转换为中频信号的外差接收系统可以解决 I – Q 不平衡和直流偏置引起的问题，并避免闪烁噪声引起的问题[12]。

5.3　用于生命体征探测的外差多普勒雷达系统

生命体征探测面临的主要难题在于人体胸壁振动调制的雷达信号非常微弱且频率极低（约为 0.1~3.0Hz）。基带信号与 $1/f$ 闪烁噪声叠加，使得难以探测到频率极低的微弱信号并将其与人体随机运动或多余的静态物体回波造成的更强干扰信号区分开来。

为了克服直接变频零差结构的局限性，通常采用外差式架构来显著提高接收机的灵敏度。在外差式架构中，接收到的 RF 信号首先被转换成远高于闪烁噪声区域的中频。这样一来，第一个混频器的闪烁噪声就无法通过中频带通滤波器了。同时，中频信号在中频放大器中被放大了约 30~40dB。然后，在第二个混频器中，中频信号被转换成基带信号。在第二混频阶段，由于放大后的基带信号远强于闪烁噪声，因此闪烁噪声可以忽略不计。

用于生命体征探测的外差雷达系统简化架构如图 5.7 所示。在发射机中，使用上变频混频器将振荡器频率 f_1 与中频 f_{IF} 混合，生成频率为 $f_0 = f_1 \pm f_{IF}$ 的发射信号。在接收机中，第一个下变频混频器提取并放大中频信号。接着，在第二次下变频中，正交混频器输出 I 通道和 Q 通道基带信号。

5.3.1　双边带混频器和单边带混频器

在发射上变频混频器中，振荡器频率 f_1 与中频 f_{IF} 混合生成频率为 f_0 的射频发射信号。发射信号可以是频率为 $f_1 + f_{IF}$ 和 $f_1 - f_{IF}$ 的双边带（DSB）信号，或者是频率为 $f_1 + f_{IF}$ 的单边带（SSB）信号[13]。

如果发射上变频混频器是 DSB 混频器，那么接收机中的第一个下变频混频器的输出也是中频 DSB 信号：

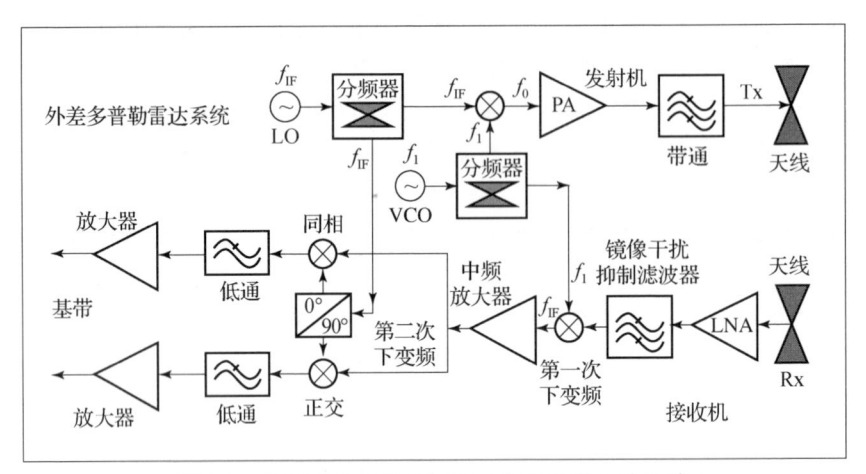

图 5.7 用于生命体征探测的外差多普勒雷达系统

$$s_{\text{DSB}}(t) = \cos\left\{\frac{4\pi}{\lambda}D_v(t) + \frac{4\pi}{\lambda}R_0\right\}\cos(2\pi f_{\text{IF}}t) \qquad (5.24)$$

对于 SSB 发射上变频混频器，接收机中频信号也是中频 SSB 信号：

$$S_{\text{SSB}}(t) = \cos\left\{2\pi f_{\text{IF}}t + \frac{4\pi}{\lambda}D_v(t) + \frac{4\pi}{\lambda}R_0\right\} \qquad (5.25)$$

式中：f_{IF} 是中频；$D_v(t)$ 是心脏和呼吸活动引起的胸壁振动函数；R_0 是到人体胸壁的正常距离；λ 是与上变频射频信号相关的合成波长。

使用 DSB 发射混频器时，式（5.24）中的中频信号是中频上的正弦波函数，其包络按振动函数调制。因此零点和最佳点问题依然存在。

然而，使用 SSB 混频器时，式（5.25）表明胸壁调制在中频信号的相位函数内。这意味着包络不再受距离 R_0 变化的调制，因此不存在与零点相关的问题。所以发射机使用 SSB 混频器比 DSB 混频器更可取。

5.3.2 低中频架构

低中频架构是一种外差式架构，为了便于在中频进行数字化选择了足够低的中频[14]。

在中频上对信号进行数字化时，使用高通滤波器可以很容易地去除直流偏置和低频噪声，且无信息丢失。若要获得双通道中频，接收机应使用正交解调，从而将射频信号分成两个通道。使用高通滤波器，再通过低通滤波器进行抗混叠处理，这样就可以去除掉每个通道中的直流偏置。接着用各模数（A/D）转换器数字化处理每一个 I 和 Q 通道中的信号，如图 5.8 所示。为了抑制中频振荡器产生的相位噪声，模数采样信号应与中频信号源保持相干。

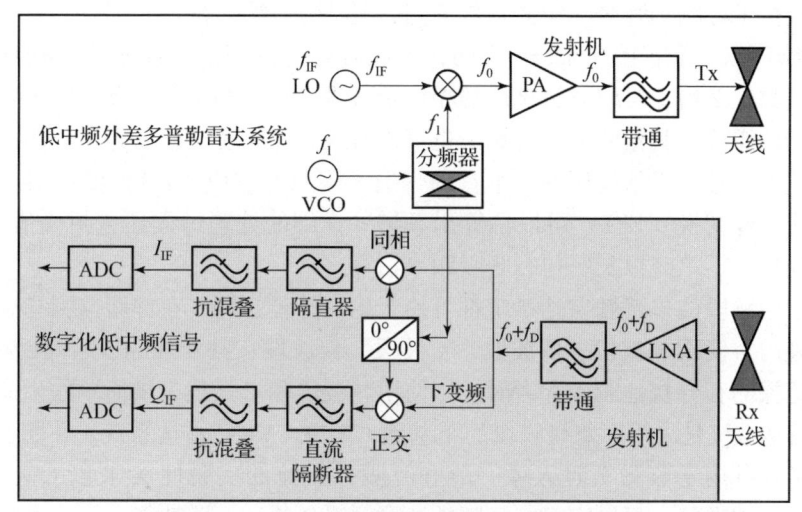

图 5.8 用于生命体征探测的低中频数字接收机

数字化后，仍可使用反正切相位解调方案，这是一种更有效的方法，可在不丢失信号的情况下消除直流偏置。

虽然低中频接收机可以解决直接变频系统的一些问题，但仍需进一步探索，寻找更适合生命体征探测的多普勒雷达系统架构。

5.4 用于生命体征探测的实验性多普勒雷达

采用零差接收机的多普勒雷达可用于研究生命体征雷达探测算法。根据式（5.10），振动表面的回波射频信号可简化为

$$s_R(t) \cong A_R \cos\left\{2\pi f_0 t - \frac{4\pi}{\lambda}R_0 - \theta(t)\right\}$$

式中：R_0 为雷达与振动表面中心位置之间的距离；相位调制函数 $\theta(t) = (4\pi/\lambda)D_v(t)$ 与振动表面的位移 $D_v(t)$ 成线性比例。

胸壁振动位移主要源于心跳 $D_{心跳}(t)$ 引起的振动，以及呼吸 $D_{呼吸}(t)$ 引起的振动：

$$D_v(t) = D_{心跳}(t) + D_{呼吸}(t) \tag{5.26}$$

通过数字化 I 通道 $S_{BI}(t)$ 和 Q 通道 $S_{BQ}(t)$，可以很容易地获得反正切解调，得到如下的相位调制函数：

$$\arctan\left[\frac{s_{BQ}(t)}{s_{BI}(t)}\right] = \frac{4\pi}{\lambda}[D_{心跳}(t) + D_{呼吸}(t) + R_0 + n_{Ph}(t)] \tag{5.27}$$

式中包括了心跳、呼吸、距离常数 R_0 和相位噪声项 $n_{\text{Ph}}(t)$。

由于相位值介于 $[-\pi, \pi]$ 之间，因此需要进行相位解缠才能得到真正的相位函数。然后，可以对解缠后的相位函数进行连续相位差运算，以去除不必要的相位漂移。其他的去趋势算法也可以有效去除相位漂移。为了分离心跳信号与呼吸信号，必须应用两个平行的带通无限脉冲响应（IIR）滤波器。通过快速傅立叶变换（FFT）可以估算出频谱。详细的处理过程还包括峰值查找、阈值处理、零填充以及脉搏和呼吸频率估算。

任何频段的多普勒雷达系统都可用于生命体征探测，在健康监测和医疗监护领域内常使用 S 波段、C 波段、X 波段、K 波段，甚至 W 波段；在穿墙生命体征探测和寻找地震幸存者时，则使用 S 波段和 C 波段。最简单的生命体征探测雷达系统是采用零差接收机的单基地 CW 或 FMCW 雷达系统。在图 5.9 中描述了一种用于监测实时人体心跳和呼吸数据流的实验性 X 波段 CW 雷达。通过连续数据流，可以实时、清晰地监测呼吸功能和心跳功能。

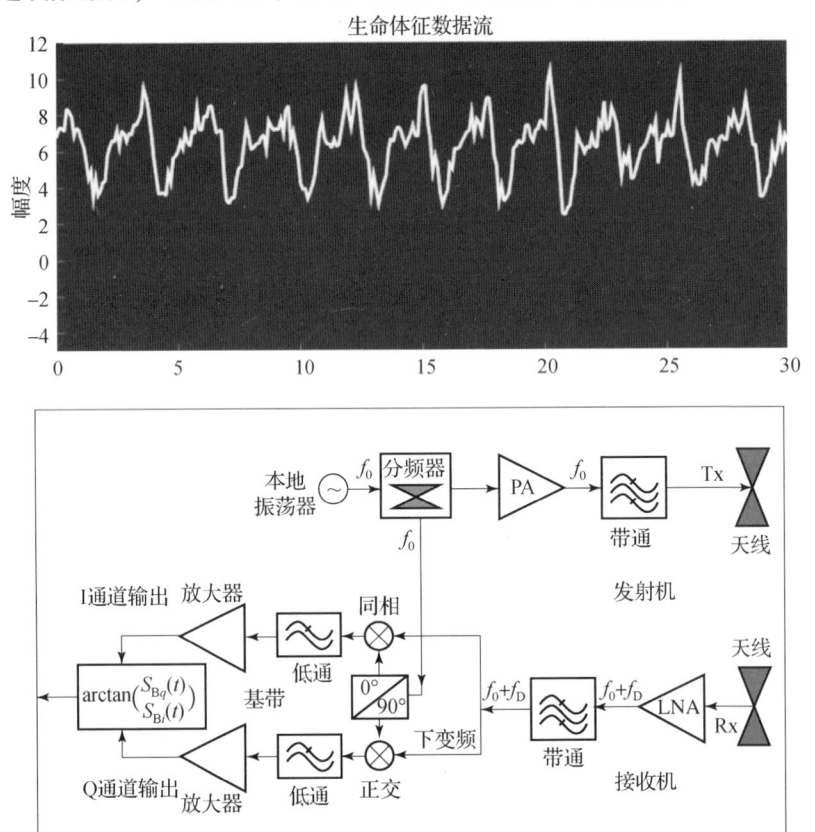

图5.9　用于监测人体心跳和呼吸数据流的实验性 X 波段 CW 雷达

基于第 5.2.1 节和 5.2.2 节中的数据处理算法，可以从雷达采集的数据中提取出生命体征。使用一个 K 波段雷达采集生命体征数据，雷达工作频率为 25GHz，采用 CW 波形，数据采样频率 128kHz，且每次数据采集的记录时间为 10 秒。

CW 信号的数据处理过程非常简单。在进行了直流消除、降低数据采样频率和校正 I–Q 不平衡等信号调节后，对数字化后的基带信号进行反正切解调操作、相位解缠、差分和去趋势处理。使用 K 波段雷达估算出的心跳和呼吸信号的频谱如图 5.10 所示。

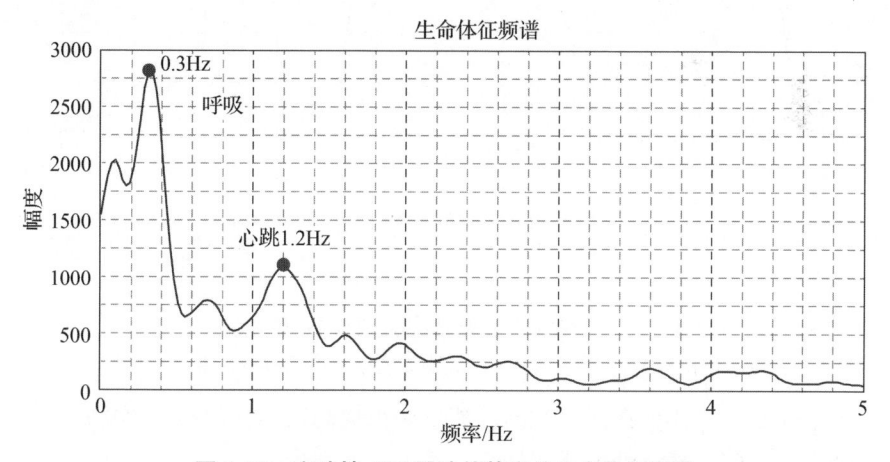

图5.10　实验性 CW 雷达估算出的生命体征频谱

FMCW 波形也常用于生命体征探测，可以提供额外的目标距离信息。在进行了直流消除和 I–Q 不平衡校正后，沿快时域进行 FFT，可以在距离域和慢时域形成二维（2D）距离像，如图 5.11（a）所示。根据平均距离像峰值，可以估算出目标的距离，从而确定距离波门。通过对距离波门内的数据求平均，预处理后的 I 通道和 Q 通道信号即可用于进一步处理。然后，按照 CW 信号的数据处理程序（例如，反正切解调操作、解缠、差分和去趋势处理），经过双带通滤波后估算出心跳信号和呼吸信号的频谱，如图 5.11（b、c）所示。

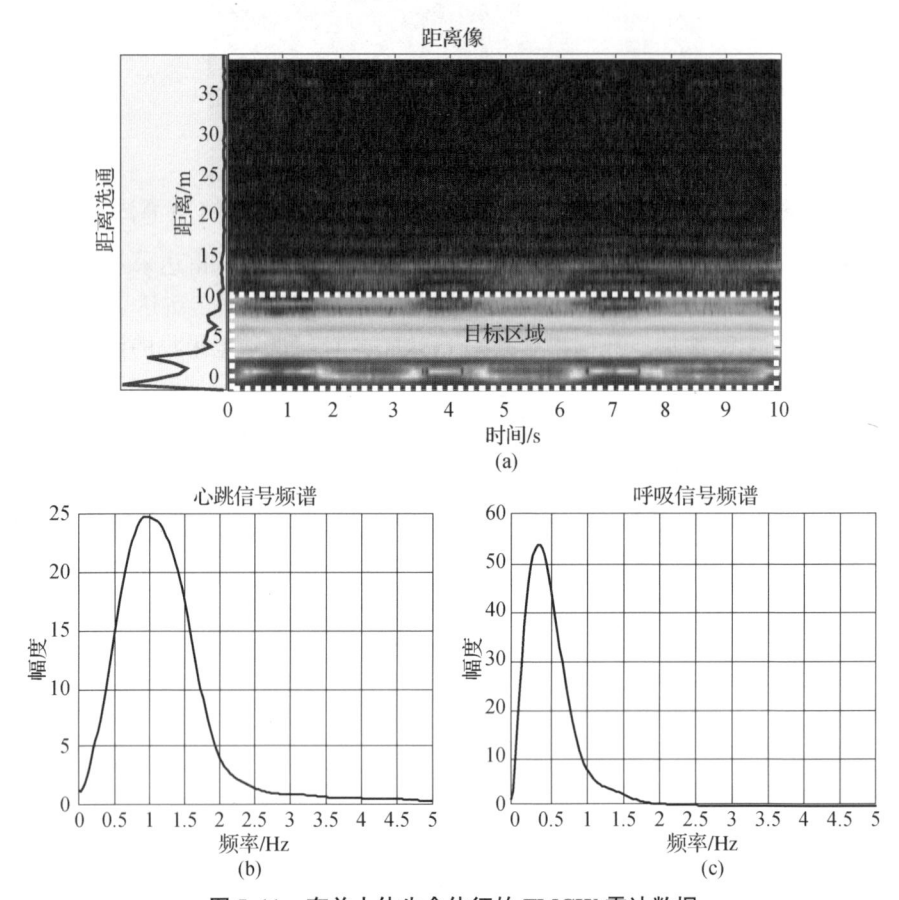

图 5.11 有关人体生命体征的 FMCW 雷达数据

（a）2D 距离像；（b）心跳信号频谱；（c）呼吸信号频谱。

为了提高生命体征探测雷达的性能，必须提高雷达接收机的灵敏度并抑制闪烁噪声。因此，首选外差式架构。

本书提供了一组用于生命体征研究的零差多普勒雷达数据。CW 雷达和 FMCW 雷达的数据均有收集。此外，本书还附有一套用于处理生命体征数据的 MATLAB 代码。

参考文献

[1] Chen, K. M., and H. -R. Chuang, "Measurement of Heart and Breathing Signals of Human Subjects Through Barriers with Microwave Life-Detection Systems," *Proceedings of Annual International Conference of the IEEE Engineering in Medicine and Biology Society*, New Orleans, LA, 1988, pp. 1279–1280.

[2] Narayanan, R. M., "Earthquake Survivor Detection Using Life Signals from Radar Micro-Doppler," *Proceedings of the 1st International Conference on Wireless Technologies for Humanitarian Relief*, 2011, pp. 259–264.

[3] Gu, C. Z., "Continuous-Wave Radar Sensor Based on Doppler Phase Modulation Effect for Medical Applications and Mechanical Vibration Monitoring," Ph.D. thesis, Texas Tech University, 2013.

[4] Lin, J. C., "Noninvasive Microwave Measurement of Respiration," *Proceedings of the IEEE*, Vol. 63, No. 10, 1975, pp. 1530–1530.

[5] Chen, K. M., et al., "An X-Band Microwave Life-Detection System," *IEEE Transactions on Biomedical Engineering*, Vol. 33, No. 7, 1986, pp. 697–702.

[6] Chen, K. M., et al., "Microwave Life-Detection Systems for Searching Human Subjects Under Earthquake Rubble or Behind Barrier," *IEEE Transactions on Biomedical Engineering*, Vol. 27, No. 1, 2000, pp. 105–114.

[7] Razavi, B., "Design Considerations for Direct-Conversion Receivers," *IEEE Transactions on Circuits and Systems—II: Analog and Digital Signal Processing*, Vol. 44, No. 6, 1997, pp. 428–435.

[8] Gruz, P., H. Gomes, and N. Carvalho, "Receiver Front-End Architectures—Analysis and Evaluation," in *Advanced Microwave and Millimeter Wave Technologies Semiconductor Devices Circuits and Systems*, M. Mukherjee (ed.), InTech, 2010.

[9] Raffo, A., S. Costanzo, and V. Cioffi, "Quadrature Receiver Benefits in CW Doppler Radar Sensors for Vibrations Detection," in A. Rocha, et al. (eds.), *Trends and Advances in Information Systems and Technologies, WorldCIST'18 2018, Advances in Intelligent Systems and Computing*, Vol. 746, 2018, pp. 1471–1477.

[10] Park, B. -K., O. Boric-Lubecke, and V. M. Lubecke, "Arctangent Demodulation with DC Offset Compensation in Quadrature Doppler Radar Receiver Systems," *IEEE Transactions on Microwave Theory and Techniques*, Vol. 55, No. 5, 2007, pp. 1073–1079.

[11] Park, B. -K., S. Yamada, and V. Lubecke, "Measurement Method for Imbalance Factors in Direct-Conversion Quadrature Radar Systems," *IEEE Microwave and Wireless Components Letters*, Vol. 17, No. 5, 2007, pp. 403–405.

[12] Churchill, F. E., G. W. Ogar, and B. J. Thompson, "The Correction of I and Q Errors in a Coherent Processor," *IEEE Transactions on Aerospace and Electronic Systems*, Vol. 17, No. 1, 1981, pp. 131–137.

[13] Jensen, B. S., et al., "Vital Signs Detection Radar Using Low Intermediate Frequency Architecture and Single-Sideband Transmission," *The European Microwave Conference*, Amsterdam, The Netherlands: RAI, 2012.

[14] Jensen, B. S., T. K. Johansen, and L. Yan, "An Experimental Vital Signs Detection Radar Using Low-IF Heterodyne Architecture and Single-Sideband Transmission," *Proceedings of 2013 IEEE International Wireless Symposium (IWS)*, 2013.

第6章 手势识别应用

示意动作（gesture）和姿态（posture）都是人类肢体语言的重要表达形式。姿态和示意动作的区别在于，姿态指的是人体特定部位的位置和方向的静态配置，而示意动作指的是动态特征或在特定时间段内呈现的一连串姿态。

虽然姿态有时也被称为示意动作，如手语[1]，但严格说来，示意动作应该是手指、手掌、手臂或人体其他部位的有意义的物理运动，其目的是传达信息或表达含义，以实现环境互动。

手指和手部的静态动作，如胜利手势、OK手势或暂停手势，被称为手部姿态。涉及手指、手掌和手腕的手部运动，旨在传达有意义的信息并与环境互动，如挥手告别、用拇指摩擦指尖表示索要钱财、用手指滑过喉咙表示强烈反对等，都被称为手势。

手势可以解释为具有语义意义的指令，可应用于人机交互、导航，以及虚拟环境中的操作、自动化家居和办公、机器人控制等领域。

手指和手以不同方向和速度移动时，会在雷达中引起多普勒频移，并在雷达微多普勒特征中呈现出不同的形状、强度和持续时间。

手势的微多普勒特征是手部运动的一种特征，代表手掌、手腕和手指运动产生的复杂频率调制。它是手部运动的主要运动学特征，可用于手势识别。手势的微多普勒特征结合距离、角速度或到达角等其他特征，可以在复杂特征空间中实现更复杂或更精细的手势识别。为了提高手势识别的性能，需要正确解读主要特征并建立特征与手势之间的映射关系。这一过程可以提取相关的定量和客观特征。

整个手势识别过程包括动作捕捉、特征提取、模式识别和机器学习。本章旨在回顾和讨论雷达微多普勒特征作为重要特征在手势识别中的作用。第6.1节和第6.2节回顾了手部和手指微运动的建模和捕捉。第6.3节介绍了用于手势识别的雷达微多普勒特征，第6.4节讨论了手势识别的其他特征。

人工神经网络（ANN）是机器学习中模拟人工大脑解决模式识别任务的先进技术之一。深度学习是机器学习的一个分支，它可以创建一个ANN作为人工大脑，直接针对图像、视频、音频甚至文本执行识别任务。

卷积神经网络（CNN）是深度学习中最流行的算法之一，无须手动提取特征，尤其适用于识别物体、人脸和场景。

使用 CNN 和深度学习完成识别任务不在本书探讨范围内，有许多有关 ANN、CNN 和深度学习的出版资料[2-7]和 MATLAB 工具箱可供查阅。

6.1 手部和手指运动的建模

人类手部结构非常复杂，由 27 块骨骼和相互连接的关节组成。每只手有 5 根手指（拇指、食指、中指、无名指和小指），每根手指由 3 个关节组成。小指、无名指、中指和食指排列在一起，并与腕骨相连。拇指位于以上 4 根手指的一侧，用于捕捉、抓取和握持。人类手部关节的运动，如偏移、扭转、屈伸、外展或内收，取决于运动类型和可能的旋转轴。

手部运动的运动学参数包括位置、速度、加速度和角度方向。为了在三维（3D）笛卡尔坐标系中完整描述手势活动，通过线性运动学参数（位置、速度和加速度）定义手部和手指上任一点随时间变化的方式。手指节段的角度方向或关节角度也是一个重要的运动学参数。这三个运动学参数与角速度和加速度相结合就能完整描述出手部和手指的角运动。

人手的运动学模型取决于用户和应用。计算机视觉领域通常使用具有 27 个自由度（DOF）的运动学模型，其中拇指 5 个 DOF，其他四根手指 16 个 DOF，手腕旋转 3 个 DOF，手腕平移 3 个 DOF。如不考虑手腕平移，24 个 DOF 的模型足以满足手势识别的要求。

人类手部和手腕的三维模型如图 6.1 所示，其中手部有 27 块骨骼，在三维空间中有 24 个旋转 DOF。

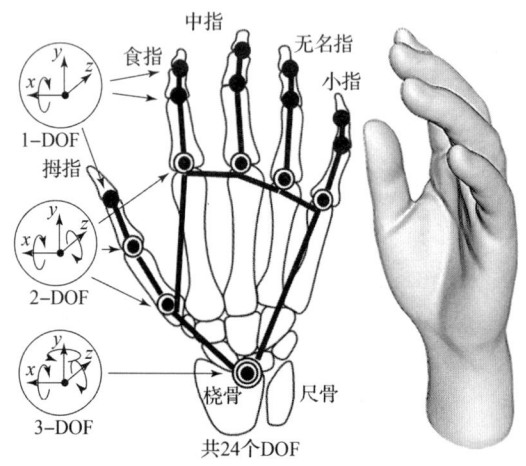

图 6.1 手部和手腕的三维模型

6.2 手部和手指运动的捕捉

有多种手部动作捕捉系统，如光学相机、红外（IR）相机、特殊手套和标记点以及无标记动作捕捉系统。

6.2.1 传统动作捕捉方法

传统的手势动作捕捉方法包括：（1）基于视觉法；（2）基于手套法；（3）基于标记点动作捕捉法。

基于视觉法使用一个或多个相机收集二维（2D）空间图像序列。3D飞行时间（TOF）相机可捕捉距离图像，提供场景点深度。TOF传感器通过激光、红外或毫米波光源照射场景，实时测量深度，从而捕捉完整的空间和时间3D场景[8]。

参考文献[9]中提出的微型相机就是一种三维TOF相机，该相机使用红外激光器产生不可见光照射周围环境，并使用广角红外相机感应环境反射回来的光，从而测量环境的距离信息。

基于手套法则是使用用户佩戴的仪器手套上的输入设备。基于标记点的光学动作捕捉系统能够跟踪三维定位。该系统配备多台红外相机，通过手上的标记点收集手势的三维轨迹[10]。手部面积较小，但分布着较多关节DOF，因此标记点必须极小且彼此靠近。每根手指可能需要2或3个标记点，一只手可能需要多达27个标记点[11]。

基于标记点法可以准确跟踪手部和手指的运动。即使是极其复杂的手势（如钢琴家的手部和手指的运动），当前的技术也可以非常准确地跟踪。例如，在参考文献[12]中，使用12台红外相机并且每只手上有27个标记点，准确捕捉到了所有DOF，并以100帧/s的帧率记录了手指、手掌和手腕的三维运动轨迹。图6.2（a）是27个标记点的配置示例，图6.2（b）是捕捉到的钢琴家的手部和手指的示例。

然而，可见光和红外相机也存在一些缺点。它们价格昂贵，需要超大内存、计算能力和通信带宽来处理和传输图像，便携性相对较差，并且在公共场合使用会引发隐私问题。因此，在手势感应方面，声学和雷达系统是可见光和红外相机系统的良好替代品。

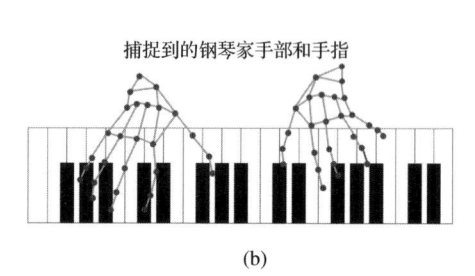

图 6.2　(a) 手部和手腕的 27 个标记点配置；(b) 捕捉到的钢琴家手部和手指的示例

6.2.2　基于声学多普勒的手势识别系统

基于声学（或超声波）多普勒的手势识别无须接触和标记，可替代相机、手套和标记点系统。声学系统不会侵犯个人隐私，在夜间或能见度较低的烟雾环境中也能有效工作[13-18]。

发射机是一个可以产生声波或超声波的扬声器。为了感应手势，声波信号必须是人类听不到的。因此，声波频率通常接近人类听觉频率范围上限：18~19kHz。声波接收机是麦克风。可使用多个麦克风来接收多普勒频移声波。通常使用 44.1kHz 的麦克风采样率对多普勒频移声波信号进行数字化处理。

SoundWave 系统[13]使用 1 个扬声器和 1 个麦克风，能够正确识别一组 5 个一维（1D）手势。AudioGest 系统[14]使用一对扬声器和一个麦克风来感应精细的手部运动，并能以高精度地探测出 6 种手势。SoundWave 和 AudioGest 系统均使用基于规则的启发式方法，无需训练数据即可识别小型手势集合。

为了在更复杂的环境中识别更多的手势，有人提出了一种名为 MultiWave 的系统。仅需少量训练样本，即可支持 14 类手势识别[15]。

在参考文献[16]中介绍了一种用于识别三维单手手势的 40kHz 超声频段多普勒声纳。这种多普勒声呐由 1 个超声波发射机和 3 个超声波接收机组成，可识别 8 种手势，包括三维方向滑动和旋转手势。

为了跟踪手指精细运动，有人提出了一种名为 FingerIO 的多麦克风声学系统[17]。它可以发射人类听不见的 18~20kHz 声波，并用多通道麦克风进行接收。该系统可根据每根手指到麦克风的距离测量其位置，利用正交频分复用技术（OFDM）跟踪手指，二维跟踪的平均准确度可达 8~12mm。

然而，声学和超声波传感器也有其缺点。它们容易受到环境声源的干扰，且穿透材料的能力较差。因此，基于雷达的多普勒系统在感应动态手势方面更具优势。

6.2.3 基于雷达多普勒的手势识别系统

多普勒雷达传感器对于微运动高度敏感，具有优异的区分移动物体与静止杂波和背景的能力，无须手套和附着在人手上的标记点，并且可以轻松穿透塑料和其他一些材料。因此，多普勒雷达传感器有望成为效果更好的手势传感器。

近年来，多普勒雷达系统，特别是连续波（CW）和调频连续波（FMCW）雷达，在手势识别中的应用日益增多，并取得了不俗表现。许多先进的特征提取、分解、机器学习和 ANN 等技术已成功应用于雷达手势识别[19-24]。

手部和手指的机械运动会导致雷达反射信号发生相位变化。根据相位变化，可以测量手部和手指的径向速度和轨迹。

基于微多普勒特征、距离 – 多普勒图、三维运动轨迹和其他可能的特征，多普勒雷达系统已成功应用于精细手势识别和控制[21-24]。

根据工作频段和信号带宽的不同，大多数多普勒雷达只能捕捉较大幅度的手部和手指动作，如挥手。但某些应用需要识别仅涉及几根手指的精细的或细微的手势。要区分位置的细微变化，所需的距离分辨率 $\Delta r = c/(2B)$ 应优于 1~2cm，速度分辨率 $\Delta v_r = c/(2f_c T)$ 应优于 0.1cm/s，其中，c 是波传播速度，B 是信号带宽，T 是信号积分时间，f_c 是发射信号的载频。因此，要捕捉精细手势，雷达发射频率必须足够高，而且信号带宽必须足够宽。谷歌 Soli 项目[25]展示的雷达手势传感器是一种毫米波 FMCW 雷达，工作频率为 60GHz，带宽为 7GHz，可通过精细的手指动作极佳地控制智能设备[24]。除微多普勒特征外，Soli 雷达还可以利用其他可用特征，如一维距离像、一维多普勒像、二维距离像和三维时变距离 – 多普勒图。

6.3　用于手势识别的雷达微多普勒特征

微多普勒特征是微运动的主要特征。仅根据微多普勒特征，无需使用从其他特征（如距离像、多普勒像、距离 – 多普勒图或时变距离 – 多普勒图）获得的信息，也可实现简单的手势识别和控制。

手势的微多普勒特征是手部运动的运动学特性，表现了运动所产生的复杂的多普勒频率调制。雷达微多普勒特征对于距离、照明条件和背景复杂性不敏感。要识别手势，就必须对雷达捕获的数据进行处理并将其分解为特征空间。然后，可以应用 CNN 和深度学习来识别手势[19,20,24,26]。

为了提高手势识别的性能，需要正确解读微多普勒特征，并建立特征与手势之间的映射关系。这一过程可以提取相关的定量和客观特征用于比较不同手势。

解读微多普勒特征与手势之间的关系有助于说明为多普勒特征与手势之间的关系。由于波传播速度 c 远大于手指运动的径向速度 $v_{径向}$，因此多普勒频移为

$$f_D = -\frac{2f_c}{c}v_{径向} \tag{6.1}$$

如果手指的运动路径与接收机成 θ 角，速度为 $v_{手指}$，则手指运动的径向速度变为

$$v_{径向} = v_{手指}\cos\theta \tag{6.2}$$

因此，

$$f_D = -\frac{2f_c}{c}v_{手指}\cos\theta \tag{6.3}$$

为了解释如何将手势运动与微多普勒特征联系起来，图 6.3 展示了一个打响指的手势。当中指以速度 $v_{中指}$ 从左上方移动到右下方停止时，角度 $\theta_{中指}$ 从约 $\pi/6$ 逐渐减小到约 $\pi/9$，$\cos(\theta_{中指})$ 从 0.87 增至 0.94。因此，多普勒频移从 $-0.87v_{中指}(2f_c/c)$ 增至 $-0.94v_{中指}(2f_c/c)$。与此同时，拇指以速度 $v_{拇指}$ 从右下方移动到左上方停止，角度 $\theta_{拇指}$ 从约 $\pi/4$ 逐渐增大到约 $\pi/3$，$\cos(\theta_{拇指})$ 从 0.7 减至 0.5。这样一来，多普勒频移从 $0.7v_{拇指}(2f_c/c)$ 减至 $0.5v_{拇指}(2f_c/c)$。

图 6.3 中打响指的微多普勒特征表明，在同一时刻存在一个较高的负多普勒峰和一个较低的正多普勒峰。较高的负多普勒峰对应于将中指弹向手掌，而较低的正多普勒峰则对应于拇指向雷达翻转。三根手指恢复到初始位置后出现了另一个较低的正多普勒峰，如图 6.3 所示。

为了建模时变径向速度，多普勒频移与径向速度的关系可表示为

$$f_D(t) = -\frac{2f_c}{c}v_{径向}(t) = -\frac{2}{\lambda}v_{径向}(t) \tag{6.4}$$

因此，时变径向速度为

$$v_{径向}(t) = -\frac{\lambda}{2}f_D(t) \tag{6.5}$$

式中：λ 为发射信号的波长。

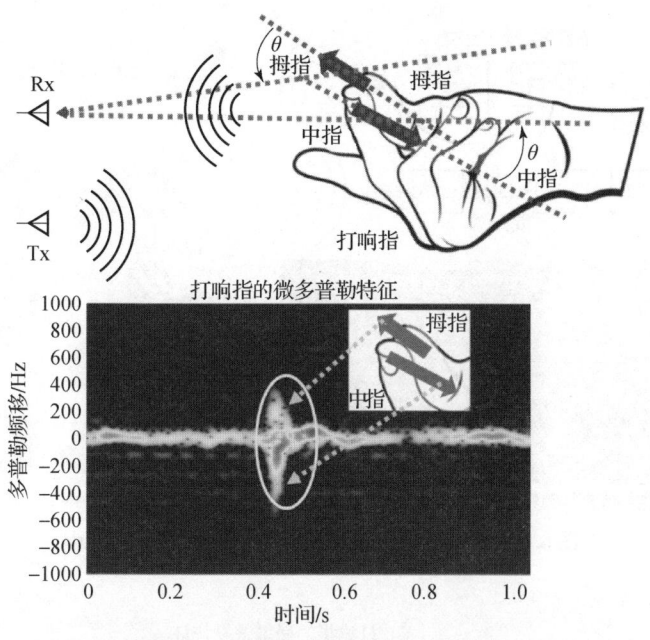

图 6.3 解读打响指的微多普勒特征

在每个时刻，微多普勒频移为 $f_D(t)$，手指的径向速度 $v_{径向}(t)$ 与半波长 $\lambda/2$ 相关。径向速度符号表示运动方向，与手势类型有关。非零速度的时间间隔代表手势的持续时间。此外，根据径向速度曲线覆盖的面积，可以估算出手指与雷达的距离。

根据一组预选手势的雷达微多普勒特征，简单的单基地 CW 多普勒雷达可以非常好地进行手势识别。在此，使用控制 CD 播放器来演示基于微多普勒特征的手势识别系统的示例[26]。

如图 6.4 所示，为了简单起见，该示例只使用了 4 种手势来控制 CD 播放器：打响指表示"播放"，向外轻扫表示"下一首"，向内轻扫表示"上一首"，翻转手指表示"暂停"。

相应的 4 个控制 CD 播放器的微多普勒特征如图 6.5 所示。使用简单的单基地 CW 雷达并且仅根据微多普勒特征，雷达传感器的分类准确率可达 88% 以上。

虽然利用微多普勒特征进行手势识别既简单又自然，但多普勒效应只能反映移动物体的径向速度。当移动物体没有径向速度分量时，就不会产生多普勒频移。如果物体沿曲线路径移动，当其径向速度减小时，角速度必然增大。因此，要完整描述物体的运动，需要同时测量其径向速度和角速度。第 1 章第 1.10 节介绍了干涉频移 f_{Inf}，该数值与角速度成正比，而多普勒频移 f_D 与径向速度成正比。

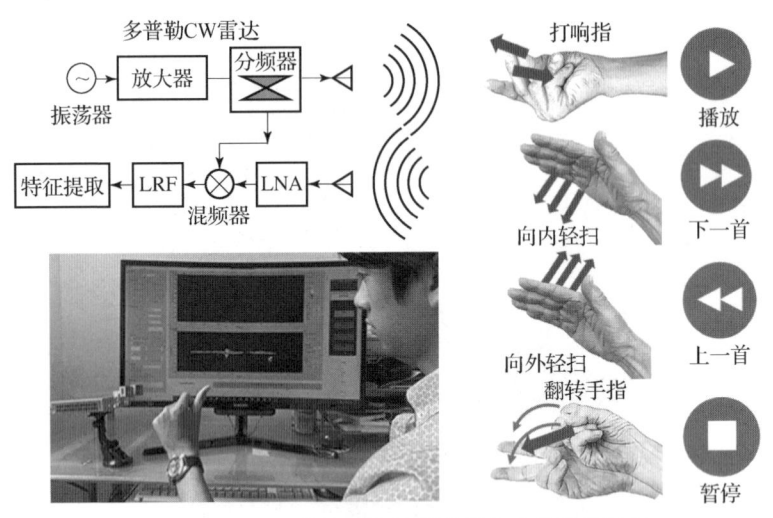

图 6.4 用于手势识别和控制的微多普勒特征示例

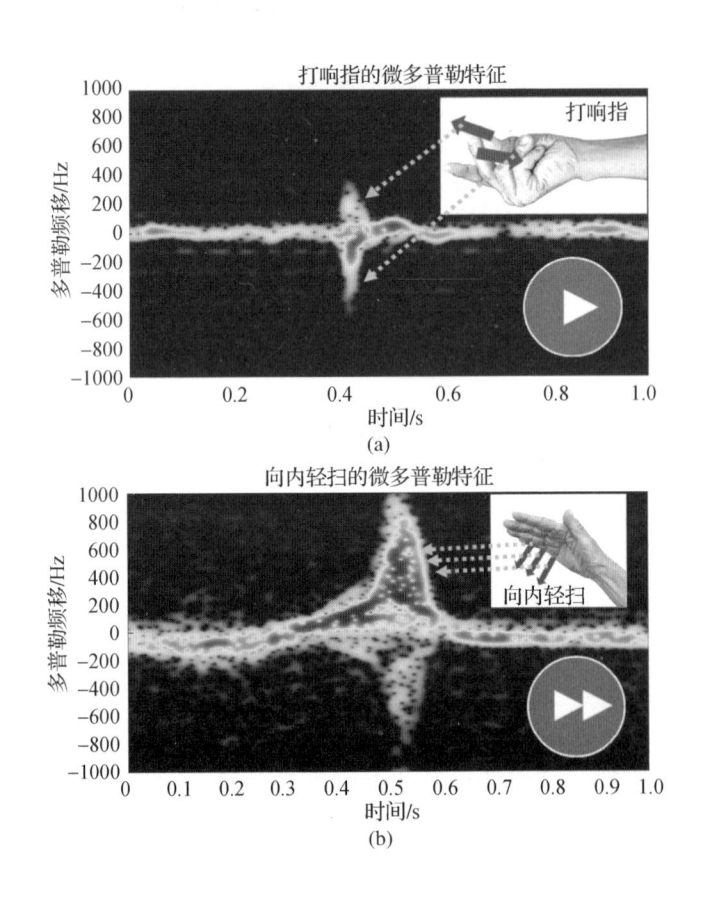

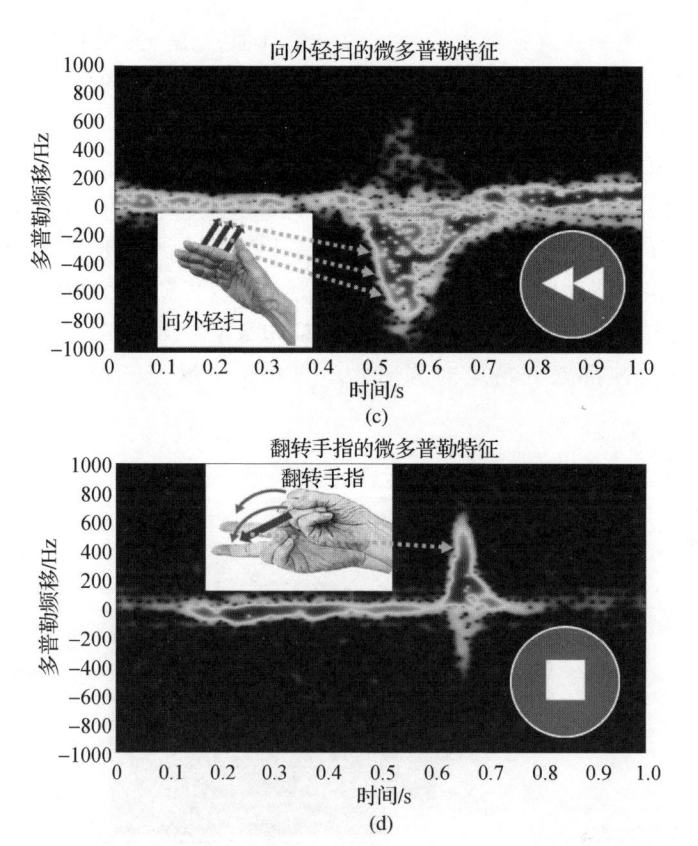

图 6.5　(a)"播放"的微多普勒特征；(b)"下一首"的微多普勒特征；(c)"上一首"的微多普勒特征；(d)"暂停"的微多普勒特征

与微多普勒特征一样，其他诸如时变距离 – 多普勒图、方位角和仰角以及三维轨迹等特征也可以用于增强手势识别的性能。

6.4　手势识别的其他特征

为了感应精确细微的微运动以实现精细手势识别以及增强手势识别的性能，往往还需要更多其他特征。

6.4.1　时变距离 – 多普勒特征

在宽带多普勒雷达中，很容易形成距离 – 多普勒图[27]。距离 – 多普勒图是一个分布在距离和多普勒联合域中的二维复合（幅度和相位）函数。每个运动物体在距离-多普勒图上均显示为一个峰值，在一定的信号积分时间内，一系列距离-多普勒帧形成三维时变距离-多普勒图。出现在三维图中的这些峰值形成了感兴趣的物体的运动。

对于 FMCW 雷达，在距离采样数 M 给定的情况下，在每个扫描时间内，沿 M 个距离单元样本进行 FFT 后可形成一个距离像。对于一组 N 次扫描（也称为慢时采样数），沿 N 次扫描进行另一次 FFT 后，可形成多普勒像。然后，结合距离像和多普勒像，就形成了 $M \times N$ 距离-多普勒图。在整个信号积分时间段内重复上述处理过程，就会生成一系列 $M \times N$ 距离-多普勒图帧。每个距离-多普勒图帧都处在特定时间 t 上。图 6.6 所示为三维时变距离-多普勒图。

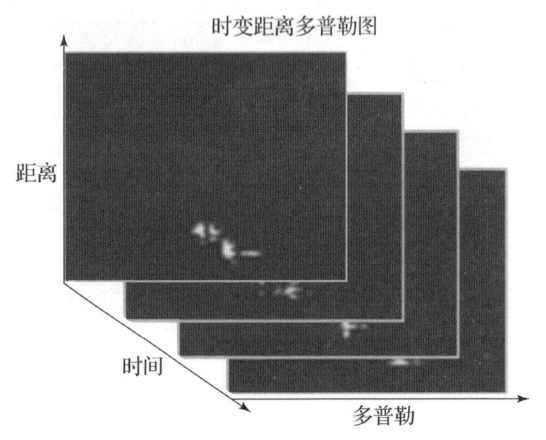

图 6.6 时变距离-多普勒图

因此，手势数据就成为一个三维距离-多普勒-时间立方体，它是距离-多普勒图在时间维度的堆叠，提供了手部、手掌和手指的时变距离和径向速度（即微多普勒特征）。通过距离单元切片，可显示该距离单元处的手掌和手指的微多普勒特征。

6.4.2 方位角和仰角特征

根据单脉冲原理[28]，四通道多普勒雷达系统有两对并排放置的水平和垂直接收天线，可测量方位角和仰角，如图 6.7 所示。

通过比较两对并排放置的接收机接收到的信号，可估算出物体回波的到达角。到达方位角可通过下式进行估算

$$\varphi_{az} = \arcsin\left(\frac{\lambda \Delta \psi_{12}}{2\pi D}\right) \qquad (6.6)$$

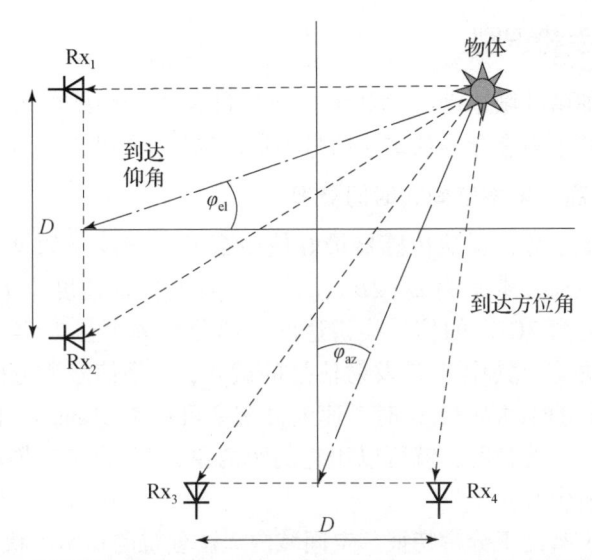

图 6.7 用于测量到达方位角和仰角的两对共位的水平和垂直接收天线

式中：D 是两个方位或仰角天线之间的几何距离；λ 代表波长；$\Delta\psi_{12}$ 是接收机 1 和 2 中的两个信号之间的观测相位差。同样，到达仰角可通过下式进行估算

$$\varphi_{el} = \arcsin\left(\frac{\lambda \Delta\psi_{34}}{2\pi D}\right) \tag{6.7}$$

式中：$\Delta\psi_{34}$ 是接收机 3 和 4 中的两个信号之间的观测相位差。

利用宽带信号（例如，FMCW）可以获取距离信息。因此，单脉冲雷达可以测量场景中运动物体的距离、速度、方位和仰角。根据雷达接收到的数据，在每个接收通道内生成一系列二维复合距离 – 多普勒图。因此，如参考文献［21］所述，可以根据每对天线的 2 个距离 – 多普勒图之间的相位差同时估算出到达角。

在距离 – 多普勒图中，运动物体显示为峰值。多个物体可能在图上重叠或空间分离。接收机 1 和接收机 2 中的两个距离 – 多普勒图之间的相位差 $\Delta\psi_{12}(r,f_D)$ 用于估算运动物体的方位角。接收机 3 和 4 中的两个距离 – 多普勒图之间的相位差 $\Delta\psi_{34}(r,f_D)$ 用于估算仰角，其中 r 是距离，f_D 是每个被探测到的运动物体的多普勒频移。因此，需要一个四接收机 FMCW 雷达来测量场景中的运动物体的距离、速度、方位和仰角。

通过比较每对距离 – 多普勒图的相位，可以根据雷达反射信号估算出手部和手指的距离、方位、仰角的三维空间坐标以及对应的速度。在手势识别中可以利用时变距离 – 多普勒 – 角度表示法的这个独特特征。

6.4.3 精细手势识别

对精确和细微的微运动（例如大拇指滑过食指）的感应可用于精细手势控制，比如调整手表表盘。从雷达信号中提取和识别细微运动是一项挑战。

6.4.3.1 高分辨率空间和时间处理

要感应精细手势，雷达传感器最好使用毫米波波段（如 W 波段），并具有超宽带宽。距离分辨率为 $c/(2B)$，其中 c 是波传播速度，B 是信号带宽。例如，对于带宽为 7GHz 的信号，雷达的距离分辨率可达 2.14cm。速度分辨率由 $c/(2f_cT)$ 决定，其中 f_c 是发射信号的载频，T 是信号积分时间。载频为 60GHz、信号积分时间为 32ms 时，速度分辨率可达 7.81cm/s。因此，有了高分辨率的距离 – 多普勒图，就可以用它的距离单元和/或多普勒单元来分辨密集分布的强散射中心。

时间处理也有助于分辨特征。空间域内无法分辨的物体形状可能在时域内得以解析。因此，一系列时变二维距离 – 多普勒图可以清晰地显示出随时间变化的动态手势模式[23-24]。

6.4.3.2 用于跟踪三维轨迹的多输入多输出雷达

谷歌的 Soli 雷达使用 2 个发射和 4 个接收天线单元，通过数字波束形成进行方位和仰角跟踪[23-24]。多输入多输出（MIMO）雷达是一种先进的三维空间坐标跟踪技术，是数字波束形成雷达的延伸[29]。相控阵雷达结合 MIMO 概念，使得 MIMO 相控阵雷达成了一种极具吸引力的技术，尤其适用于近程雷达应用。

MIMO 雷达与传统雷达的主要区别在于，MIMO 雷达能够使用不同发射天线发射不同信号并使这些信号在接收机中保持分离。MIMO 技术可以合成虚拟的天线位置，从而得到大量有效阵元，获得更高的空间分辨率。

MIMO 雷达由发射端和接收端的多个天线单元组成。对于 N 个发射单元和 M 个接收单元，从发射阵列到接收阵列有 $N \times M$ 个不同的传播通道。只需 $N+M$ 个天线单元就能合成一个有 $N \times M$ 个单元的虚拟相控阵。接收天线必须能够分离不同发射天线发射的信号。发射通道的多样性可以通过时分复用、频分复用、空间编码或正交波形来实现。通过恰当地安排发射单元和接收单元的位置，就可以设计出虚拟形成的相控阵，获得所需的模式。使用相位中心位置卷积形成所需模式的二维 MIMO 虚拟阵列。如图 6.8 所示，MIMO 虚拟阵列等效于具有二维虚拟接收阵列的单个发射相位中心。由于 N 个发射单元和 M 个接收单元可组成一个有 $N \times M$ 个单元的虚拟相控阵（有 2 个发射天线单元和

4个接收单元),因此图中的虚拟接收阵列有 8 个单元。可通过选择适当的发射或接收单元位置来管理所需的虚拟接收阵列模式。

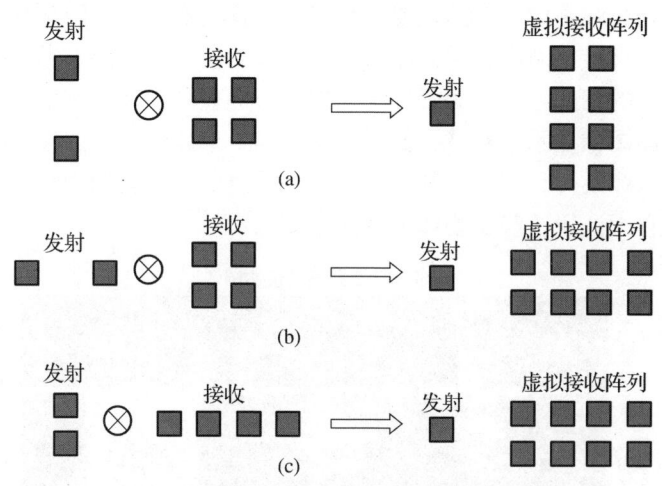

图6.8 使用 2 个发射天线单元和 4 个接收单元可以形成
有 8 个单元的二维虚拟接收阵列模式

以不同的方式安排发射和接收单元的位置,可以形成更大孔径的稀疏虚拟接收阵列,并获得更高的空间分辨率。

6.4.4 手势的雷达正面成像

合成孔径雷达(SAR)图像是在距离和横向距离维度上显示的俯视图像,可能无法捕捉到关于感兴趣的物体运动的很多信息。运动引起的相位误差会导致物体的 SAR 图像在横向距离维度上定位错误,并在横向距离和距离域内均模糊不清。运动物体显示为散焦和空间位移,叠加显示在 SAR 图上。因此,SAR 不适用于实现运动物体的雷达成像。

与俯视 SAR 图像相比,从正面观察物体活动获得的信息量更大。正面成像不使用合成孔径,而是使用更大的二维虚拟阵列。因此,可以在三维傅里叶空间中重构物体运动的时变多普勒 – 方位角 – 仰角图像序列。在参考文献[30]中设想了一个工作频率为 7.5GHz 的 CW 多普勒雷达。天线是一个均匀的平面天线孔径,有 20×20 个间距为半波长的单元。横跨三维多普勒、方位和仰角域对雷达数据进行傅立叶变换。因此,可以通过对三维傅立叶空间内每个不同散射体的二维横向距离点扩散响应进行复数求和来生成图像。虽然天线单元数量达到 400 个,但仍能区分出人的胳膊和腿。

在参考文献[31-32]中介绍了一种对人类活动进行正面雷达成像微多

普勒增强的方法。使用手臂和腿部动态运动产生的微多普勒特征来分辨人体表面的某些点散射体。额外的多普勒维度可以放宽横向距离维度的分辨率要求。

  微多普勒增强正面成像的主要优势在于，雷达操作员无须掌握复杂的机器学习算法就能直接推断出各种人体活动。图6.9显示了模拟人类蹦跳生成的一系列正面图像的切片之一。为了便于比较，右侧显示的是真实情况图像。微多普勒增强正面图像显示了双臂、躯干、头部和一条腿。这些图像最有趣的特点在于捕捉到了蹦跳过程中头部的上下运动。不过，微多普勒增强正面成像也有其局限性，它无法用于静止物体成像。

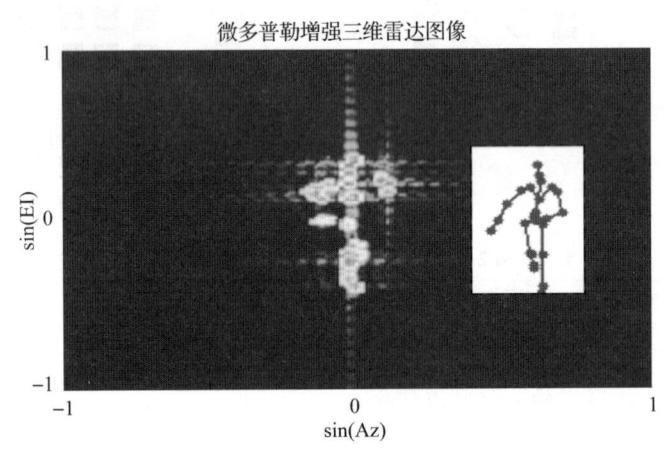

图6.9 人类蹦跳的微多普勒增强图像（来源：参考文献 [32]）

参考文献

[1] Mitra, S., and T. Acharya, "Gesture Recognition: A Survey," *IEEE Transactions on Systems, Man and Cybernetics, Part C: Applications and Reviews*, Vol. 37, No. 3, 2007, pp. 311–324.

[2] Samuel, A., "Some Studies in Machine Learning Using the Game of Checkers," *IBM Journal of Research and Development*, Vol. 3, No. 3, 1959, pp. 210–229.

[3] LeCun, Y., and Y. Bengio, "Convolutional Networks for Images, Speech, and Time-Series," in M. A. Arbib, (ed.), *The Handbook of Brain Theory and Neural Networks*, Cambridge, MA: MIT Press, 1995.

[4] LeCun, Y., Y. Bengio, and G. Hinton, "Deep Learning," *Nature*, Vol. 521, May 2015, pp. 436–444.

[5] Schmidhuber, J., "Deep Learning in Neural Networks: An Overview," *Neural Networks*, Vol. 61, No. 1, 2015, pp. 85–117.

[6] Molchanov, P., et al., "Hand Gesture Recognition with 3D Convolutional Neural Networks," *2015 IEEE Computer Society Conference on Computer Vision and Pattern Recognition Workshop*, 2015, pp. 1–7.

[7] Kim, Y., and T. Moon, "Human Detection and Activity Classification Based on Micro-Doppler Signatures Using Deep Convolutional Neural Networks," *IEEE Geoscience and Remote Sensing Letters*, Vol. 13, No. 1, 2016, pp. 8–12.

[8] Kollorz, E., J. Hornegger, and A. Barke, "Gesture Recognition with a Time-of-Fight Camera, Dynamic 3D Imaging," *International Journal of Intelligent Systems Technologies and Applications*, Vol. 5, No. 3-4, 2008, pp. 334–343.

[9] "A Hand-Tracking Sensor for Virtual Reality Headsets, the 2015 Invention Awards," *Popular Science*, May 25, 2015.

[10] Wheatland, N., et al., "State of the Art in Hand and Finger Modeling and Animation," *Computer Graphics Forum*, Vol. 34, No. 2, May 2015, pp. 735–760.

[11] Kitagawa, M., and Windsor B, *Mo Cap for Artists: Workflow and Techniques for Motion Capture*, Burlington, MA: Focal Press, 2008.

[12] Tits, M., et al., "Feature Extraction and Expertise Analysis of Pianists' Motion-Captured Finger Gestures," *ICMC*, 2015. September 25–October 1, 2015, CEMI, University of North Texas.

[13] Gupta, S., et al., "Sound Wave: Using the Doppler Effect to Sense Gestures," *ACM Proceedings of the SIGCHI Conference on Human Factors in Computing Systems*, 2012, pp. 1911–1914.

[14] Wenjie Ruan, W., Q. Z. Sheng, and L. Shangguan, "AudioGest: Enabling Fine-Grained Hand Gesture Detection by Decoding Echo Signal," *UbiComp*, 2016.

[15] Pittman, C. R., and J. J. LaViola, "MultiWave: Complex Hand Gesture Recognition Using the Doppler Effect," *Proceedings of Graphics Interface 2017*, Edmonton, Alberta, May 16–19, 2017, pp. 97–106.

[16] Kalgaonkar, K., and B. Raj, "One-Handed Gesture Recognition Using Ultrasonic Doppler Sonar," *IEEE International Conference on Acoustics, Speech and Signal Processing*, 2009, pp. 1889–1892.

[17] Nandakumar, R., et al., "FingerIO: Using Active Sonar for Fine-Grained Finger Tracking," *Proceedings of the 2016 CHI Conference on Human Factors in Computing Systems*, San Jose, CA, May 7–12, 2016, pp. 1515–1525.

[18] Wang, Q., and Y. Liu, "Micro Hand Gesture Recognition System Using Ultrasonic Active Sensing Method," *IEEE SigPort*, 2016, http://sigport.org/1139.

[19] Li, G., et al., "Sparsity-Based Dynamic Hand Gesture Recognition Using Micro-Doppler Signatures," *Proceedings of IEEE 2017 Radar Conference*, 2017.

[20] Kim, Y. W., and B. Toomajian, "Hand Gesture Recognition Using Micro-Doppler Signatures with Convolutional Neural Network," *IEEE Access*, Vol. 4, 2016, pp. 7125–7130.

[21] Molchanov, P., et al., "Short-Range FMCW Monopulse Radar for Hand-Gesture Sensing," *Proceedings of IEEE Radar Conference*, 2015, pp. 1491–1496.

[22] Molchanov, P., et al., "Multi-Sensor System for Driver's Hand-Gesture Recognition," *Proceedings of the 2015 IEEE International Conference and Workshops on Automatic Face and Gesture Recognition*, Ljubljana, Slovenia, May 4–8, 2015.

[23] Wang, S., et al., "Interacting with Soli: Exploring Fine-Grained Dynamic Gesture Recognition in the Radio-Frequency Spectrum," *Symposium on User Interface Software and Technology*, 2016.

[24] Lien, J., et al., "Soli: Ubiquitous Gesture Sensing with Millimeter Wave Radar," *ACM Transactions on Graphics*, Vol. 35, No. 4, 2016, pp.142:1–142-19.

[25] https://atap.google.com/soli/.

[26] Zhang, S., et al., "Dynamic Hand Gesture Classification Based on Radar Micro-Doppler Signatures," *Proceedings of 2016 CIE International Conference on Radar*, Guangzhou, China, October 10–13, 2016.

[27] Ali, F., and M. Vossiek, "Detection of Weak Moving Targets Based on 2-D Range-Doppler FMCW Radar Fourier Processing," *Proceedings of 5th German Microwave Conference*, Berlin, Germany, 2010, pp. 214–217.

[28] Sherman, S. M., and D. K. Barton, *Monopulse Principles and Techniques*, 2nd ed., Norwood, MA: Artech House, 2010.

[29] Fishler, E., et al., "MIMO Radar: An Idea Whose Time Has Come," *Proceedings of the IEEE 2004 Radar Conference*, pp. 71–78.

[30] Ram, S. S., and A. Majumdar, "High-Resolution Radar Imaging of Moving Humans Using Doppler Processing and Compressed Sensing," *IEEE Transactions on Aerospace and Electronic Systems*, Vol. 51, No. 2, 2015, pp. 1279–1287.

[31] Ram, S. S., "Doppler Enhanced Frontal Radar Images of Multiple Human Activities," *Proceedings of the IEEE Radar Conference*, 2015.

[32] Ram, S. S., S. Z. Gurbuz, and V. C. Chen, "Modeling and Simulation of Human Motion for Micro-Doppler Signatures," Chapter 3 in *Radar for Indoor Monitoring: Detection, Classification, and Assessment*, M. G. Amin, (ed.), Boca Raton, FL: CRC Press/Taylor & Francis Group, 2018, pp. 39–69.

第 7 章 微多普勒雷达系统概览

雷达已广泛用于远距离、昼夜和全天候条件下高精度的目标探测和跟踪。作为一种相干雷达，多普勒雷达保持了高水平的相位相干性，以实现对多普勒信息的最佳跟踪。

微多普勒雷达是一种相干多普勒雷达，可感知微运动引起的多普勒位移并测量微多普勒特征。相干雷达发射信号时，将所有信号相位锁定到一个参考点。在目前高度集成的雷达系统中，窄带连续波（CW）雷达和宽带调频连续波（FMCW）雷达具有系统紧凑、灵活、成本低等优点，是微多普勒雷达的最佳选择。

7.1 微多普勒雷达系统架构

微多普勒雷达系统的简单架构如图 7.1 所示。由于接收信号的射频（RF）频谱在第一次下变频中直接转换为基带，因此雷达接收机是直接转换或零拍接收机。在零拍接收机中，接收到的信号进行放大以保持低噪声系数，并进行选频滤波以去除噪声，然后直接转换为基带。该架构也被称为零中频（IF）架构[1-2]。在零拍接收机中，如果不是正交混频器，信号的两个边带均转换到相同的基带频率区域内，这就是所谓的自映像效应。为了避免自映像效应，需要一个正交直接转换接收机。使用正交混频器，将接收到的复信号与复本振混合，接收到的复信号只有一个边带被转换到基带频率区域，且不会产生自映像干扰。

如果第一次下变频器不是直接的零中频转换，需要有第二个下变频器。因此，接收机被称为外差接收机，如图 7.2 所示[3]。首先，接收到的 RF 信号经过低噪声放大器（LNA）和镜像抑制滤波器。然后，镜像抑制信号与第一个振荡器（如压控振荡器（VCO））混合，称为 VCOf_1，产生中频信号并用于接下来的中频放大和过滤。中频滤波后的信号与第二个本振器（LO）混合，即 f_{IF}，用于产生基带同相和正交相（I 和 Q）。

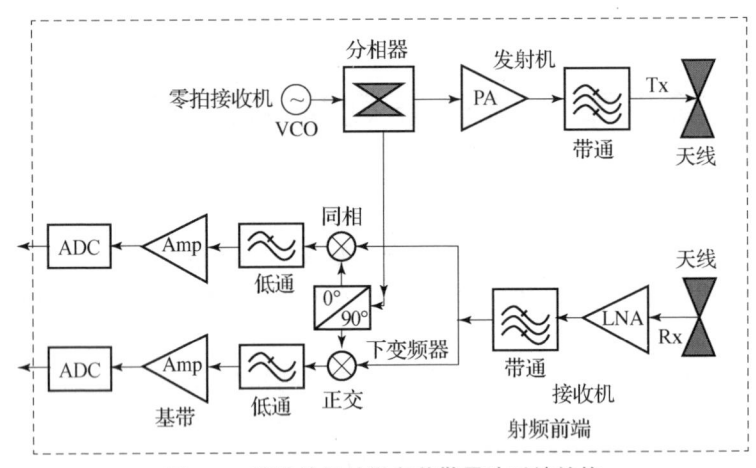

图 7.1 简单的零拍微多普勒雷达系统结构

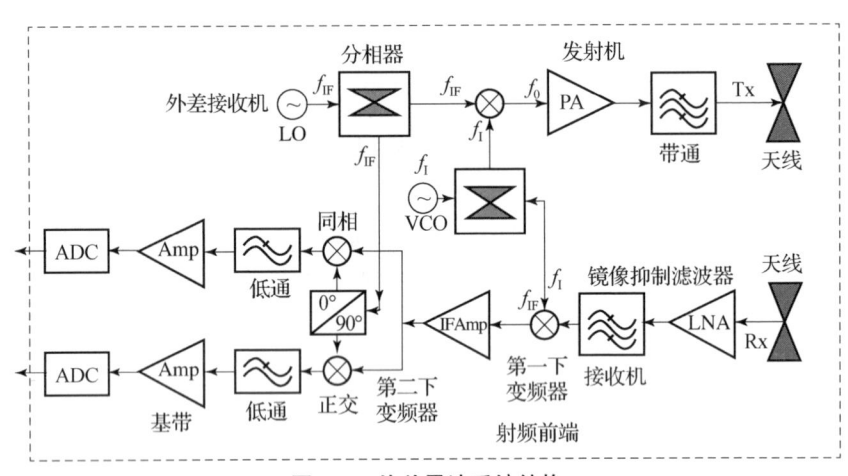

图 7.2 外差雷达系统结构

外差接收机的基本问题是在选择中频时,如何在镜像抑制和干扰之间进行权衡[1]。如图 7.3 所示,在外差接收机中,有一个不需要的频带,它等于 RF 减去两倍的 IF,被称作所需频率的镜像。在镜像频率处的任何干扰和噪声都会干扰期望信号频率的接收。镜像抑制滤波器用于去除镜像频率区域内的干扰。在镜像频率处抑制干扰信号的能力是通过镜频抑制比(IRR)来衡量的,这是接收频率下的输出与等强度信号在镜像频率下的输出比值。

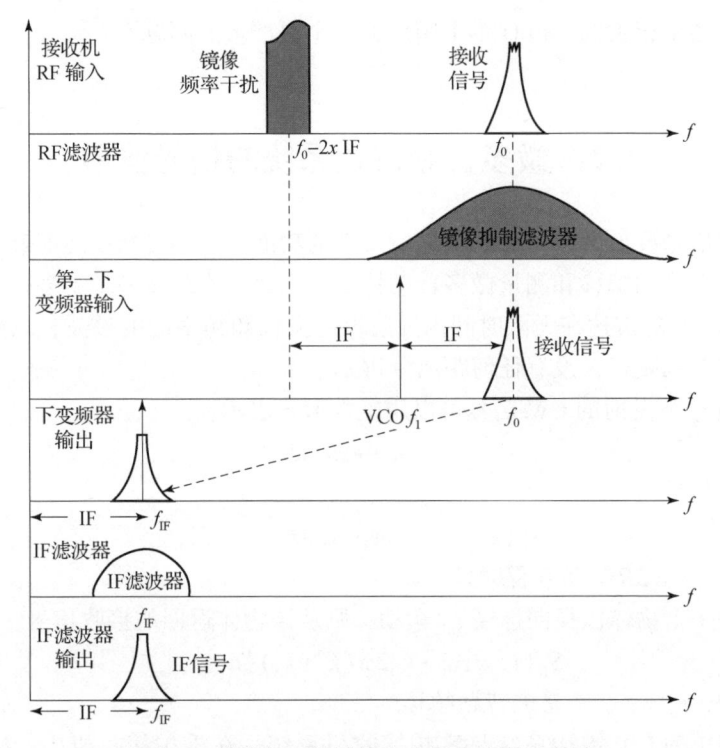

图 7.3　镜像抑制滤波器和中频滤波器示意图

零拍接收机直接将感兴趣的频带转换为零中频频带，并使用低通滤波器抑制干扰。与外差接收机相比，直接转换的优点之一是零中频不需要镜像抑制滤波器。然而，直接零中频转换也存在许多外差接收机没有涉及的问题，例如直流（DC）偏移（即从 LO 端口到混频器输入和 LNA 输入的 LO 泄漏导致自混合，以及从 LNA 输入到 LO 端口的干扰泄漏）、I 和 Q 不平衡和闪烁噪声。尽管 I 和 Q 的不平衡与镜像抑制结构中的问题相比是一个主要问题，但它没有镜像抑制滤波过程中的问题麻烦[1]。

在零拍接收机中，泄漏问题是较麻烦的问题之一。由于发射信号和接收信号在时域上没有分离，CW 和 FMCW 信号的连续发射和接收特性导致发射信号直接泄漏到接收机，从而降低了雷达接收机的性能。为了减少泄漏，使用物理分离的天线进行发射和接收是可取的，有时还可以使用泄漏消除电路来抑制泄漏[4]。

I 和 Q 不平衡也是模拟正交下变频的一个常见问题。理想的下变频器应该引起频移而不引入干扰。然而，实际的 I 和 Q 不平衡的正交下变频器不仅会使期望的信号下变频，还会引入镜像干扰，影响解调性能。特别是在宽带直接转换器中，频率相关的 I 和 Q 不平衡成为一个更严重的问题[5-9]。

7.2 微多普勒雷达系统的信号波形

雷达信号波形必须适合于雷达所要求的功能。微多普勒雷达能够检测微运动引起的多普勒偏移和测量微多普勒特征。因此，连续波形是微多普勒雷达的基本波形。CW 雷达在无限时间内发射恒定振幅和频率的电磁波，只测量运动物体的多普勒频移，没有任何距离分辨率。

载频 f_0 下发射的 CW 信号可以用复数形式表示：

$$s_T(t) = A \cdot \exp\{j2\pi f_0 t\} \qquad (7-1)$$

接收信号为：

$$s_R(t) = A_R \cdot \exp\{j2\pi f_0(t-\tau)\} \qquad (7-2)$$

其中，$\tau = 2R/c$ 是双程时延。

如果一个物体以径向速度 v_R 运动，则从该物体返回的接收信号：

$$S_R(t) = A_R \cdot \{j2\pi(f_0+f_D)(t-\tau)\} \qquad (7-3)$$

其中，$f_D = 2v_R/\lambda$ 是多普勒频移。

最简单的 CW 雷达系统是零拍接收机系统。在零拍接收机中，接收信号 $S_R(t)$ 直接与发射信号 $S_R(t)$ 混合，通过低通滤波器（LPF）从混合信号 $S_M(t)$ 中提取多普勒频移，如图 7.4 所示。

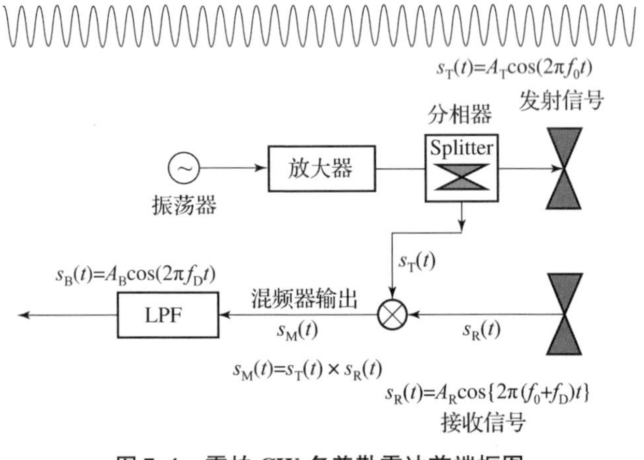

图 7.4 零拍 CW 多普勒雷达前端框图

如图 7.5 所示，不使用单个混频器，而是使用 90°移相的 CW 振荡器信号的附加混频器，可以确定多普勒频移的符号。两个混频器的方案被称为正交解调器,具有同相(I)和正交相位(Q)分量。正交解调器的输出是一个复信号。

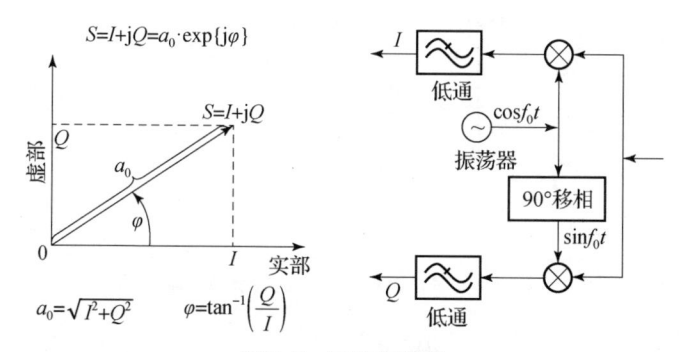

图 7.5 正交解调器

I 分量是复信号的实部($I = a_0\cos\varphi$),Q 分量是复信号的虚部:

$$S = I + jQ = a_0 \exp\{j\varphi\} \tag{7-4}$$

其中,$a_0 = \sqrt{I^2 + Q^2}$,$\varphi = \tan^{-1}(Q/I)$。

CW 雷达一个主要限制是不能测量距离,因为它缺乏时序参考。在许多情况下,利用微距离和微多普勒特征可以捕获更详细的微运动特征。因此,可能需要高多普勒和高距离分辨率。为了达到期望的距离分辨率,发射信号必须有足够的带宽。通过调制发射的 CW 波形可以实现更宽的带宽,FMCW 信号就是一种典型的调制方案。其他常用的调制方案包括步进频波形、脉冲多普勒波形和相干脉冲(幅度、相位和频率)调制波形。

FMCW 雷达发射由线性调频函数调制的连续波形。调频提供了必要的标记,以允许测量距离和速度信息[10-11]。FMCW 雷达的基本特征包括:(1)用快速傅立叶变换(FFT)将时延距离测量替换为拍频测量;(2)能够测量与波长相当的非常小的距离;(3)同时测量距离和相对速度;(4)具有大时间带宽积的高处理增益,可以采用较低的发射功率;(5)距离测量精度高;(6)混频后在低频段进行信号处理,简化了处理电路的实现。

一个简单的 FMCW 信号是锯齿调制波形,如图 7.6 所示。发射频率 $f_T(t)$ 是一个时变函数:

$$f_T(t) = f_0 + \frac{Bt}{T}, (0 < t < T) \tag{7-5}$$

式中:f_0 是初始频率;B 是扫频带宽;T 是扫频持续时间。在扫频结束 $t = T$ 时,频率变为 $f_0 + B$。

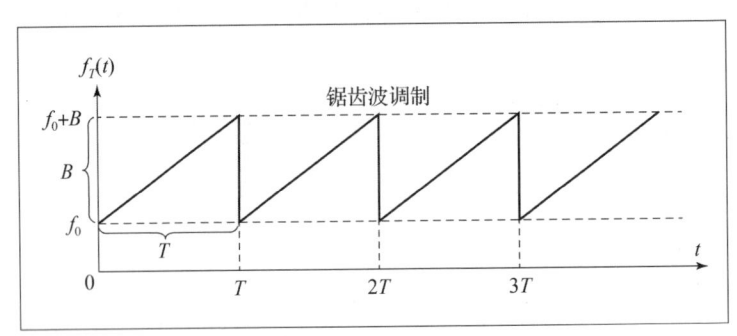

图 7.6　FMCW 波形中的锯齿波调制

从距离 R 处的物体返回的信号的双程时延 $\tau = 2R/c$，其中 c 为波传播速度。因此，接收到的频率为：

$$f_R(t) = f_0 + B\frac{(t-\tau)}{T} \qquad (7-6)$$

混频器的工作原理是其两个输入信号之间的乘法。通过将接收信号与发射信号混合，混频器输出端生成和差频率项（$f_T + f_R$ 和 $f_T - f_R$）的和差。如图 7.7 所示，差项为调制后的低频正弦信号，称为拍频 $f_B = |f_T - f_R|$，和项为高频分量 $f_H = |f_T + f_R|$，其中 f_R 为接收频率，f_T 为发射频率。然后将得到的信号经过低通滤波器处理，去掉和项，保留差项，即拍频 f_B。

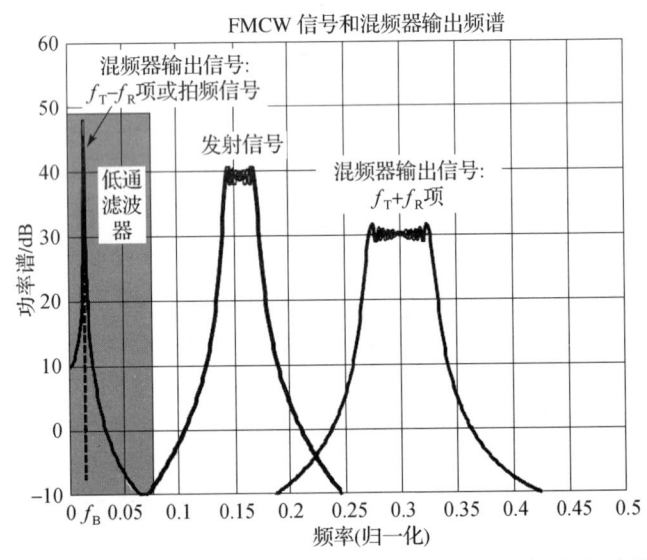

图 7.7　混频器的输出：拍频 $|f_T - f_R|$，高频分量 $|f_T + f_R|$ 经低通滤波器滤波

对于固定范围 R，拍频与时间无关：

$$f_B = f_T(t) - f_R(t) = \frac{B\tau}{T} = \frac{2BR}{cT} \tag{7-7}$$

返回信号产生拍频的过程如图 7.8 所示。

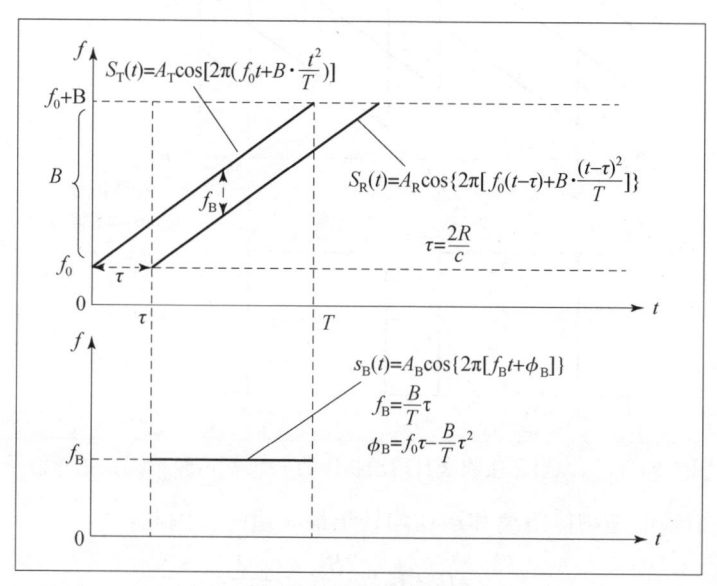

图 7.8　拍频产生过程

给定拍频 f_B，带宽 B，扫描时间 T，目标距离为

$$R = \left(\frac{c}{2B}\right) f_B T \tag{7-8}$$

为了对拍信号所需采样率有一个概念，给定带宽 B，扫描周期 T，范围 R，拍频为 $f_B = (B/T) \cdot (2R/c)$，其中 $2R/c$ 为时延 τ。

距离分辨率 ΔR 由 $c/2B$ 和扫描周期与拍频分辨率 $\Delta f_B T$ 决定，即：

$$\Delta R = \left(\frac{c}{2B}\right)(\Delta f_B T) \tag{7-9}$$

因为拍频分辨率 Δf_B 和傅立叶变换的时间间隔成反比，即 $\Delta f_B = 1/T$。因此，公式（7-9）中的距离分辨率由带宽 $\Delta R = c/(2B)$。

在物体运动的情况下，多普勒频移 f_D 叠加在拍频上。运动物体发射和接收的频率时间信号如图 7.9（a）所示。拍频不再是一个恒定值，随着多普勒频移增加或减少，如图 7.9（b）所示。拍频为 $f_B = f_R + f_D$，其中 f_R 是物体距离贡献，f_D 为物体运动贡献。

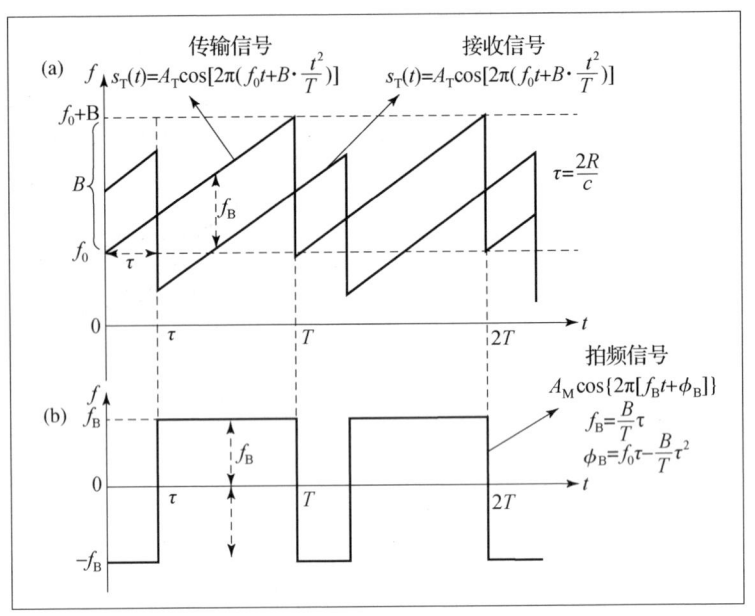

图 7.9 （a）发射和接收来自运动物体的 FMCW 信号；（b）拍频信号

最大拍频值是物体距离和运动均处于最大值时，因此：

$$f_{Bmax} = f_R + f_D = \frac{2B}{cT}R_{max} + \frac{2}{\lambda}v_{max} \tag{7-10}$$

例如，如果最大距离为 200m，最大速度为 20m/s，则最大拍频变为：

$$f_{Bmax} = \frac{2B}{cT}R_{max} + \frac{2}{\lambda}v_{max} = 667 \text{kHz} \tag{7-11}$$

因此，为了满足奈奎斯特准则，模数转换器（ADC）的采样率 f_S 必须大于 $2f_{Bmax}$。

$$f_S \geq 2f_{Bmax} = 1.334 \text{MHz} \tag{7-12}$$

尽管零拍接收机的架构简单，也会存在一些问题，比如直流偏移和闪烁噪声。当混频器信号输入端与 LO 端口的隔离度不够高时，混频器信号输入端出现的 LO 泄漏会引起自混频直流偏置。由于零中频的存在，设备中 $1/f$ 频谱分布的闪烁噪声会严重破坏直流分量附近有用的极低拍频信号（如心跳和呼吸信号）。

为了克服零拍架构中的问题，可以使用外差接收机架构。外差接收机在第一次下变频后将接收到的信号转换为 IF。IF 信号是由接收信号与本地 VCO 信号混合产生的。然后，在进行目标检测之前，可以进一步放大和滤波 IF 信号。

7.3 分辨率和作用距离覆盖

距离分辨率 ΔR 表示雷达区分两个靠近目标的能力。对于 FMCW 雷达来说，由于距离 R 是由拍频 f_B 推导出来的，因此距离分辨率 ΔR 可以由拍频分辨率 Δf_B 推导出来。由于每个拍频信号的长度小于扫描时间 T，因此拍频分辨率通常定义为一个矩形窗口长度为 T 的单色正弦波的 4dB 带宽：

$$\Delta f_B = \frac{1}{T} \tag{7-13}$$

因此，距离分辨率 ΔR 可由此推导：

$$\Delta R = \frac{c}{2B} \tag{7-14}$$

径向速度分辨率 Δv_r 可由多普勒分辨率 Δf_D 推导出。与 Δf_B 类似，多普勒分辨率 Δf_D 受时域窗口长度（即扫描时间 T）的限制；因此，

$$\Delta f_D = \frac{1}{T} \tag{7-15}$$

因此，速度分辨率 Δv_r 为：

$$\Delta v_r = \left[\frac{c}{2f_0}\right]\Delta f_D = \left[\frac{c}{2f_0 T}\right] \tag{7-16}$$

如果一台工作在 $f_c = 24.125\text{GHz}$ 的雷达在扫描时间 $T = 1.0\text{ms}$ 内连续发射带宽为 $B = 250\text{MHz}$ 的 FMCW 信号，则距离分辨率为 $\Delta R = c/(2B) = 0.6\text{m}$，其中 c 为传播速度。假设一组扫描 $n = 64$，用于生成距离－多普勒图。因此，多普勒分辨率为 $\Delta f_D = 1/(nT) = 15.625\text{Hz}$，或速度分辨率为 $\Delta v_r = [c/(2f_0)]\Delta f_D = 0.097\text{m/s}$。不模糊速度为 $v_{max} = \pm c/(4Tf_0) = \pm 3.11\text{m/s}$。如果一次扫描内的采样率为 $f_s = 128\text{kHz}$，则最大作用距离为：

$$R_{max} = \frac{c}{4B}f_s T = 38.4\text{m} \tag{7-17}$$

7.4 雷达距离方程

图 7.10 展示了单站雷达的双程功率链路，其中发射天线和接收天线位于同一位置。雷达距离方程称为双程跟踪雷达距离方程或雷达方程。

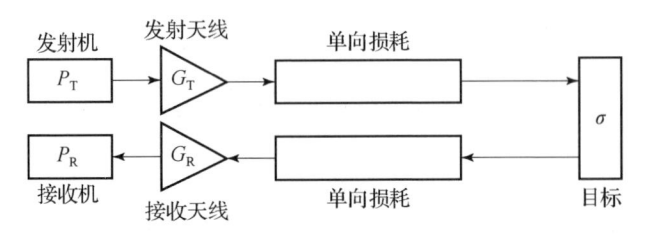

图 7.10 双向单站雷达的功率链路

雷达接收机处的信号/噪声比（SNR）定义为可检测信号功率与噪声功率之比 SNR = P_R/P_N，其中接收到的信号功率为：

$$P_R = \frac{P_T G_T G_R \lambda^2 \sigma}{(4\pi)^3 R^4 L} \tag{7-18}$$

接收机噪声功率或噪声基底为

$$P_N = kT_0 B_n F_n \tag{7-19}$$

式中：P_T 为发射机的发射峰值功率；G_T 为发射天线增益；G_R 为接收天线增益；λ 为波长；σ 为目标的 RCS；R 为雷达天线到目标的视距；L 为总损耗；$k = 1.38 \times 10^{-23}$ Joule/K 为玻尔兹曼常数；T_0 为以开尔文为单位的系统温度；B_n 为接收机噪声带宽；F_n 为接收机噪声系数。因此，雷达方程可表示为[12-13]

$$\text{SNR} = \frac{P_R}{P_N} = \frac{P_T G_T G_R \lambda^2 \sigma}{(4\pi)^3 R^4 kT_0 B_n F_n L} \tag{7-20}$$

雷达距离方程的重要用途是估计目标有高概率被雷达探测到的最大探测距离。检测目标的准则是接收机的 SNR 高于定义的阈值。雷达距离方程表明，SNR 与距离的四次方成反比。探测距离定义为接收端 SNR 能够达到一定水平的距离。

最小可检测信号电平 $S_{\min}$ 由接收机内的噪声功率 P_N 决定。一般情况下，最小可检测信号电平设置为噪声功率的电平 $S_{\min} = P_N$。因此，最大作用距离为：

$$R_{\max} = \left\{ \frac{P_T G_T G_R \lambda^2 \sigma}{(4\pi)^3 S_{\min} L} \right\}^{1/4} \tag{7-21}$$

式中：$S_{\min}$ 为接收机灵敏度或可检测到的最小信号。

$$S_{\min} = \left(\frac{S}{N}\right)_{\min} kT_0 B_n F_n \tag{7-22}$$

式中：$(S/N)_{\min}$ 为目标探测和处理所需的最小信噪比。

7.4.1 连续波（CW）雷达距离方程

对于 CW 雷达，雷达距离方程必须根据公式 7-20 进行修正。CW 雷达中，接收机输出被传输到一组多普勒滤波器。如果多普勒通道的输出高于检测阈值，则雷达接收机显示在该多普勒通道检测到目标。因为滤波器组是利用快速傅立叶变换（FFT）实现的，所以每次只能处理有限长度的块数据集。块的长度通常为驻留间隔 T_{Dwell}，其与每个独立带通滤波器的带宽成反比：

$$B_n = \frac{1}{T_{\text{Dwell}}} \tag{7-23}$$

由传统的雷达方程，可得到 CW 雷达的 SNR 为

$$\text{SNR} = \frac{P_{\text{avg}} T_{\text{Dwell}} G_T G_R \lambda^2 \sigma}{(4\pi)^3 R^4 k T_0 F_n L} \tag{7-24}$$

式中：P_{avg} 为驻留间隔内的平均发射功率。

假设驻留时间间隔 T_{Dwell} 为 0.256 秒（-6dBsec），天线增益 G_T 和 G_R 均为 20dB，发射频率为 5.8GHz 或波长 λ 为 0.0517m（-12.9dB），传播常数 $\lambda^2/(4\pi)^3$ 为 -58.7dB，目标的 RCS σ = 1.0sm（0dBsm），玻尔兹曼常数乘以绝对温度 kT_0 为 4×10^{-21} w-s（-204 dBw-s），噪声系数 F_n 为 2.2（3.4dB），系统损耗 L 为 5（7dB），则 SNR 为

$$\text{SNR} = 10\lg(P_{\text{avg}}) + 155.9 - 40\lg(R) \tag{7-25}$$

如图 7.11 所示，在平均发射功率 P_{avg} 为 15dBm（31.6mW），距离 R 为 3000m 的情况下，SNR 为 15dB，根据 7.4.3 节中对所需信号电平的讨论，该值高于 P_d = 0.98 和 P_{fa} = 10^{-4} 时所需的 13dB SNR。

7.4.2 接收噪声基底

为了求出 SNR，需要知道噪声功率。噪声有几个来源：有来自环境的自然噪声，有接收机自身内部产生的热噪声，还有人为噪声。接收噪声基底通常指的是热噪声基底。根据玻尔兹曼定律，任何温度大于绝对零度的装置都会产生热噪声。单位带宽的噪声功率由 kT_0 确定，其中 k = 1.38×10^{-23} Joule/K 为玻尔兹曼常数，T_0 为绝对温度，单位为开尔文。

噪声基底由接收机噪声功率定义，由 $P_N = kT_0 B_n F_n$ 给出。对于室温 T_0 = 290K，则每赫兹的噪声功率为 kT_0 = -228.7 + 24.6 = -204.1dBW = -174.1dBm。若噪声系数 F_n 为 4dB，接收机噪声带宽 B_n 为 1.0MHz，则接收机噪声基底为

$$P_N = kT_0 B_n F_n = -140\text{dBW} = -110\text{dBm}$$

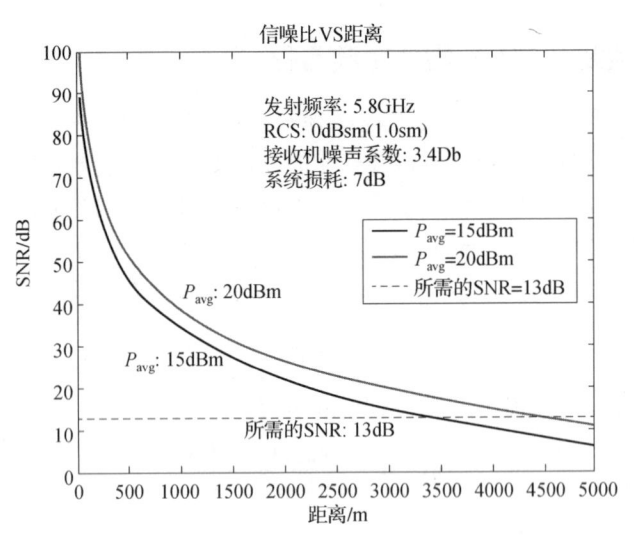

图 7.11　5.8GHz CW 雷达接收 SNR 与目标距离的关系

7.4.3　所需信号电平

给定检测概率 P_d 和虚警概率 P_{fa}，则所需 SNR 如图 7.12 所示。对于 $P_d=0.98$ 和 $P_{fa}=10^{-4}$，所需的 SNR 为噪声电平以上 13dB[12]。

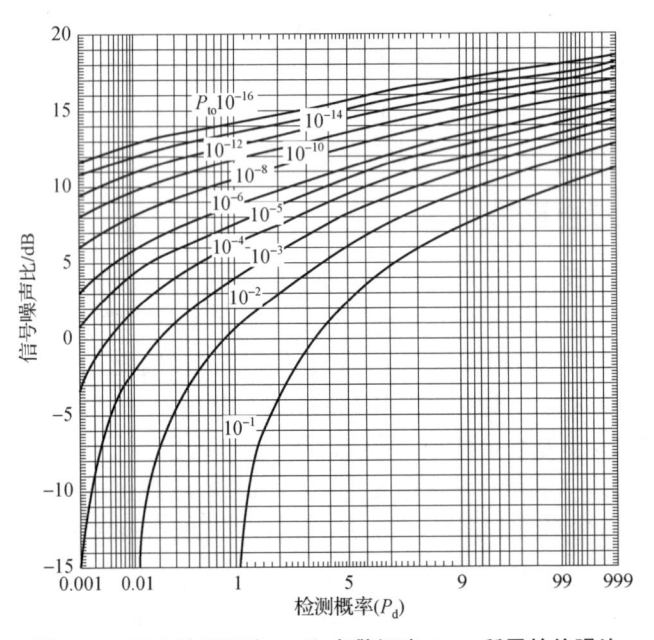

图 7.12　给定检测概率 P_d 和虚警概率 P_{fa}，所需的信噪比

所需的信号电平 P_R 是通过将所需的 13dB SNR 加到噪声基底 P_N 上估算出来的，即 $P_R = P_N + 13\text{dB} = -110\text{dBm} + 13\text{dB} = -97\text{dBm}$。

7.4.4 接收信号功率

接收功率由发射功率 P_T、天线增益 G_T 和 G_R、波长 λ、目标的雷达截面（RCS）σ、系统损耗 L 和雷达到目标的视距 R 决定，由公式 7-18 给出：

$$P_R = \frac{P_T G_T G_R \lambda^2 \sigma}{(4\pi)^3 R^4 L}$$

对于工作在 5.8GHz、波长 $\lambda = 0.0517\text{m}$ 的 C 波段雷达，假设天线增益 $G_T = G_R = 20\text{dB}$，目标 RCS 为 1.0sm（0dBsm），损耗 L 为 7dB，传播常数为 $\lambda^2/(4\pi)^3 = -58.7\text{dB}$，则接收到的信号功率为

$$P_R = \frac{P_T G_T G_R \lambda^2 \sigma}{(4\pi)^3 R^4 L} = 10\lg_{10} P_T - 40\lg_{10} R - 25.7 \quad (7-26)$$

因此，对于给定的发射功率 P_T（17dBm、20dBm 和 27dBm），接收到的信号功率由距离 R 决定，如图 7.13 所示。例如，$P_T = 20\text{dBm}$，$R = 100\text{m}$，则接收到的信号功率为 -85.7dBm，满足 7.4.3 节估计的信号电平要求。

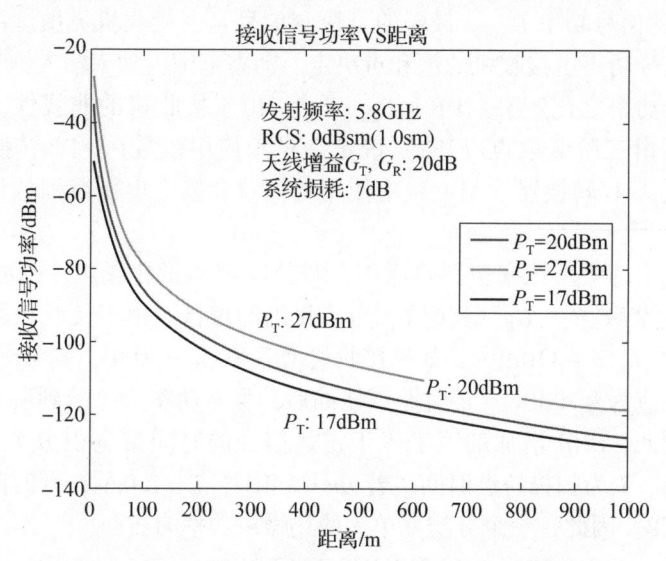

图 7.13 对于 5.8GHz 雷达，天线增益 $G_T = G_R = 20\text{dB}$，目标 RCS = 1.0sm，损耗 $L = 7\text{dB}$，给定发射功率 P_T 和目标距离，计算得到接收信号功率

7.4.5 接收机灵敏度

接收机灵敏度 S_{Rx} 由所需的最小 $SNR(S/N)_{min}$ 和平均热噪声功率决定,平均热噪声功率由接收机噪声带宽 B_n、接收机噪声系数 F_n、接收机输入处的绝对温度 T_0 和玻尔兹曼常数 $k = 1.38 \times 10^{-23}$ Joule/K 定义:

$$S_{Rx} = (S/N)_{min} k T_0 B_n F_n \tag{7-27}$$

如果接收机连接天线,则灵敏度变为系统运行灵敏度 S_{Oper},必须考虑天线系统的增益 G:

$$S_{Oper} = \frac{(S/N)_{min} k T_0 B_n F_n}{G_R} \tag{7-28}$$

例如室温 $T_0 = 290K$,$B_n = 1.0MHz$,接收机噪声系数 $F_n = 4dB$,则 $kT_0B_nF_n = -110dBm$。因此,最小要求 $(S/N)_{min}$ 为 13dB,天线增益 G_R 为 20dB,接收灵敏度 $S_{Rx} = -97dBm$,工作灵敏度 $S_{Oper} = -117dBm$。

7.4.6 接收机动态范围

接收机动态范围是指处理不同信号强度的能力,从最弱的可探测信号功率 P_{min} 到最强的信号功率 P_{max}。最弱的可探测信号是由接收机灵敏度决定的。最强的输入信号功率由接收机的饱和点决定。动态范围由功率输入饱和点与最弱可探测信号功率之比定义:$DR = P_{max}/P_{min}$。由于接收机的非线性,功率的输入饱和点可由三阶截取点(IP3)确定。对于使用模数(A/D)转换器的接收机,可以从 A/D 转换器(ADC)中使用的位数和输入电压范围估计功率的输入饱和点[11,12]。

接收机中的噪声功率包括热噪声、相位噪声和量化噪声。ADC 输入端的热噪声功率为 $kT_0B_nF_nG_R$,其中 G_R 为接收机的增益。由于接收机输入端的热噪声为 $kT_0B_nF_n = -110dBm$,如果接收机增益为 $G_R = 40dB$,则 ADC 输入端的热噪声功率应为 $-70dBm$。经过距离压缩后,噪声功率会分散到所有可用的距离单元。因此,SNR 增加的因子等于雷达信号的时间带宽积 B_nT,其中对于 FMCW 波形,T 为扫描持续时间。若 $B_n = 1MHz$,$T = 1.0ms$,则时间带宽积为 1000 或 30dB。因此,一个分辨率单元的热噪声功率为:

$$(P_{Thermal})_{cell} = \frac{kT_0B_nF_nG_R}{B_nT} = \frac{kT_0F_nG_R}{T} = -100dBm \tag{7-29}$$

正常情况下,典型的热噪声功率约为 $-90dBm$。最弱的可探测信号功率 P_{min} 应高于热噪声功率。

量化噪声功率对确定最弱可探测信号功率有显著贡献。A/D 将解调后的模拟信号转换到数字域后,最大功率和最小功率由 A/D 转换器的峰-峰输入范围和数字化仪的量化噪声决定。

对于带有 14 位数字转换器的 A/D 转换器,理论动态范围可由位数和输入电压范围计算得到。

如果 ADC 的峰-峰输入范围为 $2 \times V_{\text{maxPeak}} = 1.0\text{V}$,则用 50Ω 输入阻抗可以测量的最大功率 $P_{\max}$ 为

$$P_{\max} = 10\lg \frac{(V_{\text{maxRMS}})^2}{50} = 10\lg \frac{(V_{\text{maxPeak}}/\sqrt{2})^2}{50} = 10\lg \frac{(0.5/\sqrt{2})^2}{50} = 3.98\text{dBm} \tag{7-30}$$

那么由于数字转换器的量化噪声所能测量到的最小功率为

$$P_{\min} = 10\lg \left[\frac{(V_{\text{QuantRMS}})^2}{50} \right] \tag{7-31}$$

如果 A/D 转换器的本征均方根噪声 V_{QuantRMS} 不可用,则可估计:

$$V_{\text{QuantRMS}} = \frac{2 \times V_{\text{maxPeak}}}{2^{14}\sqrt{2}} = 4.32 \times 10^{-5} \tag{7-32}$$

则最小功率为

$$P_{\min} = 10\lg \left[\frac{(V_{\text{QuantRMS}})^2}{50} \right] = -74.3\text{dBm} \tag{7-33}$$

因此,对于带 14 位数字转换器的 A/D 转换器,量化噪声的动态范围为

$$DR = P_{\max} - P_{\min} = 78.3\text{dB}$$

7.4.7 最大作用距离

最大作用距离是给定 RCS 的目标能够被探测和处理的最大距离。由雷达方程可知,最大作用距离 (7-21) 为

$$R_{\max} = \left\{ \frac{P_T G_T G_R \lambda^2 \sigma}{(4\pi)^3 kT_0 B_n F_n L (S/N)_{\min}} \right\}^{1/4}$$

为了探测 RCS $\sigma = 1.0\text{sm}$ 的人体目标,工作在 5.8GHz 的 C 波段雷达,波长 $\lambda = 0.0517\text{m}$。根据第 7.4.3 节,给定 $P_d = 0.98$ 和 $P_{fa} = 10^{-4}$,所需的 SNR 为 13dB 或 $(S/N)_{\min} = 20$。若天线增益 $G_T = G_R = 20\text{dB}$,噪声带宽 B_n 为 1.0MHz,噪声系数 F_n 为 2.2,系统损耗 L 为 5 时,最大作用距离为

$$R_{\max} = \left[\frac{P_T G_T G_R (\lambda^2/(4\pi)^3)\sigma}{kT_0 B_n F_n L (S/N)_{\min}} \right]^{1/4} = [5.11 \times 10^{11} \times P_T]^{1/4}$$

式中: kT_0 为 $4 \times 10^{-21}\text{W}\cdot\text{s}$;传播常数 $\lambda^2/(4\pi)^3$ 为 1.35×10^{-6}。

图 7.14 给出了三种不同 RCS 目标的最大作用距离与发射功率的关系(鸟

为0.01sm，人为1sm，汽车为10sm）。当发射功率P_T为0.1W时，人（1sm）最大的作用距离为198m，车（10sm）的最大作用距离为351m，鸟（0.01sm）的最大作用距离为52.5m。

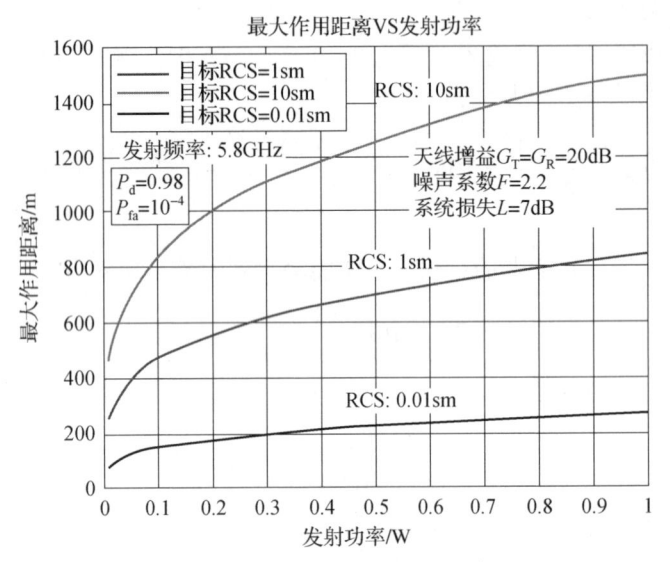

图7.14 对于5.8GHz雷达，给定$P_d = 0.98$和$P_{fa} = 10^{-4}$，天线增益$G_T = G_R = 20\mathrm{dB}$，噪声带宽$B_n = 1.0\mathrm{MHz}$，噪声系数$F_n = 2.2$，系统损耗$L = 5$，计算出目标在给定RCS下的最大作用距离与发射功率的关系

7.5 数据采集和信号处理

7.5.1 噪声源

噪声来自热噪声、相位噪声和量化噪声。如第7.4.6节所述，ADC输入端的热噪声功率约为-70dBm。经过距离压缩后，噪声功率分散到所有可用的距离单元，SNR增加了一个等于雷达信号的时间带宽积的因子。单个分辨单元的热噪声功率约为-100dBm。接收机中相位噪声的主要贡献归因于混频器处发射信号的耦合。混频器在两个输入端的隔离度决定了相位噪声功率。只有一小部分发射信号被用来与接收信号混合。通过降低振荡器相位噪声和提高混频器隔离度，可以改善接收机中的相位噪声。在相对于载频的频偏1MHz处，典型的振荡器相位噪声约为-110dBc/Hz。所需混频器隔离度约为-40dB。一个分辨单元$(P_{\text{Phase}})_{\text{cell}}$中典型的相位噪声功率约为-175dBW。如第7.4.6节所

述，数字转换器的量化噪声为 -81dBm 或 -111dBW。

闪烁噪声总是发生在接收机中。由于其功率谱密度为 $1/f$，因此在非常低的频率下，闪烁噪声可能会很明显。

7.5.2 数字数据采集

数字数据采集是对接收到的信号进行采样，并将其转换为数字位进行进一步的信号调节和处理的过程，如图 7.15 所示。

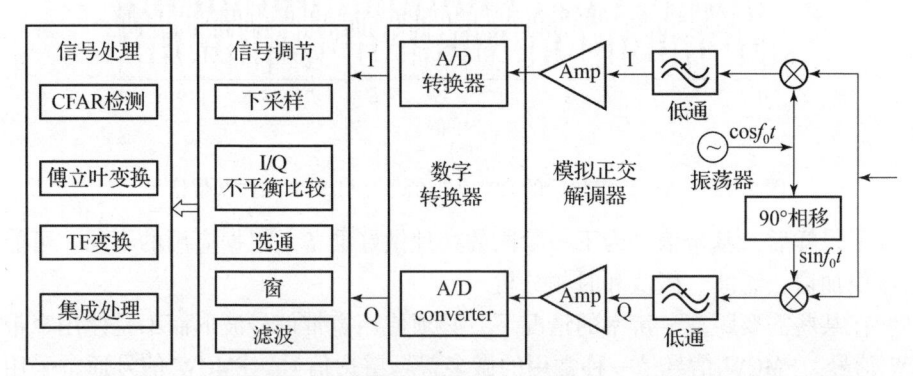

图 7.15 数字数据采集将模拟信号数字化，并进行进一步的信号调节和处理

混频器输出的 I 和 Q 信号由两个 A/D 转换器进行采样。A/D 转换器的关键参数是它的分辨率位数和采样频率 f_s。在 A/D 转换过程中，对连续模拟信号进行量化，量化的电平数决定了分辨率位数。例如，以 14 位的分辨率为例，量化电平为 $2^{14}=16384$。然而，量化的分辨率也决定了量化噪声，而量化噪声可能决定接收机的最小 SNR。根据采样理论，采样频率 f_s 必须至少高于基带信号带宽的两倍，以避免频率混叠。

7.5.3 信号调节

信号调节是为了下一阶段的处理对信号进行的操作。它包括 I-Q 不平衡校正，下采样，滤波，阈值，距离选通，频率窗，以及使输出适合进一步处理所需的其他处理。

对于 CW 信号，数字转换器中的采样率通常足够高，足以覆盖最大多普勒频移。因此，在大多数情况下，需要对原始数字化信号进行下采样。下采样率取决于所需的最大微多普勒频率。图 7.16 显示了数字化的 CW 信号波形和下采样信号。数字化 CW 信号是接收信号与发射 CW 信号混频后经过低通滤波和数字化的输出。图 7.16（a）是原始的数字化基带信号，图 7.16（b）显示了在合适抽取因子下的下采样基带信号。

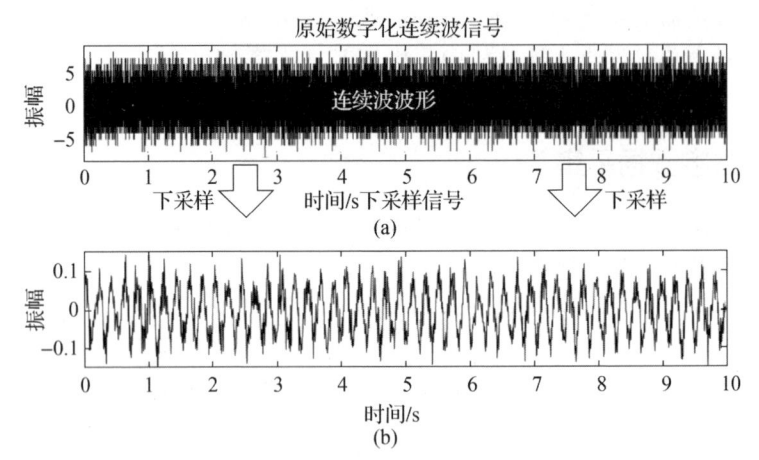

图 7.16 (a) 数字化后的 CW 基带信号；(b) 下采样基带信号

下采样后，基带信号为下一阶段的处理做好准备。根据应用的不同，可能会应用加窗、滤波、阈值和时频分析。

在某些需要距离分辨率的情况下，必须使用宽带信号波形而不是使用窄带 CW 信号。FMCW 信号是一种常用的微多普勒雷达信号。FMCW 信号通常采用锯齿调制或三角调制。锯齿调制在大多数微多普勒应用中使用。

对于 FMCW 雷达，如果在 N 次扫描时间 T 内采集数据，即 $N \times T$，并且每次扫描时间 T 内有 M 个采样，则多普勒分辨率由每次扫描的总次数 N 决定，距离分辨率由每次扫描的时间采样次数 M 决定。由于同时需要多普勒信息和距离信息，因此必须将雷达采集的原始数据重新排列成二维(2-D)$N \times M$ 矩阵，如图 7.17 所示。转换成 2-D 阵列后，数据准备进行下一阶段的处理，如加窗、滤波和时频分析。

与 CW 雷达相比，在给定的数据采集时间内，FMCW 雷达获得了距离分辨率，但损失了 M 倍的多普勒分辨率。

7.5.4 同相和正交不平衡及其补偿

I 和 Q 不平衡常见于模拟正交下变频器。不平衡在转换器的输出中引入了频谱的虚分量，从而限制了解调性能。在 I 和 Q 分量信号的增益或相位的不平衡产生了正常 $I-Q$ 图的偏移。由于 I 和 Q 分量的不平衡是频率相关的，这使得在宽带直接转换接收机中对不平衡的补偿变得更加困难。

关于通信系统中 I 和 Q 不平衡的补偿存在各种文献中 [4-9]。假设单频射频信号要转换为基带信号，文献 [9] 中讨论的幅度和相位不平衡的影响可以用形式来描述：

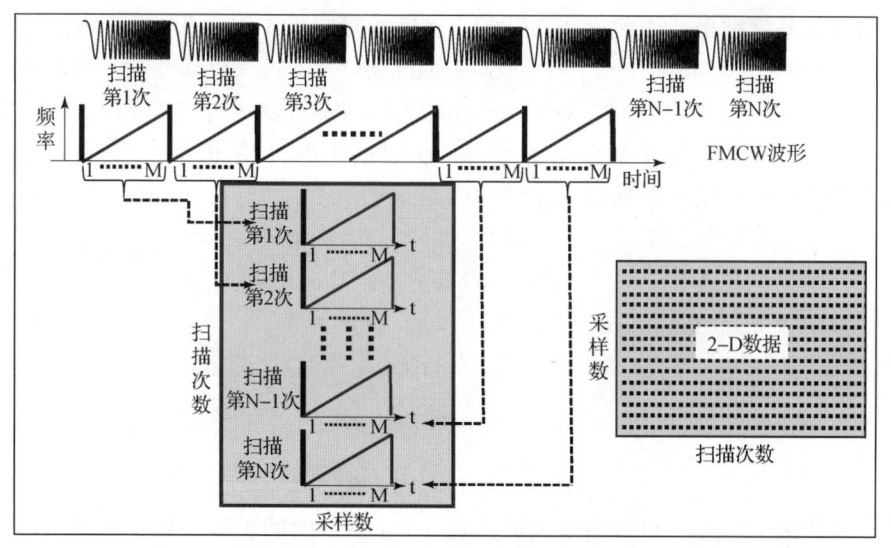

图 7.17 数字化后的 FMCW 信号重新排列为 2-D 数据

$$\begin{cases} I(t) = \cos(2\pi ft) \\ Q(t) = \sin(2\pi ft) \\ I'(t) = (1+A)\cos(2\pi ft) \\ Q'(t) = \sin(2\pi ft + \Psi) \end{cases} \quad (7-34)$$

其中 $I(t)$ 和 $Q(t)$ 为理想下变频器的输出，f 为基带信号的频率。正交下变频器的不平衡 I 和 Q 分量分别为 $I'(t)$ 和 $Q'(t)$，其中 A 为振幅不平衡，Ψ 为相位不平衡。为了补偿不平衡，文献 [9] 中提出的方法是引入两种校正操作：(1) 操作 P 旋转 $Q'(t)$；(2) 操作 E 缩放 $I'(t)$。补偿分量 $I''(t)$ 和 $Q''(t)$ 与正交下变频器输出 $I'(t)$ 和 $Q'(t)$ 相关：

$$\begin{bmatrix} I''(t) \\ Q''(t) \end{bmatrix} = \begin{bmatrix} E & 0 \\ -P & 1 \end{bmatrix} \begin{bmatrix} I'(t) \\ Q'(t) \end{bmatrix} \quad (7-35)$$

其中 $E = \cos(\Psi)/(1+A)$ 和 $P = \sin(\Psi)/(1+A)$。因此，最终补偿分量 $I''(t)$ 和 $Q''(t)$ 为：

$$\begin{cases} I''(t) = \cos(\Psi)\cos(2\pi ft) \\ Q''(t) = \cos(\Psi)\sin(2\pi ft) \end{cases} \quad (7-36)$$

但是，这种方法在进行不平衡补偿之前，必须有 A 和 Ψ 的值。因此，必须用一个测试信号来求出 A 和 Ψ。

在文献 [14] 中提出了另一个类似的 I 和 Q 不平衡补偿算法，其中振幅不平衡 A 和相位不平衡 Ψ 可以从不平衡 $I'(t)$ 和 $Q'(t)$ 本身估计出来。

假设理想下变频器的输出为 $I(t) = \cos(2\pi ft)$ 和 $Q(t) = \sin(2\pi ft)$，其中 f

为信号的基带频率。因此，在实际的直接转换接收机中，下变频器的输出为

$$I'(t) = A\cos(2\pi ft) \tag{7-37}$$

$$Q'(t) = \sin(2\pi ft + \Psi) \tag{7-38}$$

其中 I 通道中的 A 是振幅不平衡，Q 通道中的 Ψ 是相位不平衡。因此，$I(t)$ 和 $Q(t)$ 可以用不平衡的 $I'(t)$ 和 $Q'(t)$ 来表示：

$$\begin{bmatrix} I(t) \\ Q(t) \end{bmatrix} = \begin{bmatrix} 1/A & 0 \\ -\sin(\Psi)/[A\cos(\Psi)] & 1/\cos(\Psi) \end{bmatrix} \begin{bmatrix} I'(t) \\ Q'(t) \end{bmatrix} \tag{7-39}$$

其中 A，$\sin(\Psi)$ 和 $\cos(\Psi)$ 为

$$A = [2I'(t)I'(t)]^{1/2} \tag{7-40}$$

$$\sin(\Psi) = \frac{2}{A}\langle I'(t)Q'(t)\rangle \tag{7-41}$$

$$\cos(\Psi) = [1 - \sin^2(\Psi)]^{1/2} \tag{7-42}$$

基于以上分析，可以简单地通过式（7-39）中的 I 和 Q 校正矩阵进行数字信号处理进行不平衡补偿。

但是，上述算法基于单频信号，因此可能无法处理宽带信号。在实践中，可以使用一些经验算法来部分改善宽带信号的不平衡补偿，如本书中提供的 MATLAB 源代码[15]。图 7.18 为 X 波段 9.8GHz 微多普勒雷达采集到的人体行走数据。一个人离开并返回到雷达，耗时 8 秒。由于 I 和 Q 不平衡，图 7.18（a）绘制了 I 和 Q 不平衡图，图 7.18（b）是 I 和 Q 不平衡的微多普勒特征。图 7.18（c, d）分别显示了应用不平衡补偿经验算法后的 I 和 Q 以及微多普勒特征。可以看出，在这个例子中，经验算法效果明显，但不总是这样。

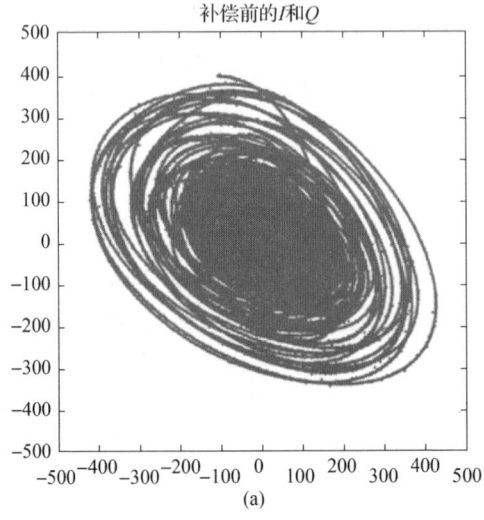

(a)

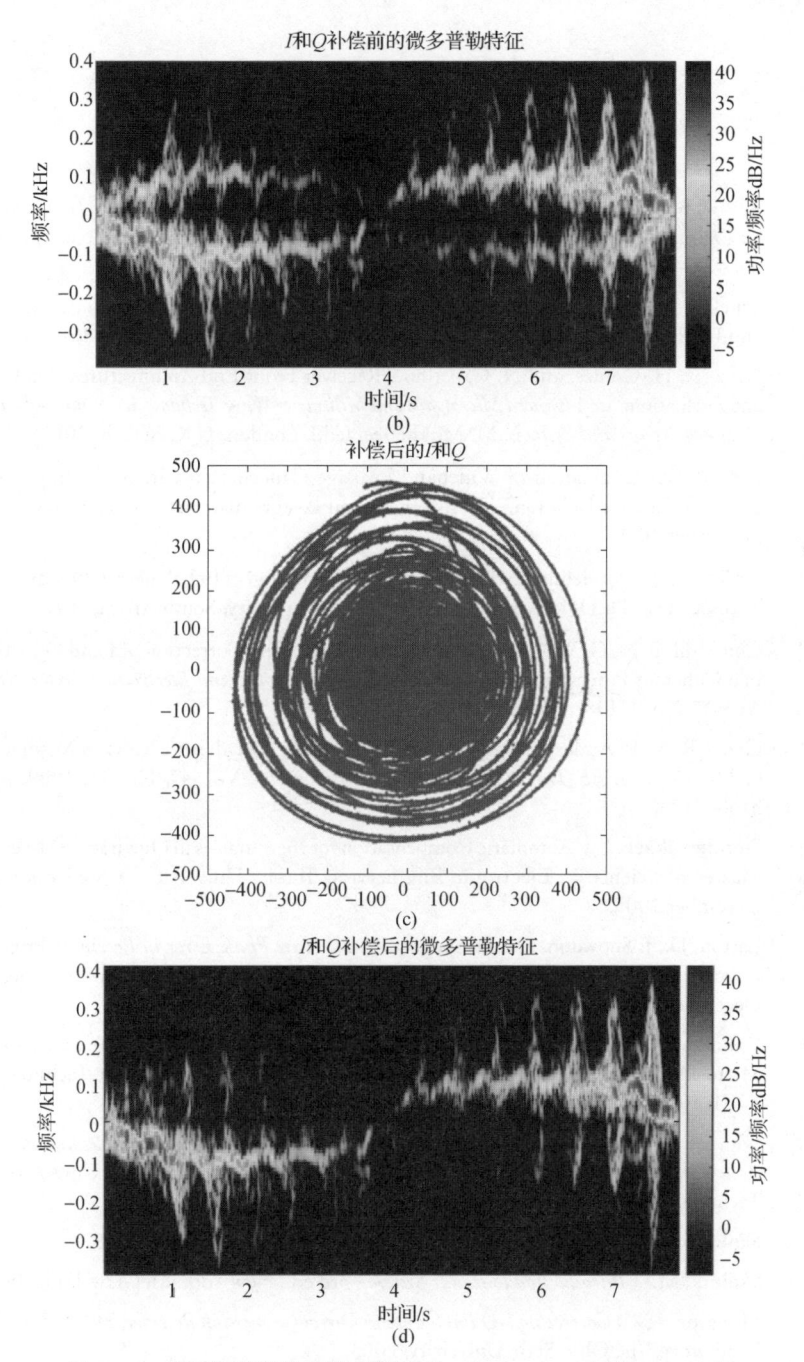

图 7.18　应用经验性失衡补偿算法的 I 和 Q，(a,b)前和(c,d)后

参考文献

[1] Razavi, B., "Design Considerations for Direct-Conversion Receivers," *IEEE Transactions on Circuits and Systems—II: Analog and Digital Signal Processing*, Vol. 44, No. 6, 1997, pp. 428–435.

[2] Svitek, R., and S. Raman, "DC Offsets in Direct-Conversion Receivers: Characterization and Implications," *IEEE Microwave Magazine*, September 2005, pp. 76–86.

[3] Gruz, P., H. Gomes, and N. Carvalho, "Receiver Front-End Architectures: Analysis and Evaluation," in *Advanced Microwave and Millimeter Wave Technologies: Semiconductor Devices Circuits and Systems*, M. Mukherjee, (ed.), London, U.K: InTech, 2010.

[4] Kok, P. W., "Evaluation of Wideband Leakage Cancellation Circuit for Improved Transmit-Receive Isolation," Thesis, The Naval Postgraduate School, Monterey, CA, December 2011.

[5] De Witt, J. J., "Modeling, Estimation and Compensation of Imbalances in Quadrature Transceivers," Ph.D. Dissertation, Stellenbosch University, South Africa, 2011.

[6] Churchill, F. E., G. W. Ogar, and B. J. Thompson, "The Correction of I and Q Errors in a Coherent Processor," *IEEE Transactions on Aerospace and Electronic Systems*, Vol. AES-17, No. 1, 1981, pp. 131–137.

[7] Green, R. A., R. Anderson-Sprecher, and J. W. Pierre, "Quadrature Receiver Mismatch Calibration," *IEEE Transactions on Signal Processing*, Vol. 47, No. 11, 1999, pp. 3130–3133.

[8] Stormyrbakken, C., "Automatic Compensation for Inaccuracies in Quadrature Mixers," Master of Science in Electronic Engineering Thesis, University of Stellenbosch, December 2005.

[9] Easton, D., J. Snowdon, and D. Spencer, *Quadrature Phase Error in Receivers*, Project Report, Dept. of Electronics and Computer Science, University of Southampton, December 2008.

[10] Rahman, S., and D. A. Robertson, "Coherent 24 GHz FMCW Radar System for Micro-Doppler Studies," *Proceedings of SPIE*, Vol. 10633, Radar Sensor Technology XXII, 1063301, 2018.

[11] Wang, L., *60GHz FMCW Radar System with High Distance and Doppler Resolution and Accuracy*, Graduation Paper, Dept. of Electrical Engineering, Eindhoven University of Technology, The Netherlands, 2010.

[12] Skolnik, M.I., *Radar Handbook*, 3rd ed., New York: McGraw-Hill, 2008.

[13] Skolnik, M.I., *Introduction to Radar Systems*, 3rd ed., New York: McGraw-Hill, 2001.

[14] Ellingson, S.W., *Correcting I-Q Imbalance in Direct Conversion Receiver*, ElectroScience Laboratory, The Ohio State University, 2003.

[15] Research/Micro-Doppler Analysis and I&Q Imbalance Correction, http//www.ancortek.com.

第 8 章　微多普勒特征的分析与解释

人和动物的肢体运动包含大量关于动作、行为和意图的信息来源。生物运动感知现象指的是人的视觉系统从稀疏输入中感知对象运动的能力。视觉系统可以轻易地从对象的运动中获取信息，并从其运动模式中鉴别出特定个体。到目前为止，我们还不知道人类的视觉系统为何能轻易地通过物体运动来识别物体，也不清楚相关的生物学和心理学信息是如何精确地编码进运动模式中的。

长久以来，我们对生物运动感知进行了大量的研究。许多实验研究已经表明人类观察者是如何通过肢体运动来识别人物以及确定其运动模式的类型（如行走或跑步）。当然，这些关于人类运动解释的大量实验有助于从雷达微多普勒特征中选择有意义的特征用于识别运动模式的类型，并通过运动类型识别特定的人。

微多普勒特征是一种时变的多普勒频移模式，其频移及频移的变化率与运动的径向速度和加速度直接相关。因此，从微多普勒特征中提取运动学特征的方法研究便显得尤为重要。一旦物体的运动学特征能够被提取，那么关于人类运动感知的研究就可以直接应用到对物体活动的重构中去。

本章将简要介绍对生物运动的视觉感知和通过视觉运动模式识别特定个体的一些有用成果。然后，基于生物运动感知的知识，还将讨论如下内容：如何解释微多普勒特征；如何将微多普勒特征分解成与特定身体部位相对应的分量；如何从微多普勒分量中选择特征。

8.1　生物运动感知

在 1973 年和 1976 年，Johanson 进行了关于生物运动感知的开创性工作，证实如下结论：将有限数量的点光源显示器（PLD）安置在行人主要关节处的视觉感知方法可以帮助观察者即时识别人体的结构[1-2]。实验结果证明，对于一个观察者，0.2s 的时间间隔足以辨认出一个行人的身影，而 0.4s 的时间间隔则足以识别出人体运动模式的类型。

在 Johanson 工作的基础上，研究者们进一步将研究聚焦于如何利用行人身体的结构性运动及其运动学信息来实现对运动类型的分类、对人的辨认以及对其性别的识别[3-8]。

众所周知，人们可以根据一些熟悉的线索认出他们的朋友，比如面容、发型，甚至步态。其中，利用面容进行辨认是最普遍的一种方法，而是否可能或者如何通过他或她的运动模式进行对象辨认则是值得探索的问题。许多研究人员对此进行了为期数年的研究[4,9,10]。Cutting 和 Kozlowski 利用点光源显示器（PLD）完成了基于生物运动信息进行人体辨认的首次实验[4]。研究中，他们记录了许多相互熟悉的人的步态模式，但这些受试人并不熟悉各自的 PLD 影像。实验中，受试人会反复观看每个人的 PLD 影像。最后的结果显示，PLD 不但如 Johansson 演示的那样[1,2]足以显示人体结构，而且还包含了通过运动模式识别特定个体所需的充分信息。这项实验表明，通过学习 PLD，人们可以通过步态来区分以前不认识的人。但这个实验并未指明这些被识别的行人是否自身暗含一些特别的因素或参数。

另外，从视觉运动感知的角度来看，研究者已经研究了人体上哪些部位的结构信息和运动学信息与识别运动类型和人的身份相关。Troje 等人在生物运动感知和运动分解方面进行了大量有意义的研究[7,8,11]。他们指出，对生物运动的感知依赖于关节之间的连接（即点光源对）、每个 PLD 的轨迹（称为局部运动信息），以及在一个更大的时空间隔中 PLD 的整体影像信息（称为全局运动信息）。研究发现，生物运动的识别不能孤立地基于局部运动信息，还应基于对全局影像的感知。图 8.1 给出了一个由有限显示点表示的跑步者的点示意图。

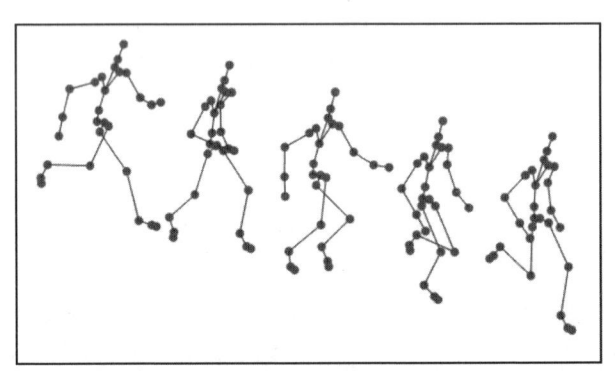

图 8.1 一个由有限显示点表示的跑步者

Troje 等人还提出了基于主成分分析（PCA）[7]和傅立叶分析[8]的方法，将人行走的数据分解为结构信息和运动信息。该方法中，人的行走模式是一个由 PLD 的局部运动沿着步态周期平均后的姿势。将该平均后的姿势从运动学数据中减去，剩余的数据通过 PCA 算法进行分解。通过主成分分析发现前四个主成分是描述行走者姿态的主要成分。并且还发现，观察者更依赖于运动信息来对行走者进行辨别。Troje 等人还利用傅立叶分解方法独立地分析变量（如尺寸、形状和步态频率）以及考察这些变量的变化对个体识别的影响。

研究人员发现，PLD 的可视运动特性能携带诸如行动[2,3,12-13]，情绪[14-18]，甚至行走者的性别[6-8,19-21]等信息。根据 PLD 的各种运动（如敲打、抬举以及挥舞），观察者能够辨别出这些运动是被动情绪所致还是攻击性情绪所致。实验还表明，观察者能够根据 PLD 的运动学信息（如速度、加速度和加加速度）来辨别不同的情绪。

从 PLD 中了解生物运动感知信息后，下一步是如何从微多普勒特征中提取必要的运动学和结构性特征。众所周知，微多普勒特征是由物体上各个运动部位运动时产生的频率调制而成，并可以在联合时域和多普勒频域中表示。基于人体各部位 PLD 的运动感知结果，可以推断包含人体部位运动动力学信息的微多普勒特征中也包含人动作和情绪的信息。

并且，人体运动的微多普勒特征是人体各部位微多普勒分量叠加的结果。因此为了研究人体运动，需要将微多普勒特征分解成与人体部位运动相一致的微多普勒分量。因而，人体微多普勒特征的分解成了一个具有挑战性的问题，对这个问题的研究可能让利用微多普勒特征进行对人动作和情绪的识别成为可能。

8.2 生物运动的分解

为了将运动数据分解成一组包含结构信息和运动学信息的成分，首先考虑基于傅立叶变换的方法和主成分分析法（PCA）。

傅里叶变换是将运动数据转换为频域中的谱分量。转化后，中心频率分量（即多普勒频移）代表移动物体几何外形的结构信息，动态旁带频率分量（即微多普勒频移）代表运动学信息。

在 PCA 方法中，减去平均姿态后得到的残余运动学数据被用来进行分解。PCA 是统计数据分析中常见的工具[22]，用于计算数据协方差矩阵的特征值分解。PCA 可以对数据进行降维并通过数据的方差揭示数据的内在结构。因此，对于生物运动数据，PCA 方法实际上形成了一种离散傅里叶分解，这种分解在使用最少的分量达到最大方差的意义上是最优的[8]。

然而，对于生物运动的分解并不等同于对于微多普勒进行分解。如何选择合适的方法将复杂的微多普勒特征分解为能够表示相应人体部位的运动仍是一项极具挑战性的任务。

8.2.1 基于统计的分解方法

统计独立的分解方法包括主成分分析（PCA）、奇异值分解（SVD）和独立成分分析（ICA）[22-25]。PCA 是一种统计数据分析工具，它将最大特征值对应的特征向量作为一组基底，从而原始函数可以由这些基的线性组合来表示。通过 PCA 找到的基是不相关的（即它们彼此间不能被线性表示）。但是，这些基仍然可能存在高阶的相连，因此这组基并不是最优分离的。

SVD 是 PCA 的一种推广，它可以分解非方阵矩阵，因此可以在不使用协方差矩阵的情况下直接对时频分布进行分解。

ICA 是进行信号分解的一个重要方法，具有许多实际应用。一个著名例子是"鸡尾酒会问题"，使用 ICA 可以在一个人们同时说话的房间中提取出一段"潜藏"的讲话。ICA 最初用于将混叠的信号分离成独立的分量，该类应用被称为盲信源分离（BSS）。ICA 使基向量间的统计相关性最小并搜索一个线性变换，通过这些统计独立基的线性组合来表达一组特征。众所周知，独立事件一定是不相关事件，但不相关事件并不一定独立。PCA 仅要求分量不相关，而 ICA 要求分量独立则需要考虑高阶统计性。因此，ICA 比 PCA 具有更好的特征表示性。事实上，PCA 如傅里叶分析一样，基本上进行全局分析；而 ICA 如时频分析一样，基本上进行局部分析。

可以肯定的是，统计方法分解的分量与由人体各部位所产生的微多普勒特征分量并不一致。一个较为理想的微多普勒特征分解方法应该是基于人体的物理结构进行分解。

8.2.2 联合时频域的微多普勒特征分解

微多普勒特征通常在联合时频域中表示，它可以是单分量或多分量函数。其中，多分量函数是多个单分量函数的叠加，每个单分量特征对应于人体的一个部位。

根据所选择的基（核函数）不同，有许多可供选择的分解方法能够将联合时频分布分解为独立可控的分量。但上述核函数只是联合时频域中局部化的单位基函数，与人体各部位的单分量特征无关。

另一类分解是使用 PCA 或 SVD 以及 ICA 的统计独立分解。这些分解的分量需要是不相关或独立的，但不要求与人体各部位的单分量微多普勒特征相一致。由于人在运动（例如步行）时身体各部位通常是协调同步的，因此人体各部位的单分量微多普勒特征是相关或非独立的。

第 1 章介绍的经验模型分解（EMD）能够将原始信号分解为分量波形，称为本征模式函数（IMF），EMD 是通过搜索信号中的振荡成分来分解信号的，因此得到的 IMF 是由振幅和频率调制而成的[26]。IMF 的一个特性是同时刻不同的 IMF 具有不同的瞬时频率。

EMD 已应用于微多普勒特征来提取旋转或振动的物体结构产生的雷达信号分量[27]。虽然 EMD 可以从人体的运动数据中提取信息丰富的谐波分量，但分量仍然不能与人体部位的结构相关联。因此，对多普勒特征最有效但最困难的分解方法应该是一种基于人体各部位的物理结构分量的分解方法。

8.2.3　基于物理结构的分解

尽管人体运动的微多普勒特征看起来和三维（3D）空间中人体运动的视觉感知不相像，但它确实与人体运动的运动学信息直接相关。

为了更好地对目标执行基于微多普勒特征的分类、识别和鉴定，第一步是将其微多普勒特征分解成与其物理部分相关联的多个单分量特征。例如，对于人步态的微多普勒特征，分解成的单分量特征应该与躯干、手臂、腿和脚相关联。因此，分类器理论上能够识别人的动作、情绪，甚至性别信息。类似地，对于手势的微多普勒特征，分解的单分量特征应该与手掌、拇指、食指、中指和其他手指相关联。

8.2.3.1　参数和非参数分解微多普勒特征

文献［28-29］中提出了一种将微多普勒特征分解为与人体物理部位相关联分量的框架。图 8.2 是对应于人体不同物理部位的运动曲线，显示了行人的微多普勒特征和分解的特征。所使用的分解算法描述如下。首先，通过检查被分析的微多普勒特征中变量的上下包络确定运动类别，这可以通过基于马尔可夫链的推理算法实现[28]。将检查聚焦于变量上下包络的优点是，它们的微多普勒结构相对不受采集过程中固有失真的影响。推断运动形式能够提供关于待分析信号的内部时频结构的有用先验知识；这种先验知识可以通过文献［30］中的仿真研究获得的。在获得先验知识的情况下，其余人体部位的运动形式可以通过如下的过程确定。

上述所分析的微多普勒特征被分成连续的不同半周期，每个半周期大约对应于运动周期的一半，如图 8.2（b）所示。这种划分方式是通过线性优化程序实现的，该程序通过动态规划求解。因此，可以将每个半周期提取的运动曲线连接起来，形成人体的整体运动序列。为了提取每个半周期的最大时间单元，局部最大值对应于半周期的最大时间单元。最大时间单元位于上/下包括

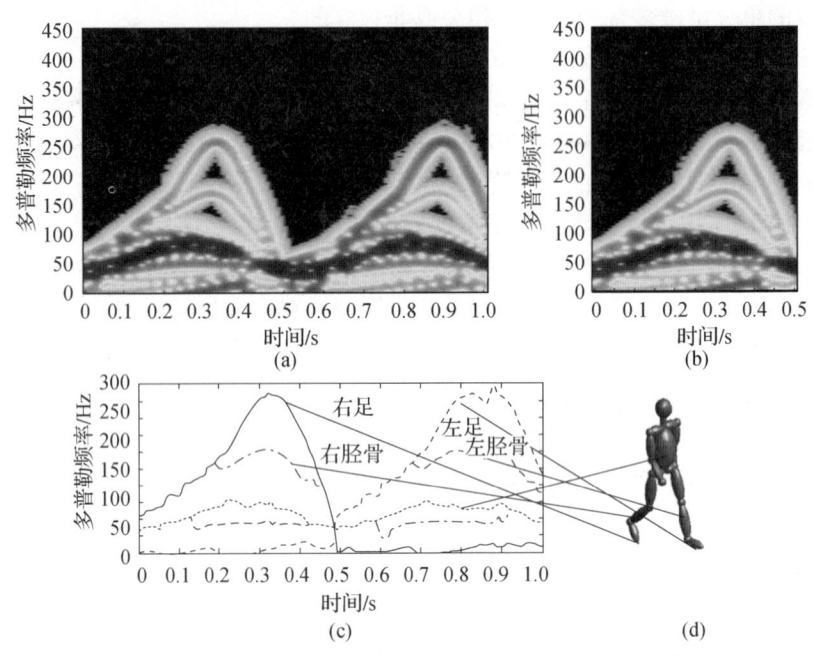

图 8.2 (a) 行人的微多普勒特征；(b) 行人的半周期微多普勒特征；(c) 行人的微多普勒特征分解出的运动曲线；(d) 行人的模型

达到全局最大值的时间坐标处。这些明显的局部最大值是通过[28]中描述的相同非线性优化算法确定的。鉴于此，剩余时间单元相应的局部极值可通过[28-29]中描述的部分跟踪算法来确定。将得到的一系列不同时间单元上相应的局部极值相串联来，便能确定人体各部位的运动曲线。局部极值点数目（确定运动曲线所需的人体部位数）的先验知识可以通过仿真研究或关联所推断的运动类型来获得。然后，得到的运动曲线的初始估计集可根据文献[28-29]中所述的基于高斯 g-Snakes 的质量度量方法来细化，这里高斯 g-Snakes 提供了人体步态运动微多普勒结构的模型，该模型能够用来盲评图 8.2（c）[28-29]所示的运动曲线的估计质量。图 8.3（a）给出了一个跑步者的微多普勒特征。图 8.3（b）给出了从该跑步运动中分解出的对应运动曲线。

然而，该框架仅展示了人类行走和跑步的微多普勒特征分解，且提取的运动曲线也非常有限。因此，我们希望未来有更普适的算法能够处理更复杂的微多普勒特征并分解成更多的运动曲线。为了实现这一目标，有必要了解运动动力学和运动曲线之间的非线性相互作用，包括复杂运动的动力学有效表示形式及其对微多普勒特征的影响。

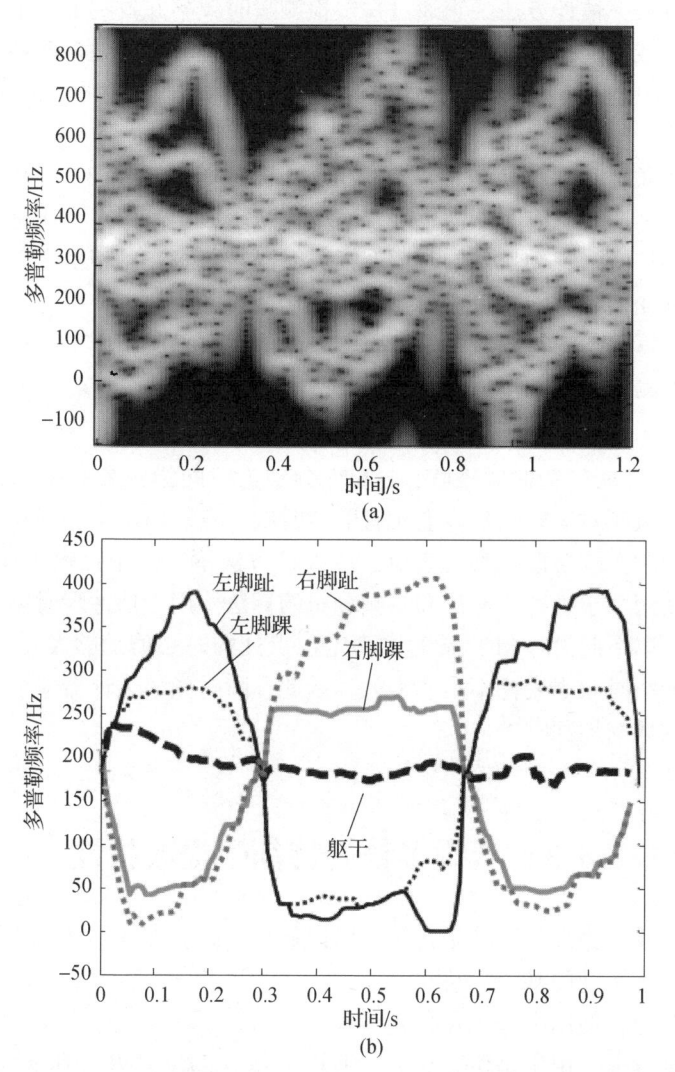

图 8.3　(a) 跑步者的微多普勒特征；(b) 由跑步者的微多普勒特征分解得到的运动曲线

8.2.3.2　微多普勒特征分解的维特比算法

将多分量微多普勒特征分解为多个单分量特征的关键问题是估计其真实的瞬时频率（IF），并跟踪时变的 IF 轨迹以找到每个单分量特征。

作为动态规划的一种形式，维特比（Viterbi）算法可用于估计联合时频域中的隐藏状态，并能取得一定效果[30-34]。文献 [35] 提出了一种基于维特比算法的瞬时频率估计方法，它通过每次检测瞬时频率并找到下一个瞬时频率的最佳路径来减少强噪声引起的误差，并在联合时频域分解微多普勒特征。文献[32]使用了时变频率滤波器，而非传统时不变滤波器，在联合时频域中完成微多普勒特征的提取工作。

为了在联合时 – 频域内提取微多普勒信号，在文献[32]中用时变频滤波器取代了不变时滤波器。为了确定时频掩蔽函数，使用维特比算法来估计瞬时频率。在将微多普勒信号的时频变换与时频掩蔽滤波器相乘之后，可以通过使用逆时频变换来重构微多普勒信号。

维特比算法是在时域中估计瞬时频率的有效工具。一个简单的，基于时频域极值检测的瞬时频率估计方法如下所示。

$$IF(n) = \arg \max_k TF(n,k)$$

其中，$IF(n,k)$为时频矩阵，n和k分别为时间指数和频率指数。该方法可以独立地检测对应时间片段上所有的瞬时频率点。但由于在强噪声情况下方法估计的瞬时频率会偏离其真实值，所以该方法不适用于强噪声环境。因此，可以考虑使用基于维特比算法和时频分布的算法。用于估计瞬时频率的维特比算法是基于以下假设：(1) 瞬时频率定位点处的时频值足够大；(2) 两个连续点之间的瞬时频率变化不是非常大。因此，瞬时频率估计器应该最小化相应路径惩罚函数的加和[30-33]。

8.3 从微多普勒特征中提取特性

因为人最常进行的运动是行走，所以从行人的微多普勒特征中提取运动特性是分析人类运动的基本方法。

在本节中，使用全局人体行走模型[36]进行人类行走的仿真，并生成行人的微多普勒特征。由于是仿真研究，所以人体各部位可以与其他部位隔离开，并直接观察对应部位的微多普勒分量。由此，人体各部位的结构信息和运动学信息就有可能被提取出来。

依据全局人体行走模型，如图8.4所示，工作频率为15GHz的Ku波段雷达被假设位于$(X_1=10m, Y_1=0m, Z_1=2m)$处，一个身高1.8米的行人由基点$(Xn=0m, Yn=0m, Zn=0m)$处开始，以$V_R=1.0$米/秒的径向速度向雷达方向行走。

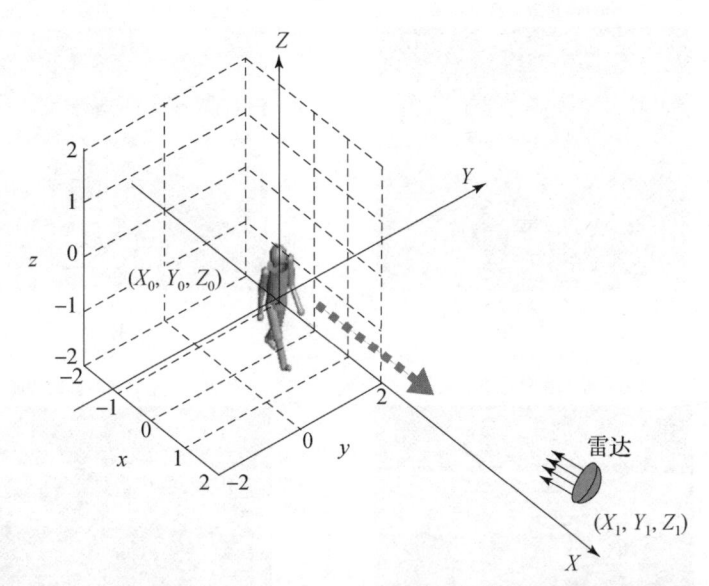

第 8 章 微多普勒特征的分析与解释

图 8.4 行走的人和（$X_1=10\text{m}$，$Y_1=0\text{m}$，$Z_1=2\text{m}$）处雷达的几何关系

如第 4 章指出的，由于全局人体行走模型是基于来自实验测量的平均参数所构建，所以它只是一个平均的人体行走模型，并不包含个性化的运动特性信息。

图 8.5 给出了行人的微多普勒特征。图中标记了人体的脚、胫骨、桡骨和躯干的微多普勒分量。其中，躯干的平均多普勒频移为 133Hz。图 8.6 分别给出了脚、胫骨、桡骨和躯干的相应微多普勒分量。

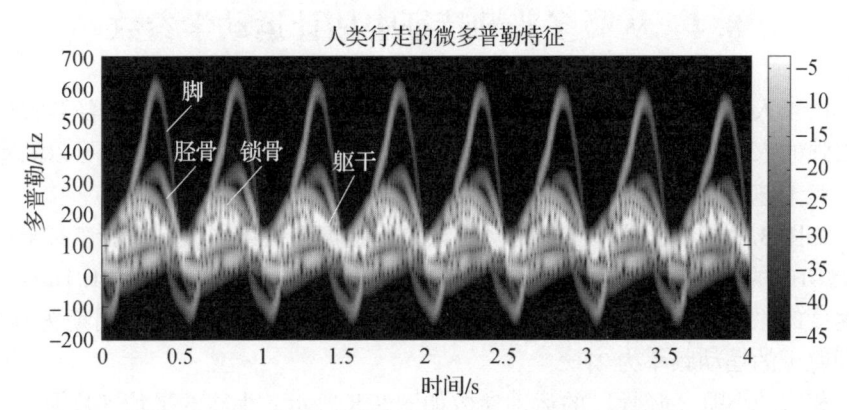

图 8.5 使用全局人体行走模型的行人的微多普勒特征

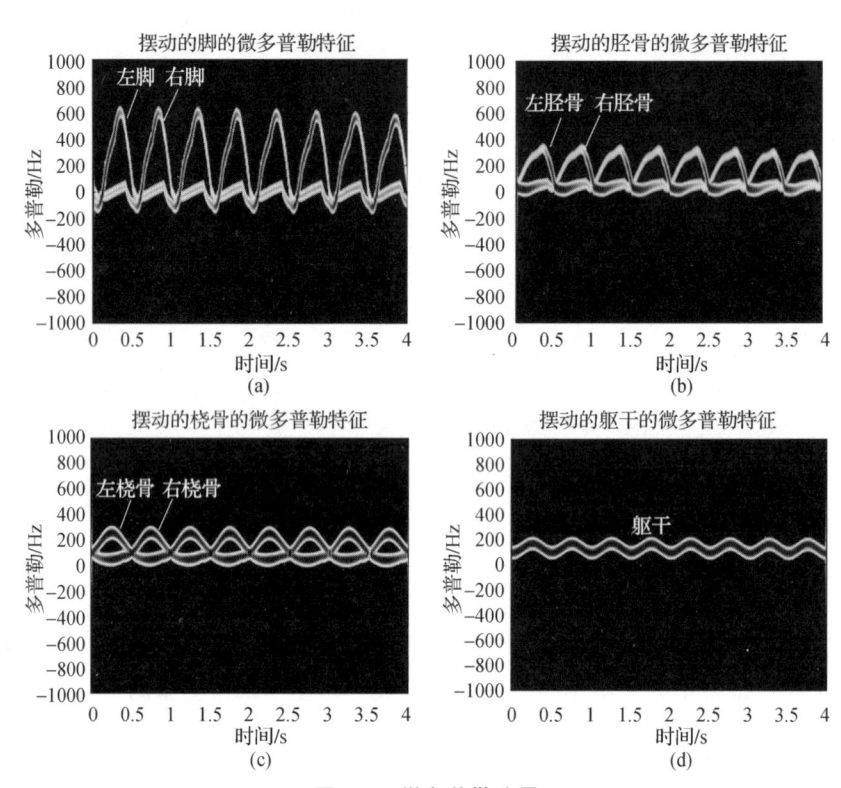

图 8.6　微多普勒分量

(a) 脚；(b) 胫骨；(c) 桡骨；(d) 躯干。

8.4　从微多普勒特征中估计运动学参数

由于人体躯干具有较大的雷达截面（RCS），人体运动的微多普勒特征呈现出强的人体躯干反射。从图 8.7 所示的躯干的微多普勒特征中，可以测量出平均躯干速度、躯干的摆动周期以及躯干多普勒摆动的幅度。

如图 8.7 所示，从基于人的全局人体行走模型的仿真结果来看，对于载频为 15GHz 的 Ku 波段雷达，人体躯干的运动速度从 1.0m/s 变化到 1.7m/s。躯干速度的平均值是 $v_{torso} = f_D \lambda / 2 = 133 \times 0.02/2$ m/s。躯干的摆动周期为 0.5s，也即躯干的摆动频率为 2Hz。

相应的小腿（胫骨）的运动参数如图 8.8 所示。小腿的平均速度是 $v_{tibia} = 129 \times 0.02/2 = 1.29$ m/s，小腿的摆动周期为 1Hz，小腿摆动速度的最大值约为 3.2m/s。

躯干的径向速度

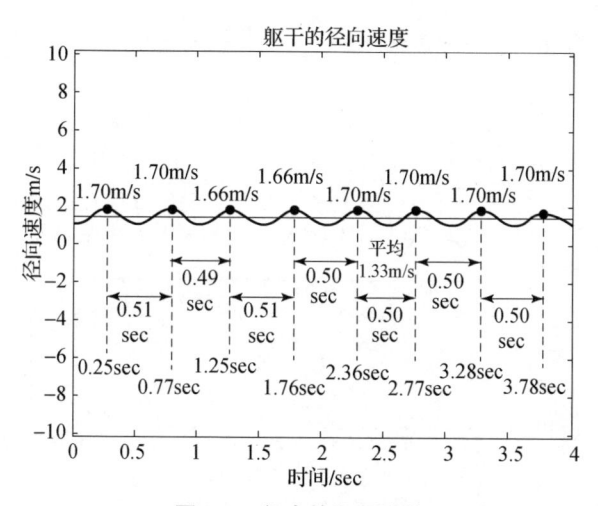

1.70m/s 1.70m/s 1.66m/s 1.70m/s 1.70m/s
1.70m/s 1.66m/s 1.70m/s 1.70m/s

0.51 sec 0.49 sec 0.51 sec 0.50 sec 平均 1.33 sec 0.50 sec 0.50 sec 0.50 sec

0.25sec 1.25sec 2.36sec 3.28sec
0.77sec 1.76sec 2.77sec 3.78sec

图 8.7　行人的躯干速度

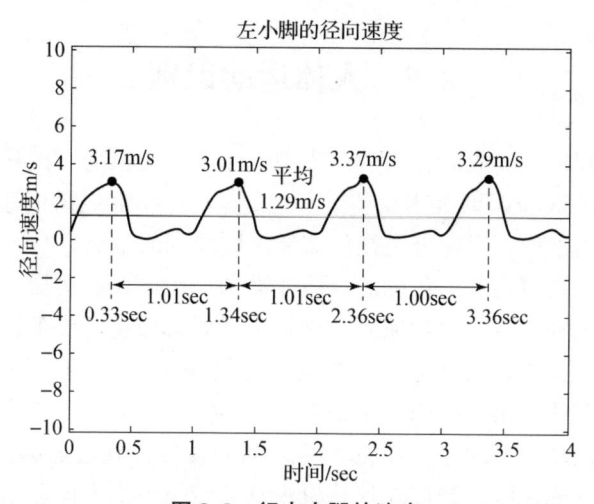

左小脚的径向速度

3.17m/s　3.01m/s　3.37m/s　3.29m/s
平均 1.29m/s

1.01sec　1.01sec　1.00sec

0.33sec　1.34sec　2.36sec　3.36sec

图 8.8　行人小腿的速度

相应的脚部的运动参数如图 8.9 所示。平均脚部速度为 $v_{\text{foot}} = 127 \times 0.02/2 = 1.27\text{m/s}$，脚部的摆动周期为 1Hz，脚部摆动速度的最大值约为 5.9m/s。一个完整的脚摆动周期里，半个周期是脚向前运动，另半个周期是脚接触地面，使平均速度降低。脚运动的最高速度约为脚部平均速度的 4~5 倍。躯干的摆动频率是小腿或脚部摆动频率的 2 倍，这是因为当任何一只脚摆动时，躯干都会加速。

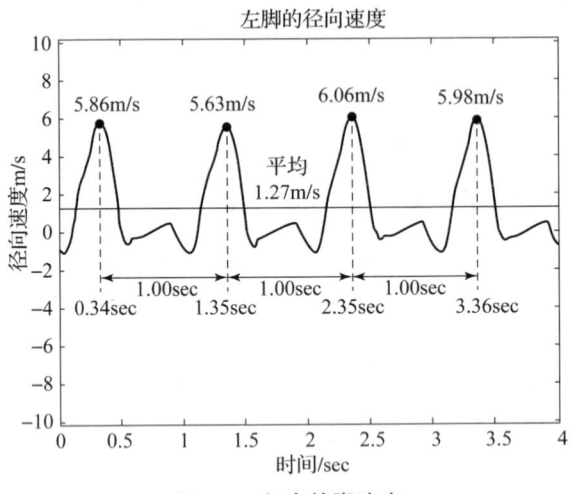

图 8.9　行人的脚速度

8.5　人体运动识别

经过分解和特征提取后,最后一步是人体运动的识别。在开始之前,有必要澄清分类、辨认和识别等术语[37-38]。虽然人们经常混淆使用这三个术语,但对于雷达应用来说,目标分类往往需要不同级别的范畴。

第一级是识别探测到的目标的性质或类别,例如人或动物、地面车辆或飞机;第二级是识别类型,比如地面车辆是车尾后备厢还是校车;第三级是确认型号或特定个体,比如坦克是 T-72 坦克还是 M-60 坦克。所以第一级是分类,第二级叫辨认,第三级叫识别。

识别人体运动的目的是,在将人类运动分类后,确定运动的模型或类型,例如步行、奔跑或跳跃。当前在计算机视觉领域中识别人体运动的方法分为两种不同的类型:一类利用结构信息;一类利用运动信息[39-40]。基于运动信息的算法利用人体部位的力矩、特征向量和隐马尔可夫模型(HMM)[41-42]进行识别。虽然在许多场景中基于运动信息的算法能够取得较好效果,但因为缺乏考虑结构信息,在其他一些场景中,此类算法也会劣于主要利用结构信息的识别方法[43]。

人体的运动模式是根据观察人体运动得到的特征。不同类型的运动产生不同类型的运动模式。微多普勒特征就可以看作是一种运动模式的类型[44]。

人体运动的结构特征可以从运动模式中提取出来。方法可以是一次独特的测量、一种变换或一个结构分量。从运动模式中提取的特性是人体运动识别的关键。

8.5.1 用于人体运动识别的特性

已经证明，人体运动可以通过点光源显示器（PLD）来识别[1]。实验表明，通过将点光源放置在人体各部分的关节上，并在黑暗的房间中拍摄人体运动，人体运动的点光源显示就可以形成人体运动的生动影像。这表明，身体各部分的层次结构以及对各部分和关节的运动约束是人体运动的本质特征。这些特征是人体运动识别的关键特征。

要识别完整的人体运动，第一步是确定人体运动的类型，例如行走、奔跑、跳跃或爬行；第二步是识别运动的阶段，例如行走时的站立阶段或摆动阶段；第三步是预测可能的后续运动状态。利用可获得的分解的人体运动分量，例如对应于单个人体部位的运动分量，就可以完全识别运动类型和运动阶段，甚至预测可能的运动意图。

8.5.2 异常的人类行为

异常检测是一种识别异常行为或不符合正常行为的异常事件的技术。检测异常的关键是了解正常行为是如何运作的，以及正常行为是什么样子的。异常检测技术可以广泛地应用于从医疗保健到网络安全，从安全监测到军事监测等领域。然而，异常行为的检测是一项困难的任务。简单的统计工具，如平均值、分位数、众数和分布，在一些简单的情况下可能有助于识别不规则性，但在许多其他情况下可能效果不佳。目前流行的异常检测技术是基于机器学习的方法，如 k – 最近邻算法或支持向量机（SVM）。

虽然，对人类行为的视觉观察提供了一个理解人类心理活动的途径，但如何将人类的运动行为解码为意图，究竟是人类运动的哪一种特性使得它可以被区别开，以及这些特性究竟应该如何组织起来以便表达人的认知意图，都依然是难以回答的问题。

异常检测是奇异行为的报警器。为了执行异常检测，需要使用正常行为的活动记录与当前活动进行比较。任何与正常行为有偏差的行为都被归类为异常行为。然而，如何解释人类的行为，跟踪这些异常运动，选择适当的特征和并检测感兴趣的事件等诸如此类的问题，都依然是有待探索的问题。

众所周知，任何人体的行为都是由人体各部位的一系列复杂的运动组合而成，并可以通过围绕质心的转动和平移的叠加来描述。因此，人体部位的运动信息也是人体部位的旋转和平移的叠加。所以，这种运动信息是一种判别性的特征，它或许具有较高的识别人体运动的甄别能力。此类运动信息可以从分解的人体部位的微多普勒特征分量中得到。

为了检测人体的异常行为，必须对人体行为建模。隐马尔可夫模型（HMM）作为一种行为识别算法在计算机视觉领域很受欢迎[40-42]。它们已经成功地应用于手势辨认和面部表情辨认，以及视频监测系统中的行为分类。自动视觉监控方法是用一组离散的 HMM，每次训练识别一个行为，并将无法识别的行为标记为异常行为[41]，从而达到分类正常行为的目的。

马尔可夫模型是一种用于学习和匹配行为模式的概率模型。人体事件的每一种行为类型都可以由一簇事件轨迹来特征化。每一簇事件轨迹都可以由一个 HMM 表示，在 HMM 中，状态代表特定区域，先验概率衡量事件在过程的特定区域开始的可能性，状态转移概率用于表征整个过程中一个状态跳转到另一个状态的概率。

8.6 总结

在本章中，基于生物运动感知，我们讨论了将微多普勒特征分解为与人体各部位对应的单分量特征的方法。基于物理部位的分解方法提供了从微多普勒特征中提取运动学特征的新的可行的途径。然而，对于特征的有效分解方法的需求仍十分迫切。

在计算机视觉领域，利用运动的运动学特征来预测可能的人体行为，并据此识别异常人体行为依是一项困难的任务。尽管如此，如果可以从微多普勒特征中提取各人体部位的运动学参数，就像在计算机图形学使用传感器采集数据来动画化演示人体模型那样，利用微多普勒特征就可以生成动画化的人体部位演示。更进一步，利用微多普勒特征识别来识别人体的行为甚至异常行为就是可能的。

参考文献

[1] Johansson, G., "Visual Perception of Biological Motion and a Model for Its Analysis," *Perception & Psychophysics*, Vol. 14, 1973, pp. 201–211.

[2] Johansson, G., "Spatio-Temporal Differentiation and Integration in Visual Motion Perception," *Psychological Research*, Vol. 38, 1976, pp. 379–393.

第 8 章
微多普勒特征的分析与解释

[3]   Dittrich, W. H., "Action Categories and the Perception of Biological Motion," *Perception*, Vol. 22, 1993, pp. 15–22.

[4]   Cutting, J. E., and L. T. Kozlowski, "Recognizing Friends by Their Walk: Gait Perception Without Familiarity Cues," *Bulletin of the Psychonomic Society*, Vol. 9, 1977, pp. 353–356.

[5]   Loula, F., et al., "Recognizing People from Their Movement," *Journal of Experimental Psychology: Human Perception and Performance*, Vol. 31, 2005, pp. 210–220.

[6]   Barclay, C. D., J. E. Cutting, and L. T. Kozlowski, "Temporal and Spatial Factors in Gait Perception That Influence Gender Recognition," *Perception and Psychophysics*, Vol. 23, 1978, pp. 145–152.

[7]   Troje, N. F., "Decomposing Biological Motion: A Framework for Analysis and Synthesis of Human Gait Patterns," *Journal of Vision*, Vol. 2, 2002, pp. 371–387.

[8]   Troje, N. F., "The Little Difference: Fourier Based Synthesis of Gender-Specific Biological Motion," in *Dynamic Perception*, R. Weurtz and M. Lappe, (eds.), Berlin: AKA Verlag, 2002, pp. 115–120.

[9]   Beardsworth, T., and T. Buckner, "The Ability to Recognize Oneself from a Video Recording of One's Movements Without Seeing One's Body," *Bulletin of the Psychonomic Society*, Vol.18, 1981, pp. 19–22.

[10] Stevenage, S. V., M. S. Nixon, and K. Vince, "Visual Analysis of Gait as a Cue to Identity," *Applied Cognitive Psychology*, Vol. 13, 1999, pp. 513–526.

[11] Chang, D. H. F., and N. F. Troje, "Characterizing Global and Local Mechanisms in Biological Motion Perception," *Journal of Vision*, Vol. 9, No. 5, 2009, pp. 1–10.

[12] Pollick, F. E., C. Fidopiastis, and V. Braden, "Recognising the Style of Spatially Exaggerated Tennis Serves," *Perception*, Vol. 30, 2001, pp. 323–338.

[13] Sparrow, W. A., and C. Sherman, "Visual Expertise in the Perception of Action," *Exercise and Sport Sciences Reviews*, Vol. 29, 2001, pp. 124–128.

[14] Atkinson, A. P., et al., "Emotion Perception from Dynamic and Static Body Expressions in Point-Light and Full-Light Displays," *Perception*, Vol. 33, 2004, pp. 717–746.

[15] Dittrich, W. H., et al., "Perception of Emotion from Dynamic Point-Light Displays Represented in Dance," *Perception*, Vol. 25, 1996, pp. 727–738.

[16] Heberlein, A. S., et al., "Cortical Regions for Judgments of Emotions and Personality Traits from Point-Light Walkers," *Journal of Cognitive Neuroscience*, Vol. 16, 2004, pp. 1143–1158.

[17] Pollick, F. E., et al., "Estimating the Efficiency of Recognizing Gender and Affect from Biological Motion," *Vision Research*, Vol. 42, 2002, pp. 2345–2355.

[18] Pollick, F. E., et al., "Perceiving Affect from Arm Movement," *Cognition*, Vol. 82, 2001, pp. B51–61.

[19] Kozlowski, L. T., and J. E. Cutting, "Recognizing the Sex of a Walker from a Dynamic Point-Light Display," *Perception & Psychophysics*, Vol. 21, 1977, pp. 575–580.

[20] Mather, G., and L. Murdoch, "Gender Discrimination in Biological Motion Displays Based on Dynamic Cues," *Proceedings of the Royal Society of London Series B*, Vol. 258, 1994, pp. 273–279.

[21] Sparrow, W. A., et al., "Visual Perception of Human Activity and Gender in Biological-Motion Displays by Individuals with Mental Retardation," *American Journal of Mental Retardation*, Vol. 104, 1999, pp. 215–226.

[22] Jolliffe, I. T., *Principal Component Analysis*, Springer Series in Statistics, New York: Springer-Verlag, 1986.

[23] Golub, G. H., and C. Reinsch, "Singular Value Decomposition and Least Squares Solutions," *Numerische Mathematik*, Vol. 14, No. 5, 1970, pp. 403–420.

[24] Hyvarinen, A., and E. Oja, "Independent Component Analysis: Algorithms and Applications," *Neural Networks*, Vol. 13, No. 4-5, 2000, pp. 411–430.

[25] Chen, V. C., "Spatial and Temporal Independent Component Analysis of Micro-Doppler Features," *IEEE 2005 International Radar Conference*, Washington, D.C., May 2005.

[26] Huang, N. E., et al., "The Empirical Mode Decomposition and the Hilbert Spectrum for Nonlinear and Non-Stationary Time Series Analysis," *Proc. Roy. Soc. Lond. A*, Vol. 454, 1998, pp. 903–995.

[27] Cai, C. J., et al., "Radar Micro-Doppler Signature Analysis with HHT," *IEEE Transactions on Aerospace and Electronic Systems*, Vol. 46, No. 2, 2010, pp. 929–938.

[28] Raj, R. G., V. C. Chen, and R. Lipps, "Analysis of Radar Human Gait Signatures," *IET Signal Processing*, Vol. 4, No. 3, 2010, pp. 234–244.

[29] Raj, R. G., V. C. Chen, and R. Lipps, "Analysis of Human Radar Dismount Signatures Via Parametric and Non-Parametric Methods," *IEEE 2009 Radar Conference*, Pasadena, CA, May 2009.

[30] Stankovic, L., et al., "Signal Decomposition of Micro-Doppler Signatures," Chapter 10 in *Radar Micro-Doppler Signature—processing and applications*, V. C. Chen, D. Tahmoush, and W. J. Miceli, (eds.), Radar Series 34, London, U.K.: IET, 2014, pp. 273–328.

[31] Djurović, I., V. Popović-Bugarin, and M. Simeunović, "The STFT-Based Estimator of Micro-Doppler Parameters," *IEEE Transactions on Aerospace and Electronic Systems*, Vol. 53, No. 3, 2017, pp. 1273–1283.

[32] Li, P., D. C. Wang, and L. Wang, "Separation of Micro-Doppler Signals Based on Time Frequency Filter and Viterbi Algorithm," *Signal, Image and Video Processing*, Vol. 7, No. 3, 2013, pp. 593–605.

[33] Mazurek, P., "Estimation of Micro-Doppler Signals Using Viterbi Track-Before-Detect Algorithm," *2017 22nd International Conference on Methods and Models in Automation and Robotics*, 2017, pp. 898–902.

[34] Abdulatif, S., et al., "Real-Time Capable Micro-Doppler Signature Decomposition of Walking Human Limbs," *2017 IEEE Radar Conference*, 2017, pp. 1093–1098.

[35] Forney, G. D., "The Viterbi Algorithm," *Proc. IEEE*, Vol. 61, No. 3, 1973, pp. 268–278.

[36] Boulic, R., N. Magnenat-Thalmann, and D. Thalmann, "A Global Human Walking Model with Real-Time Kinematic Personification," *The Visual Computer*, Vol. 6, No. 6, 1990, pp. 344–358.

[37] Anderson, S. J., "Target Classification, Recognition and Identification with HF Radar," *RTO SET Symposium Proceedings on Target Identification and Recognition Using RF System*, MP-SET-080, Oslo, Norway, October 11–13, 2004.

[38] Chen, V. C., "Evaluation of Bayes, ICA, PCA and SVM Methods for Classification," *RTO SET Symposium Proceedings on Target Identification and Recognition Using RF System*, MP-SET-080, Oslo, Norway, October 11–13, 2004.

[39] Gavrila, D., "The Visual Analysis of Human Movement, A Survey," *Computer Vision and Image Understanding*, Vol. 73, No. 1, 1999, pp. 82–98.

[40] Aggarwal, J., and Q. Cai, "Human Motion Analysis: A Review," *Computer Vision and Image Understanding*, Vol. 73, No. 3, 1999, pp. 428–440.

[41] Sunderesan, A., A. Chowdhury, and R. Chellappa, "A Hidden Markov Model Based Framework for Recognition of Humans from Gait Sequences," *Proc. of 2003 IEEE Intl. Conf. on Image Processing*, Vol. 2, 2003, pp. 93–96.

[42] Lee, L., and W. Grimson, "Gait Analysis for Recognition and Classification," *Proc. Intl. Conf. on Automatic Face and Gesture Recognition*, Vol. 1, 2002, pp. 155–162.

[43] Veeraraghavan, A., A. R. Chowdhury, and R. Chellappa, "Role of Shape and Kinematics in Human Movement Analysis," *Proc. of 2004 IEEE Conference on Computer Vision and Pattern Recognition (CVPR)*, Vol. 1, 2004, pp. 730–737.

[44] Li, W., B. Xiong, and G. Kuang, "Target Classification and Recognition Based on Micro-Doppler Radar Signatures," *2017 Progress in Electromagnetics Research Symposium*, Singapore, November 19–22, 2017.

第 9 章 总结、挑战和展望

本书的主要目的是介绍雷达中的微多普勒效应的原理并提供一种简单方便的工具来仿真有微运动的物体所反射的雷达信号的微多普勒特征。基于本书提供的示例，读者可以将其修改并扩展到他们感兴趣的不同应用当中。

因为雷达中的微多普勒效应应用近年来的发展[1-4]，出现了许多新兴的应用和一些可用的新的发展。在本书的第 2 版中，新增了 3 个章节（第 5 章、第 6 章和第 7 章）来介绍微多普勒效应在生命体征监控和手势识别方面的应用，并对微多普勒雷达系统的要求和体系架构进行了综述。

9.1 总结

雷达中的微多普勒效应可以用任何的相参多普勒雷达进行观测；并且微多普勒特征可以通过联合时-频分析生成。正如第 1 章所讨论的那样，瞬时频率分析法是一种简单的生成时变微多普勒特性的方式。然而，它仅适用于分析单分量信号。在多分量信号的情况中，瞬时频率分析并不适合，因此必须使用联合时-频分布方法。

多普勒雷达可以测量运动物体的径向速度。如果一个物体没有径向速度，多普勒雷达是无法测量其速度的。一个物体沿着曲线路径移动时，当它的径向速度减小，其角速度就必然会增大。因此，为了完整描述物体的运动，它的角速度必须被确定。射电天文学中使用的相关干涉测量是一种测量角速度的技术[5]。人们发现，干涉频移正比于角速度、载频，以及干涉仪的基线，类似于多普勒频移和径向速度之间的关系。

为了仿真雷达中的微多普勒特征，需要一个描述物体的合适的雷达横截面（RCS）模型以及一个描述微运动的准确的运动模型。在第 3 章和第 4 章中给出了常用于建模目标和描述运动方程的方法。演示了典型的刚体和非刚体运动的微多普勒特征。在书中提供了用于建模刚体和非刚体运动的 MATLAB 源代码以及计算微多普勒特征的算法。POFACET 是一个简单的用 MATLAB 代码编写的 RCS 预测软件工具包，用于计算单基地和双基地 RCS，可供下载[6-7]。

第9章 总结、挑战和展望

因为近年来使用多普勒雷达进行人类生命体征探测和手势识别的进展，在第5章和第6章中介绍了微多普勒特征在生命体征探测和手势识别中的应用。

由于生命体征探测以人的胸壁微运动探测为基础，因此对表面振动高度灵敏的多普勒雷达为雷达探测生命体征带来了巨大的机遇。

微多普勒特征还可以用于手势识别。当手和手指做出不同姿势时，它们对应的特征在其形状、强度和持续时间上都不同。手势可以通过微多普勒特征分析、特征提取、模式识别和机器学习来识别[8-11]。

近期研制的高集成 RF 芯片使得有可能制造出用于微运动感应的低成本、低功率且结构紧凑的多普勒雷达系统。在第7章中综述了建造微多普勒雷达系统的要求和系统体系架构。

在第8章中介绍了一些有用的生物运动感知结果，可能有助于雷达工程师考虑如何在分析雷达微多普勒特征和识别感兴趣目标中使用这些结果。

9.2 挑战

微多普勒特征可用于提取运动特征和识别感兴趣的目标。尽管如此，如何有效地提取和正确地解读这些特征，以及如何将它们与物体的结构部件关联起来仍然是一个挑战。虽然人类观测者可以轻易地跟踪多分量微多普勒特征的一个单分量特征，但对于机器来说，跟踪以及从多分量微多普勒特征中隔离出任意的独立单分量特征并不是一个容易的任务。将复杂的微多普勒特征分解成基于物理构件的单分量特征的有效算法仍是一个开放性议题。成功求解这些结构部件的有意义特征会从总体上显著改进分类、识别和辨别性能，甚至可能从生物运动中识别出意图和行为。

9.2.1 分解微多普勒特征

微多普勒特征往往是多个多分量特征的叠加。它们中的每一个都与物体的单个结构部件有关。在目前分解方法中，其中一些是将时频分布分解成独立可控的局域化分量，例如匹配追踪方法和自适应 Gabor 方法[12-13]。但是，这些分解方法没有考虑物体的单个物理分量的特征形成复杂的微多普勒特征的机制。经验模型分解（EMD）法可以将微多普勒特征分解成单分量，但这些单分量与物体的任何物理构件都没有关系。有用的分解方法应当能够将分解后的分量与物体的物理构件关联起来。

微多普勒特征分解是一个挑战。近期的方法是基于 Viterbi 算法和时－频分布跟踪多分量微多普勒特征内的单分量特征[14-15]。找到有效算法将多分量微多普勒特征分解成单分量，仍然是一个开放的议题。

9.2.2 基于微多普勒特征的特性提取和运动参数估算

可以从微多普勒特征中提取的可能的特性和运动参数包括时间信息、微动作的频率或周期、多普勒频移的幅值和符号、位置和运动方向、线性速度和加速度，以及角速度和加速度。在单基地雷达系统中，测量得到的多普勒频率正比于被观测的运动目标的径向视线（LOS）速度分量。在双基地雷达系统中，测得的多普勒频率与投影在双基地等分线上的速度有关。因此，为了准确定位目标位置以及测量真实的运动方向和速度，至少需要两个或以上的单基地雷达或干涉雷达。

图 9.1 描述了一个使用两个单基地雷达测量运动目标真实速度的简单案例。雷达和目标绘制在二维（2-D）笛卡尔坐标系内，运动目标的初始位置在 (X_0, Y_0) 处，两部雷达分别位于 (X_1, Y_1) 和 (X_2, Y_2)。因此，雷达 1 的 LOS 和雷达 2 的 LOS 之间的夹角 α 是已知的。

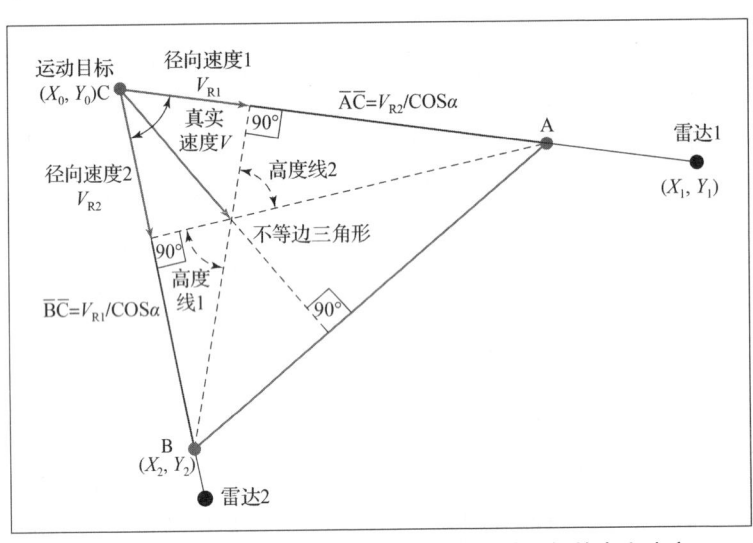

图 9.1 基于两个径向速度 V_{R1} 和 V_{R2} 估算运动目标的真实速度 V

为了简单起见，运动目标假定为朝着不等边三角形的内部移动。雷达 1 和雷达 2 测得的径向速度分别是 V_{R1} 和 V_{R2}。三角形内的高度线 1 垂直于径向速度 V_{R1}；高度线 2 垂直于径向速度 V_{R2}。因此，高度线 1 和高度线 2 的交点确定了运动目标的速度 V。

基于不等边三角形的几何形状以及目标、雷达 1 和雷达 2 的位置，通过测

量径向速度 V_{R1} 和 V_{R2} 就可以很容易地计算出真实速度值和到达角。

因此，如果目标的任意物理构件的初始位置可测出，并且可以提取目标的单分量微多普勒特征，则目标的各个物理部分的基本运动参数（位置和真实速度）可以用两部单基地雷达估算。

为了在三维（3-D）笛卡尔坐标系内完整地描述目标（例如人）的运动，线性运动参数（线性位置、线性速度和线性加速度）是最重要的运动参数。这些参数定义了人体部件随时间变化的方式。线性速度描述了相对于时间的位置变化率，而线性加速度描述的是速度随时间的变化率。这三个运动参数将用于确定目标运动的特性。另外三个运动参数是角度运动参数，包括目标主体部分的角位置（方位）、角速度和角加速度。由于目标可能由多个部件组成，因此测量两个部件之间的关节角度对于描述目标运动很有用。这三个角度运动参数结合三个线性运动参数就可以用来完整描述目标的物理构件的运动。通过认真处理旋转和平移，就可以得到主体部件之间这些关节的三维轨迹。目标运动的这些线性和角度运动参数可用于分类、识别和辨别感兴趣的目标。

9.3 展望

由于雷达中的微多普勒效应的研究历史相对较短，许多方面的研究课题仍然是开放的并有待去探索。这些课题包括多基地微多普勒分析、基于微多普勒特征的分类、使用微多普勒特征的深度学习、穿墙微多普勒分析、利用微多普勒特征进行识别的听觉方法，以及微多普勒特征用于在海杂波中探测目标。

9.3.1 多基地微多普勒分析

多基地雷达有多个分布在不同位置上的发射/接收节点[16]。多基地系统中的每一个节点仅包括一个发射机或接收机。多基地雷达可以被视为从不同视角观测目标的多个双基地雷达的组合。因此，从目标采集到的信息数据因为有多个观测视角而增多了。多基地雷达利用空间分集的优势，可以同时观察目标的不同视角并能观测到更加完整的多普勒和微多普勒频移。多基地雷达在接收机中融合接收到的数据，融合的性能取决于通道间的空间相干度、系统的拓扑结构、目标数量及其空间位置，以及目标的复杂程度。

多基地微多普勒特征取决于系统的拓扑结构以及目标的位置和运动[17]。由于通道间可能的相关性，微多普勒特种中蕴含的信号不会随着系统内使用的通道数的增加而线性增长。如果通道间的互相关没有时间延迟，这表明在两个通道内接收到的信号是一样的，因此第二个通道不会包含额外的信息。如果两个通道不相关的，第二个通道就会包含不同的信息，因此它是一个信息通道。在各通道内检测到的多普勒频移数值取决于系统的拓扑结构、目标位置和它的运动方向。通过融合从多个通道采集到的信息，目标的位置、运动方向和速度就可以被测量出来。随着信息增多，雷达的目标识别性能有望得到提高。

9.3.2 基于微多普勒特征的分类、识别和辨别

目标分类、识别和辨别是雷达中极为重要的研究课题。常用的统计算法包括线性识别、朴素贝叶斯分类、支持向量机（SVM），以及核机器等。微多普勒特征可被用作分类的特征。Stove 和 Sykes 报道了一种使用多普勒频谱进行目标分类的实用性雷达系统，并且利用多个 Fisher 线性鉴别器在多普勒频谱上成功地分类出了人、车辆、直升机和船[18-19]。基于多普勒频谱的目标识别取得成功表明使用微多普勒特征进行目标分类是可能的。

基于微多普勒特征的目标识别方法已展开了研究[17,20-26]。Smith 讨论了使用实验性多基地系统的基于微多普勒特征的分类[17]。Anderson 描述了使用支持向量机（SVM）和高斯混合模型（GMM）分类器根据微多普勒数据进行分类[20]。Bilik 等人报道了一种基于 GMM 的分类器，该分类器使用的是用微多普勒数据的倒谱系数提取的频谱周期性特征[21]。对于人类活动分类，由于不同的运动有各种各样的微多普勒特征，利用这些差别就可以开发出人类活动分类器。人类活动分类器中使用的特征可能包括躯干特征曲线、特征的最大多普勒频移、特征的偏移量、躯干曲线的多普勒最大变化、人体运动的振荡频率或周期、四肢的运动参数，以及其他的可用特征。

然而，尽管在计算机视觉文献中报道了对人体运动的成功跟踪和解读，但选择适合的描述特征来预测人的动作和意图仍然是一种挑战。大多数的基于微多普勒特征的分类器并不能使用分解后的与人体部件和四肢有关的特征。根据生物运动感知研究，如果一个基于运动信息的分类器使用从微多普勒特征中提取的人体部件和四肢的特征信息，那么识别人的动作、情绪甚至性别信息的性能将会更加优异。

9.3.3 基于微多普勒特征的分类、识别和辨别的深度学习

人和动物可以学会观察、感知、行动和交流，其效率是任何的机器学习方法都无法企及的。人和动物的大脑是一种深度感知，每一个动作都是经过多层处理的一长串突触交流的结果。当前对于有效深度学习的体系架构和无监督学习算法的研究可用于为机器学习生成特征的深度层次结构。

机器学习是人工智能（AI）的一个子集，即机器展现出了某种智能。但是，机器学习是一个更加具体的课题，即给予计算机在没有明确编程的情况下进行学习的能力[27]。

深度学习是机器学习的子集，它使用人工神经网络学习任务。其实质是尝试在机器中拥有人工大脑和神经系统[28]。

卷积神经网络（CNN）是一种深度的前馈人工神经网络，已被成功用于分析视觉影像[29]。深度学习 CNN 利用微多普勒特征成功地分类了人类活动和精细手势[11,30]。

9.3.4 基于微多普勒辨识的听觉方法

使用雷达中的微多普勒效应的一大挑战是如何有效地将数据交流给操作人员。含有微多普勒的音频声音信号，称为听觉信号，可以帮助人类聆听者区分感兴趣目标的不同运动（人的行走、跑动或跳跃）或者区分不同的目标（轮式车辆和履带式车辆）。

人类听觉分类功能基于语音音位学。音素是一种能够被人类大脑识别的特定的声音模式。将人类听觉系统的这种能力推广到侦听不同运动的微多普勒信号和使用运动的音素分类目标运动是很合理的。人脑的神经结构和日常使用的学习而来的行为随时都能够对微多普勒信号进行听觉处理。

听觉分类系统的一个优势是人的听觉分类过程在有噪声的情况下特别稳健。因此，人的听觉系统是基于运动音素的信号分类系统的有效替代。然而，听觉微多普勒信号并不是传统的语音信号。人的听觉分类系统在进化过程中已经针对语音信号进行了优化，但对于听觉微多普勒信号却并非如此。

音频信号将微多普勒信号转换成了人可以听见的频率，因此可以使用它来识别不同的运动（例如，人的行走、跑动或跳跃）和辨识不同的物体（例如，人或动物）。

音频信号分类已经在声呐信号分类中使用，但尚未广泛普及[31-32]。听觉分类在微多普勒特征方面的潜在应用还可能是用于训练侦听人员，该应用通过将基带微多普勒信号直接转换成音频信号来分类目标的不同运动。然而，对于音频分类器，分类人的动作、情绪和意图似乎并不太容易。它们只能充当辅助的分类器。

9.3.5 穿墙环境下的微多普勒特征

雷达探测人类及其运动的能力提供了穿墙雷达应用，包括在地震后或爆炸场景中定位幸存者、监控墙后的人类活动，以及许多其他应用。就像在空旷的自由空间内捕捉到的目标微多普勒特征那样，墙后目标的微多普勒特征也可以用于探测和辨识在墙体后面的目标[33]。正在微运动的墙后目标的效应已经得到了研究，而且墙体对微多普勒效应的影响也已经有了系统性的阐述[34]。研究发现，有墙体情况下的微多普勒效应具有与自由空间情况相似的形式。然而，测得的墙后目标的视角却不同于自由空间中的观测情况。测出的角度取决于墙体的厚度和介电常数。瞬时视角因为墙体而改变，将会影响雷达对目标的成像。但是，墙体的存在并不会改变目标微多普勒特征的模式；墙体只会改变微多普勒特征的绝对值，且与墙体的性质有关。因此，雷达微多普勒特征可用于探测在墙体后是否有人类以及他们的运动。

穿墙雷达通常工作在低于 5GHz 的频率上。穿过墙体的雷达信号会被衰减和色散。墙体损耗会降低雷达回波中的信噪比（SNR）并因此限制了雷达可探测的最大距离。

因为穿墙雷达中使用的频率较低，所以微多普勒频移会非常低。这使得探测墙后物体变得很困难。然而，利用先进的信号分解和处理技术，雷达仍然可以感知人体的运动、呼吸和心跳，用于在地震后或爆炸场景中寻找幸存者时探测和监控人类活动。

墙体对微多普勒效应的影响已经得到了研究。结果表明，墙体的存在并不会改变物体微多普勒特征的模式。墙体只会改变微多普勒特征的绝对值，变化情况取决于墙体的性质。因此，雷达微多普勒特征可被用于探测墙体后是否有人以及他们的运动。

9.3.6 微多普勒特征用于海杂波下的目标探测

在海杂波下探测和跟踪小型船舶对于民用和军用都很重要。海上小型船只自身的运动会被海杂波所影响。海杂波是一种复杂的现象，受到海面和环境（例如，海况、海浪、浪涌、风向和风速）的影响[35-37]。

从强海杂波中分离出小船特征的有效技术是非常重要的[38-41]。因此，如何利用小型船舶的微多普勒特征进行检测并将它们从海杂波中分离出来成了很感兴趣的研究课题[38]。

为了开发出适合的算法来探测和跟踪海杂波下的小型船舶，必须将海杂波回波特征化。海浪的动态是由海况和海浪的方向决定的。在图 9.2 中展示了一艘小快艇、飞鸟和海杂波的微多普勒特征示例。海杂波的微多普勒特征显现为对称形状，平均多普勒频移不为零。这些特征突显了强度调制和多普勒频率分布形式之间的复杂关系。强度调制主要是海杂波中的浪涌结构引起的，而多普勒频率分布则会受到局部阵风和具体的散射机制的影响。

第9章
总结、挑战和展望

小船、飞鸟和强海杂波的微多普勒特征

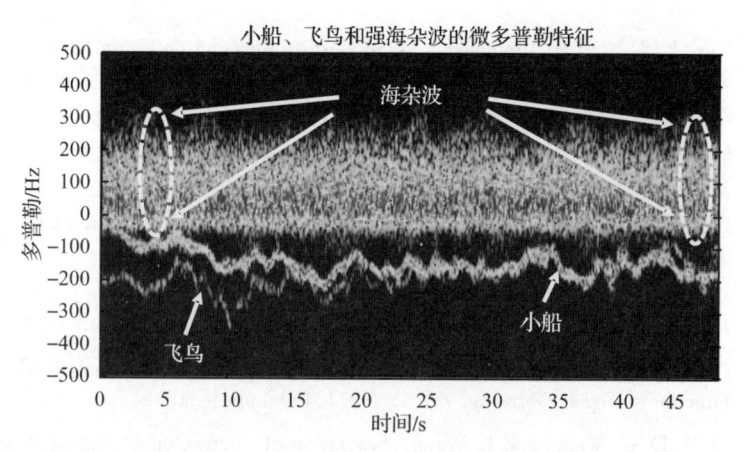

图9.2 分离出来的小船、飞鸟和强海杂波的微多普勒特征[38]

在雷达接收到的信号中，小船的信息内容完全掩蔽在了距离像内。根据不同的运动动态参数和不同的距离分布形式，距离像可被用于提取小船和其他运动物体的微多普勒特征。

参考文献

[1] Chen, V. C., D. Tahmoush, and W. J. Miceli, (eds.), *Radar Micro-Doppler Signature: Processing and Applications*, London, U.K.: IET, 2014.

[2] Zhang, Q., Y. Luo, and Y. A. Chen, *Micro-Doppler Characteristics of Radar Targets*, New York: Elsevier, 2017.

[3] Amin, M. G., (ed.), *Radar for Indoor Monitoring Detection, Classification, and Assessment*, Boca Raton, FL: CRC Press 2018.

[4] Chen, V. C., "Advances in Applications of Radar Micro-Doppler Signatures," *2014 IEEE Conference on Antenna Measurements & Applications (CAMA)*, 2014, pp. 1–4.

[5] Nanzer, J. A., "Millimeter-Wave Interferometric Angular Velocity Detection," *IEEE Transactions on Microwave Theory & Techniques*, Vol. 58, No. 12, 2010, pp. 4128–4136.

[6] Chatzigeorgiadis, F., and D. Jenn, "A MATLAB Physical-Optics RCS Prediction Code," *IEEE Antenna and Propagation Magazine*, Vol. 46, No. 4, August 2004, pp. 137–139.

[7] Chatzigeorgiadis, F., "Development of Code for Physical Optics Radar Cross Section Prediction and Analysis Application," Master's Thesis, Naval Postgraduate School, Monterey, CA, September 2004.

[8] Li, G., et al., "Sparsity-Based Dynamic Hand Gesture Recognition Using Micro-Doppler Signatures," *Proceedings of IEEE 2017 Radar Conference*, 2017.

[9] Kim, Y. W., and B. Toomajian, "Hand Gesture Recognition Using Micro-Doppler Signatures with Convolutional Neural Network," *IEEE Access*, Vol. 4, 2016, pp. 7125–7130.

[10] Molchanov, P. et al., "Short-Range FMCW Monopulse Radar for Hand-Gesture Sensing," *Proceedings of IEEE Radar Conference*, 2015, pp. 1491–1496.

[11] Lien, J., et al., "Soli: Ubiquitous Gesture Sensing with Millimeter Wave Radar," *ACM Transactions on Graphics*, Vol. 35, No. 4, 2016, pp. 142:1–142-19.

[12] Mallat, S., and Z. Zhang, "Matching Pursuit with Time-Frequency Dictionaries," *IEEE Transactions on Signal Processing*, Vol. 40, No. 12, 1993, pp. 3397–3415.

[13] Qian, S., and D. Chen, "Signal Representation Using Adaptive Normalized Gaussian Functions," *Signal Processing*, Vol. 36, No. 1, 1994, pp. 1–11.

[14] Li, P., D. C. Wang, and L. Wang, "Separation of Micro-Doppler Signals Based on Time Frequency Filter and Viterbi Algorithm," *Signal, Image and Video Processing*, Vol. 7, No. 3, 2013, pp. 593–605.

[15] Mazurek, P., "Estimation of Micro-Doppler Signals Using Viterbi Track-Before-Detect Algorithm," *2017 22nd International Conference on Methods and Models in Automation and Robotics*, 2017, pp. 898–902.

[16] Chernyak, V. S., *Fundamentals of Multisite Radar Systems*, London, U.K.: Gordon and Breach Scientific Publishers, 1998.

[17] Smith, G. E., "Radar Target Micro-Doppler Signature Classification," PhD Dissertation, Department of Electronic and Electrical Engineering, University College London, 2008.

[18] Stove, A. G., and S. R. Sykes, "A Doppler-Based Automatic Target Classifier for a Battlefield Surveillance Radar," *2002 International Radar Conference*, Edinburgh, U.K., 2002, pp. 419–423.

[19] Stove, A. G., and S. R. Sykes, "A Doppler-Based Target Classifier Using Linear Discriminants and Principal Components," *Proceedings of the 2003 International Radar Conference*, Adelaide, Australia, September 2003, pp. 171–176.

[20] Anderson, M. G., "Design of Multiple Frequency Continuous Wave Radar Hardware and Micro-Doppler Based Detection and Classification Algorithms," Ph.D. Dissertation, University of Texas at Austin, 2008.

[21] Bilik, I., J. Tabrikian, and A. Cohen, "GMM-Based Target Classification for Ground Surveillance Doppler Radar," *IEEE Transactions on Aerospace and Electronic Systems*, Vol. 42, No. 1, 2006, pp. 267–278.

[22] Zabalza, J., and C. Clemente, "Robust PCA Micro-Doppler Classification Using SVM on Embedded Systems," *IEEE Transactions on Aerospace and Electronic Systems*, Vol. 50, No. 3, 2014, pp. 2304–2310.

[23] Vishwakama, S., and S. S. Ram, "Dictionary Learning for Classification of Indoor Micro-Doppler Signatures Across Multiple Carriers," *2017 IEEE Radar Conference*, 2017, pp. 0992–0997.

[24] Vishwakama, S., and S.S. Ram, "Classification of Multiple Targets Based on Disaggregation of Micro-Doppler Signatures," *2016 Asia-Pacific Microwave Conference*, 2016, pp. 1–4.

[25] Bjorklund, S., H. Petersson, and G. Hendeby, "Features for Micro-Doppler Based Activity Classification," *IET Radar, Sonar and Navigation*, Vol. 9, No. 9, 2015, pp. 1181–1187.

[26] De Wit, J. J. M., R. Harmanny, and P. Molchanov, "Radar Micro-Doppler Feature Extraction Using the Singular Value Decomposition," *Proceedings 2014 International Radar Conference*, Lille, France, 2014, pp. 1–6.

[27] Samuel, A., "Some Studies in Machine Learning Using the Game of Checkers," *IBM Journal of Research and Development*, Vol. 3, No. 3, 1959, pp. 210–229.

[28] McCulloch, W. S., and W. Pitts, "A Logical Calculus of the Ideas Immanent in Nervous Activity," *Bull. Math. Biophys.*, Vol. 5, 1943, pp. 119–133.

[29] LeCun, Y., and Y. Bengio, "Convolutional Networks for Images, Speech, and Time-Series," in M. A. Arbib, editor, *The Handbook of Brain Theory and Neural Networks*. Cambridge, MA: MIT Press, 1995.

[30] Kim, Y., and T. Moon, "Human Detection and Activity Classification Based on Micro-Doppler Signatures Using Deep Convolutional Neural Networks," *IEEE Geoscience and Remote Sensing Letters*, Vol. 13, No. 1, 2016, pp. 8–12.

[31] Hines, P. C., and C. M. Ward, "Classification of Marine Mammal Vocalizations Using an Automatic Aural Classifier," *J. Acoust. Soc. Am.*, Vol. 127, No. 1970, 2010.

[32] Allen, N., et al., "Study on the Human Ability to Aurally Discriminate Between Target Echoes and Environmental Clutter in Recordings of Incoherent Broadband Sonar," *J. Acoust. Soc. Am.*, Vol. 119, No. 3395, 2006.

[33] Chen, V. C., et al., "Radar Micro-Doppler Signatures for Characterization of Human Motion," Chapter 15 in *Through-the-Wall Radar Imaging*, M. Amin, (ed.), Boca Raton, FL: CRC Press, 2010.

[34] Liu, X., H. Leung, and G. A. Lampropoulos, "Effects of Non-Uniform Motion in Through-the-Wall SAR Imaging," *IEEE Transactions on Antenna and Propagation*, Vol. 57, No. 11, 2009, pp. 3539–3548.

[35] Watts, S., "Modeling and Simulation of Coherent Sea Clutter," *IEEE Transactions on Aerospace and Electronic Systems*, Vol. 48, No. 4, 2012, pp. 3303–3317.

[36] Spyrosm, P., and J. S. John, "Small-Target Detection in Sea Clutter," *IEEE Transactions on Geoscience and Remote Sensing*, Vol. 42, No. 7, 2004, pp. 1355–1361.

[37] Javier, C. M., "Statistical Analysis of a High-Resolution Sea-Clutter Database," *IEEE Transactions on Geoscience and Remote Sensing*, Vol. 48, No. 4, 2010, pp. 2024–2037.

[38] Chen, V. C., and D. Tahmoush, "Micro-Doppler Signatures of Small Boats in Sea," in Chapter 10, *Radar Micro-Doppler Signature: Processing and Applications*, V. C. Chen, D. Tahmoush, and W. J. Miceli, (eds.), Radar Series 34, IET, 2014, pp. 345–381.

[39] Chen, X. L., J. Guan, and Y. He., "Detection and Estimation Method for Marine Target with Micromotion Via Phase Differentiation and Radon-LV's Distribution," *IET Radar, Sonar & Navigation*, Vol. 9, No. 9, 2015, pp. 1284–1295.

[40] Chen, X. L., et al., "Detection and Extraction of Target with Micromotion in Spiky Sea Clutter Via Short-Time Fractional Fourier Transform," *IEEE Transactions on Geoscience and Remote Sensing*, Vol. 52, No. 3, 2014, pp. 1002–1018.

[41] Chen, X. L., et al., "Detection of Low Observable Sea-Surface Target with Micromotion Via Radon-Linear Canonical Transform," *IEEE Geosci. Remote Sens. Letter*, Vol. 11, No. 7, 2014, pp. 1225–1229.

术 语 表

Acceleration	加速度
Aliasing phenomenon	混叠现象
AMC（motion capture）file	AMC（动作捕捉）文件
Angle – cyclogram pattern	角度周期图模式
Angular acceleration	角加速度
Angular kinematics	角度运动学
Angular momentum vector	角矩矢量
Angular velocity	角速度
Anomalous human behavior	异常的人类行为
Artificial intelligence（AI）	人工智能（AI）
Artificial neural network（ANN）	人工神经网络（ANN）
ASF（skeleton）file	ASF（骨架）文件
Aural signal classification	听觉信号分类
Autoregressive（AR）modeling	自回归（AR）建模
Azimuth angle	方位角
Bessel function	贝塞尔函数
Biological motion	生物运动
Bird wing flapping	鸟类的扑翼运动
Bistatic micro – Doppler effect	双基微多普勒效应

续表

Bistatic radar	双基地雷达
Bistatic triangulation factor	双基三角因子
Blind source separation (BSS)	盲源分离(BSS)
BVH (BioVision hierarchy) file	BVH(生物视觉层次)文件
Challenges	挑战,难题
Classification, recognition and identification	分类、识别和确认
Clutter suppression	杂波抑制
Coning motion	圆锥运动
Coning motion – induced micro – Doppler shift	圆锥运动引起的微多普勒
Continuous wave (CW) radar	连续波(CW)雷达
Convolutional neural network (CNN)	卷积神经网络(CNN)
Cramer – Rao lower bound (CRLB)	克拉美 – 罗下界(CRLB)
Damping pendulum	阻尼钟摆
Decomposition	分解
Deep learning	深度学习
Denavit – Hartenberg (D – H) convention	D – H 约定
Dog hierarchical model	狗的层次模型
Doppler aliasing	多普勒混叠
Doppler, Christian	克里斯汀·多普勒
Doppler dilemma	多普勒困境
Doppler effect	多普勒效应
Doppler frequency distributions	多普勒频率分布
Doppler frequency estimation	多普勒频率估计

续表

Doppler frequency shifts	多普勒频移
Doppler resolution	多普勒分辨率
Doppler spectrogram	多普勒谱图
Double – sideband (DSB)	双边带（DSB）
Driving pendulum	驱动钟摆
Eigenvector – based methods	基于特征矢量的方法
Electric field integral equation (EFIE)	电场积分方程（EFIE）
Electromagnetic (EM) scattering	电磁（EM）散射
Empirical mode decomposition (EMD)	经验模型分解（EMD）
Equations of motion	运动方程
Euler angles	欧拉角
Euler angle rotation	欧拉角旋转定理
Facets	面元
Fast Fourier Transform (FFT)	快速傅里叶变换（FFT）
Feature extraction	特征提取
Finite difference method (FDM)	有限差分方法（FDM）
Finite – difference time domain (FDTD)	有限差分时域（FDTF）
Finite element method (FEM)	有限元方法（FEM）
Flicker noise	闪烁噪声
Force – free rotation	无外力旋转
Forward – scattering radar	前向散射雷达
Frequency – modulated continuous – wave (FMCW)	调频连续波（FMCW）

续表

Gabor, Dennis	丹尼斯·加博尔
Gaussian mixture model (GMM)	高斯混合模型（GMM）
Geometric theory of diffraction (GTD)	几何绕射理论（GTD）
Geophone	地震检波器
Gesture and posture	手势和姿势
Gimbal lock phenomenon	万向节锁现象
Global human walking model	全局人体行走模型
Google Project Soli	谷歌 Project Soli
Gyroscopes	陀螺仪
Hand gesture recognition	手势识别
Heartbeat	心跳
Helicopter rotor blades	直升机旋翼叶片
Heterodyne Doppler radar system	外差多普勒雷达系统
Hidden Markov models (HMMs)	隐马尔可夫模型（HMM）
Hierarchical quadrupedal models	多层四足模型
High-speed cinematographic technique	高速摄影技术
Hilbert–Huang transform (HHT)	希尔伯特-黄变换（HHT）
Hilbert transform	希尔伯特变换
Homodyne Doppler radar system	零差多普勒雷达系统
Horses	马
Human activities	人类活动
Human auditory classification	人类听觉分类
Human body articulated motion	人体关节运动
Human body movement	人体运动

续表

Human body movement identification	人体运动识别
Human walking model	人体行走模型
Incident aspect angle	入射角
Independent component analysis（ICA）	独立分量分析（ICA）
Indoor monitoring	室内监控
In–phase component and quadrature phase component	同相分量和正交相位分量
In–phase and quadrature imbalance	同相和正交不平衡
Instantaneous Doppler frequency shift	瞬时多普勒频移
Instantaneous frequency	瞬时频率
Interferometer beam pattern	干涉仪波束方向图
Interferometric correlation receiver	干涉相关接收机
Interferometric frequency shift	干涉频移
Interferometric radar	干涉雷达
Intrinsic mode functions（IMFs）	本征模态函数（IMF）
Joint time–frequency analysis	联合时频分析
Joint–time frequency domain	联合时频域
Kinematics	运动学
Laser detection and ranging（LADAR）	激光检测和测距（LADAR）
Linear acceleration	线性加速度
Linear position	线性位置
Linear velocity	线性速度

续表

Line of sight (LOS)	视线(LOS)
Locomotion	运动
Machine learning	机器学习
MacLaurin series	麦克劳林级数
Markov chain-based inference algorithm	基于马尔可夫链的推理算法
Maximum detection range	最大探测距离
Maximum likelihood estimation	最大似然估计
Micro-Doppler effect	微多普勒效应
Micro-Doppler frequency shifts	微多普勒频移
Micro-Doppler radar system	微多普勒雷达系统
Micro-Doppler signature-based classification	基于微多普勒特征分类
Micro-Doppler signatures	微多普勒特征
Micromotion	微运动
Micro-range feature	微距离特征
Monocomponent signal	单分量信号
Monocomponent signature	单分量特征
Monostatic radar	单基地雷达
Monostatic RCS	单基雷达截面积
Motion capture (MOCAP)	动作捕捉(MOCAP)
Multicomponent signal	多分量信号
Multiple signal classification (MUSIC)	多信号分类(MUSIC)
Multirotor helicopter	多旋翼直升机
Multistatic micro-Doppler effect (analysis)	多基微多普勒效应(分析)

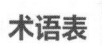

Newton's second law of motion	牛顿第二运动定律
Noncontact sensing	非接触式感应
Nonlinear motion dynamics	非线性运动动力学
Nonline-of-sight（NLOS）	非视距（NLOS）
Nonrigid body motion	非刚体运动
Nyquist	奈奎斯特
Optical motion-caption system	光学运动获取系统
Ordinary differential equation（ODE）	常微分方程（ODE）
Pendulum oscillation	钟摆振荡
Perspectives	展望
Physical optics（PO）	物理光学（PO）
Physical theory of diffraction（PTD）	物理绕射理论（PTD）
Pianists'hand and fingers	钢琴家的手部和手指
Point-light displays（PLDs）	点光源显示器（PLD）
POFACET prediction model	物理光学面元（POFACET）预测模型
Point scatterer model	点散射模型
Posture	姿势
Precession micro-Doppler signature	进动微多普勒特征
Precessing top	进动陀螺
Principal component analysis（PCA）	主分量分析（PCA）
Pulse repetition frequency（PRF）	脉冲重复频率（PRF）
Quadrature demodulation（mixer）	正交解调（混频器）

Quadrature detector	正交相位检波器
Quadrotor UAV	四旋翼无人机
Quadrupedal animal motion	四足动物运动
Quaternions	四元数
Radar	雷达
Radar backscattering	雷达后向散射
Radar cross section (RCS)	雷达截面积 (RCS)
Radar micro-Doppler signatures	雷达微多普勒特征
Radar range equation	雷达距离方程
Radial velocity	径向速度
Range profiles	雷达距离像
Receive noise floor	接收噪声基底
Received signal power	接收信号功率
Receiver dynamic range	接收机动态范围
Receiver sensitivity	接收机灵敏度
Reentry vehicle (RV)	再入飞行器 (RV)
Relativistic Doppler effect	相对论多普勒效应
Respiration rate	呼吸速度
Respiratory	呼吸
Rigid body	刚体
Rigid body motion	刚体运动
Rodrigues formula	罗德里格斯公式
Roll-pitch-yaw convention	横滚-纵摇-偏航约定
Rotating rotor blades	旋翼叶片

Rotation – induced micro – Doppler shift	旋转引起的微多普勒频移
Rotation matrix	旋转矩阵
Short – time Fourier transform (STFT)	短时傅里叶变换（STFT）
Signal conditioning	信号调节
Signal waveforms	信号波形
Simulation	仿真
Single – sideband (SSB)	单边带（SSB）
Singular value decomposition	奇异值分解
Skew symmetric matrix	斜对称矩阵
Slider – crank mechanism	曲柄 – 滑块机构
Smoothed pseudo – Wigner – Ville	平滑的伪 Wigner – Ville 分布
SO(3) group	SO(3) 组
Spectrogram	光谱图
Spinning symmetric top	自旋对称陀螺
Statistics – based decomposition	基于统计的分解
Support vector machine (SVM)	支持向量机
Symmetric top	对称陀螺
System architecture	系统架构
Tangential acceleration	切向加速度
Tangential velocity	切向速度
Three – dimensional (3 – D) kinematic data collection	三维运动学数据采集

续表

Three-dimensional (3-D) rotation matrix	三维旋转矩阵
Through-the-wall micro-Doppler signatures	穿墙情况的微多普勒特征
Time dilation	时间膨胀
Torque-induced rotation	扭矩引起的旋转
Translational acceleration	平移加速度
Translational velocity	平移速度
True velocity	实际速度
Unmanned aerial vehicle	无人飞行器
Velocity	速度
Vibration-induced micro-Doppler shift	振动引起的微多普勒频移
Vibration rotation	振动旋转
Vital sign detection	生命体征探测
Viterbi algorithm	维特比算法
Walking	行走
Walking horses	行走的马
Wigner-Ville distribution (WVD)	Wigner-Ville 分布 (WVD)
Wind turbines	风力涡轮机
X-convention	X-约定